职业教育创新融合系列教材

智能制造装备应用技术

庞恩泉　袁宗杰　李海霞　主　编
薛超峰　张晓波　张　涛　副主编

ZHINENG ZHIZAO
ZHUANGBEI
YINGYONG JISHU

化学工业出版社
·北京·

内 容 简 介

《智能制造装备应用技术》以典型的工作任务为主线，以职业技能的培养为根本目标，按照项目导向、任务驱动的模式编写。全书共7个项目，包括智能化加工生产线认知、智能化加工生产线机械要素及控制技术应用、智能化加工生产线传感检测技术应用、智能化加工生产线电机与控制技术应用、智能化加工生产线液压与气动技术应用、智能化加工生产线可编程控制器技术应用、智能化加工生产线组成单元安装与调试。书中理论与实践相结合，并列举大量典型实例，突出实用性。

本书可作为职业教育、应用型本科教育相关专业的教学用书和从事智能制造行业工程技术人员的参考书，也可作为“1+X”智能制造方面职业技能等级证书专业基础的培训教材。

图书在版编目（CIP）数据

智能制造装备应用技术/庞恩泉，袁宗杰，李海霞主编. —北京：化学工业出版社，2024.5

ISBN 978-7-122-43371-8

Ⅰ.①智… Ⅱ.①庞… ②袁… ③李… Ⅲ.①智能制造系统-装备-教材 Ⅳ.①TH166

中国国家版本馆CIP数据核字（2023）第074443号

责任编辑：韩庆利　　文字编辑：宋　旋　温潇潇
责任校对：王鹏飞　　装帧设计：史利平

出版发行：化学工业出版社（北京市东城区青年湖南街13号　邮政编码100011）
印　　装：大厂聚鑫印刷有限责任公司
787mm×1092mm　1/16　印张14¼　字数352千字　2024年7月北京第1版第1次印刷

购书咨询：010-64518888　　售后服务：010-64518899
网　　址：http://www.cip.com.cn
凡购买本书，如有缺损质量问题，本社销售中心负责调换。

定　　价：45.00元

前　言

按照《国家职业教育改革实施方案》部署，为全面落实《关于在院校实施“学历证书＋若干职业技能等级证书”制度试点方案》要求，山东劳动职业技术学院组织行业企业专家、院校机电方向专业负责人，对标相关职业技能等级标准，开发了智能制造相关专业基础教材。

本书以职业活动为导向，以职业能力为核心，是融液压与气动技术、控制电机及电气控制技术、自动检测技术、PLC及其自动控制技术、网络通信技术、工业机器人技术为一体的综合性教材，可作为职业教育、应用型本科教育相关专业的教学用书和从事智能制造行业工程技术人员的参考书，也可作为“1＋X”智能制造方向职业技能等级证书专业基础的培训教材使用，适合于职业培训、教学、自学、考核使用。

本书包括液压与气动技术、控制电机、自动检测、PLC以及工业机器人等技术方向的应用实例。在编写过程中力求体现以下特色：

1. 体现实用性和先进性。书中内容以实用性和先进性为原则选取，以教、学、考必须、够用为度，同时注重知识的先进性，体现智能制造相关技术领域新技术、新工艺、新方法、新标准、新技能，以适应职业和岗位的变化，有利于提高学生可持续发展能力和职业迁移能力。

2. 突出理论与实践一体。注重理论与实践紧密结合，注重从理论与实践结合的角度阐明基本理论以及指导实践。书中除详细介绍了智能制造领域密切相关的7个方向的专业基础知识与基本操作技能，还精选了生产实际中的应用案例，有利于培养学生发现问题、分析问题与解决问题的能力。

3. 校企互补的编审队伍。编审队伍除职业院校的骨干教师外，还邀请了实际经验丰富的企业高级工程师或技艺高超的能工巧匠编写相关内容或审阅稿件。

根据党的二十大精神，本书结合机械、电气等工程建设专业特点，将人民至上、自信自立、守正创新、问题导向、胸怀天下的思想融入到知识技能编写中，培养学生胸怀祖国、服务人民的爱国精神，勇攀高峰、敢为人先的创新精神，吃苦耐劳、技能精湛的工匠精神，引导学生努力把科技自立自强信念自觉融入人生追求之中，把自我发展融入到推动全面建成社会主义现代化强国、实现第二个百年奋斗目标、以中国式现代化全面推进中华民族伟大复兴的实践中。

本书以典型的工作任务为主线，以职业技能的培养为根本目标，使用项目导向、任务驱动的模式进行教学。相关知识充分考虑到智能制造行业一线工作的需要，注重实践教学，将技术人员所需掌握的专业理论知识、专业操作技能、专业标准和规范融入案例教学中，使学生通过本书的学习掌握各种知识和技能，激发学生的爱国热情和报国情怀。

本书由庞恩泉、袁宗杰、李海霞主编，薛超峰、张晓波、张涛副主编。参加编写的还有丁来源、任勇、杨建波、孔德军。其中项目一由山东劳动职业技术学院薛超峰、孔德军编写；项目二由山东劳动职业技术学院袁宗杰编写；项目三由山东劳动职业技术学院任勇、丁来源编写；项目四由山东劳动职业技术学院张晓波编写；项目五由山东劳动职业技术学院庞恩泉编写；项目六由北京海天启航科技有限公司李海霞、杨建波编写；项目七由山东劳动职业技术学院张涛编写。全书由李海霞统稿和定稿。

由于编者们水平有限，书中难免存在不足，诚恳希望全国专家和广大读者批评指正。

编　者

目　录

项目1

智能化加工生产线认知

任务 1.1　认识与了解智能化生产线及应用

知识与能力目标

（1）了解智能化生产线的产生背景。

（2）理解智能化生产线的运行特性与技术特点。

（3）了解智能化生产线在实际工程中的应用。

1.1.1　了解智能化生产线的产生背景

受4G网络全面布局，5G技术日趋广泛应用，移动互联网、物联网、云计算等技术高速发展，制造业技术革新等因素的影响，中国制造业正在经历着重要的转变，企业生产向全球化采购、生产转变，制造工厂对质量、成本、效率以及安全的要求也在不断提高，智能化生产的方式正在觉醒，无论从国际制造业的总体趋势，还是从制造业向服务业转型的实际需求来看，中国制造业向智能化发展，均存在着巨大的空间。智能化生产线成为制造业发展的趋势，它把制造自动化的概念更新，扩展到柔性化、智能化和高度集成化。

笔记

智能化生产线是智能化加工生产线的一个升级版，智能化生产线在自动生产的过程中能够通过核心自动化大脑进行自动判断分析处理问题。智能化加工生产线是将机器零件放置在由输送装置和辅助装置连接的若干台机床上，通过设备的传送功能，工件按照设定的工艺流程通过加工设备的生产作业线进行加工。自动化加工生产线在流水线的基础上，增加了自动控制系统，所有机器设备都按统一的节拍运转，确保生产过程的高度连续。

智能化生产线是在智能化加工生产线制造过程的各个环节广泛应用了人工智能技术，由智能机器和人类专家工程组成的人机一体化智能系统，提高生产率，增强多用性和灵活性。

1.1.2　智能化生产线的运行特性与技术特点

① 在生产和装配的过程中，能够通过传感器或RFID（射频识别）自动进行数据采集，并通过电子看板显示实时的生产状态。

有源阵列彩色显示屏，实时显示生产线的状态信息，可使操作人员在任何工位都能看到全线的生产状况，包括每个工位的工作模式、是否完工以及安全状态等。通过相应的画面可以随时了解本工段生产统计信息，包括目标产量、当前产量、每个工位的工作时间、故障时间和交接班情况等。生产信息还可以通过工业以太网传送到车间管理网，生产管理人员可以随时查看目前和历史生产情况，做出及时、准确的计划。通过以太网可以和上、下游输送线的 PLC 进行信号通信，实现在控制层面上的无缝连接，从而实现车间级的全自动。

② 能够通过机器视觉和多种传感器进行质量检测，自动剔除不合格品，并对采集的质量数据进行 SPC（统计过程控制）分析，找出质量问题的成因。

③ 能够支持多种相似产品的混线生产和装配，灵活调整工艺，适应小批量、多品种的生产模式。

通过 RFID 技术，可以对生产进行规划，比如采用什么样的生产方式和工艺，以及什么样的原材料，都可以在这条线上自由地选择，从而实现“混线生产”。

④ 具有柔性，如果生产线上有设备出现故障，能够调整到其他设备生产。

⑤ 针对人工操作的工位，能够给予智能的提示。

1.1.3 智能化生产线实际工程中的应用

工业和信息化部公布的智能制造试点示范项目涉及流程制造、离散制造、智能装备和产品、智能制造新业态新模式、智能化管理、智能服务等类别，体现了行业、区域覆盖面和较强的示范性。

图 1-1 所示是某汽车公司的智能化汽车生产线。该公司智能化汽车生产线充分贯彻“工业 4.0”的理念，具有生产自动化、信息数字化、管理智能化、制造生态化四大特征。该汽车智能生产线汇聚行业领先的自动化生产工艺，底盘合装、风挡玻璃、椅座等均实现了 100%自动化安装，全线覆盖自主识别、传感、人机交互等信息设备，生产更简单、更高效、更精准；信息数字化以物联网先进技术为依托，全面实现生产车间管理要素、车型同步开发和企业管理层等多个方面的“信息数字化”，打造了一座全面可视化和可追溯的高效“透明工厂”；管理智能化以业内首例“智慧制造执行系统”作为大脑，推进“关键工序设备智能化”“物流设备智能化”与“管理辅助决策智能化”；智造生态化是指通过设备技术升级、多项节水环保工艺、使用清洁能源等，大幅降低烟尘、废水、废气排放，打造更节能、更生态的工厂，切实履行社会责任。该公司汽车生产工厂致力于打造世界级智能制造标杆工厂，生产线极限速度可达到 52 秒下线一辆新车，是行业领先的汽车生产线。

笔记

图 1-1 某汽车公司的智能化汽车生产线

图 1-2 所示为某公司 LED 球泡灯全自动智能化装配生产线。该公司 LED 球泡灯智能化生产线由 10 个模块、40 多个工位组成。该生产线成功将 LED 球泡灯智能化装配生产线由设计转化成产品，每条线可替代上百名员工的 LED 装配劳动，年节约劳动力成本数百万元。实现了步进技术、伺服技术、机器视觉、图像处理、激光检测、高速数据链路通信、智能控制算法等技术集成融合。该技术可平滑移植于其他行业的生产过程装配控制，有效保证产品装配一致性，产品装配质量得以提高，产品附加值得以增加，企业市场竞争力得到提升，对提升 LED 行业的装配效率具有重要作用。

图 1-3、图 1-4 所示为某公司高效电池智能化生产线。该公司电池生产线从 2013 年传统

电池生产线生产 1GW 电池需要 3000 人，经过 3 年改造，2016 年生产 1GW 电池需要 1200 人；2017 年投入新生产线生产 1GW 电池只需要不到 500 人；2018 年智能化生产完成升级之后，生产 1GW 电池只需要 300 人左右；2020 年实现无人生产，只需要 100 人就能生产 1GW 电池，这些人就是设备工程师、技术工程师等，主要是保证智能化生产线的正常运行。该公司智能制造水平已成为业界标杆，为全行业树立了“中国智能制造”的典范。

图 1-2 某公司 LED 球泡灯智能化装配生产线

图 1-3 某公司高效电池智能化生产线

图 1-4 某公司高效电池智能化生产线电子看板展示生产情况

任务 1.2 认知 HNC-ifactory-m2r1 型智能制造生产线

知识与能力目标

（1）了解典型智能化生产线各组成单元及其基本功能。

（2）认识典型智能化生产线的系统运行方式。

笔记

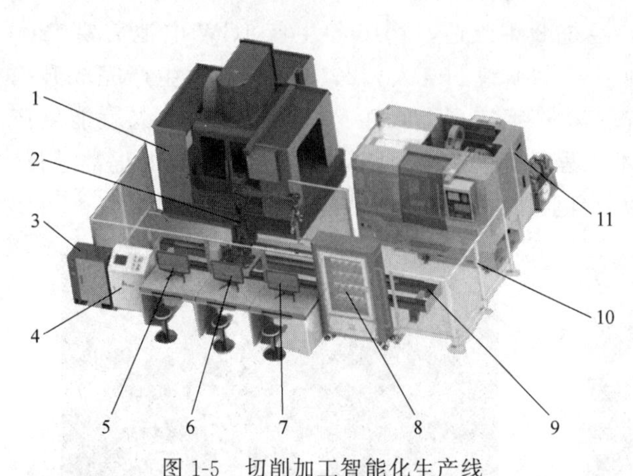

图 1-5 切削加工智能化生产线

1—高速钻攻中心；2—工业机器人；3—机器人电柜；4—总控；5—MES；6—总控 PLC；7—仿真及编程；8—数字化立体料仓；9—机器人导轨；10—安全围栏；11—数控车床

智能化生产线应用于各类现代工业生产中，由于现代工业生产功能和类型不同，继而智能化生产线品类繁多，但核心技术和功能实现方式基本相同。因此，为了学习方便，本书以华中数控股份有限公司生产的典型切削加工智能化生产线为载体，对智能化生产线的安装、调试及维护等应用技术进行讲解。

图 1-5 所示 HNC-ifactory-m2r1 型智能制造生产线是华中数控股份有限公司生产的典型切削加工智能化生产线。

该生产线基本功能：通过机器人代替人工为加工中心上下料作业，实现上料、加工、检测、下料等过程自动化，提高产品生产过程的自动化程度，降低不良率、节省人力、提高产量和质量，达到工艺合理化。

1.2.1 总体布局及其工作特征和原理

HNC-ifactory-m2r1 型智能制造生产线运营与维护主要由高速钻攻中心（含在线检测）、数控车床、数字化立体料仓、工业机器人（HSR-JR620L）、智能化加工生产线控制系统、智能安全防护系统等部分组成。

1.2.2 主要功能单元介绍

① 数控车床为斜床身结构，正面配自动门，配自动吹扫装置，配以太网接口；机床内置摄像头，镜头前装有气动清洁喷嘴；配备华中数控 HNC-818T 数控系统，主轴、进给均为交流伺服电机。

② 高速钻攻中心（含在线检测）（图 1-6）：加工中心正面配自动门，配自动吹扫装置，配以太网接口；机床内置摄像头，镜头前装有气动清洁喷嘴；配华中数控 HNC-818B 数控系统，主轴、进给均为交流伺服电机。

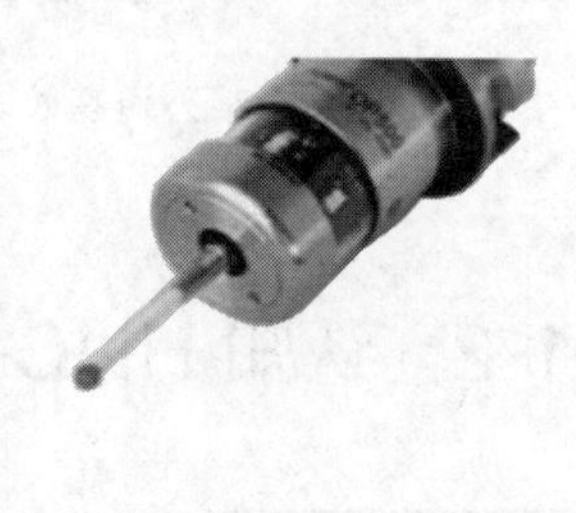

图 1-6 高速钻攻中心（含在线检测）

③ 数字化立体料仓（图 1-7）：带有安全防护外罩及安全门；立式料架的操作面板配备急停开关、解锁许可、门锁解除、运行；立体仓库工位 30 个，每层 6 个仓位，共 5 层，每

个仓位配置 RFID 芯片，其中 RFID 读写头安装在工业机器人夹具上；料位设置传感器和状态指示灯。

图 1-7 数字化立体料仓

④ 工业机器人（HSR-JR620L）（图 1-8）：为了提高机器人利用率，在机器人原有六个轴基础上增加一个可移动的第七轴，使机器人能够适应多工位、多机台、大跨度的复杂性的工作场所。手爪采用气动手指；手爪上两套夹爪呈 90°；手爪安装扩散反射型光电开关，可检测机器人手爪是否为抓取工件状态；手爪上安装 RFID 一体式读写器，可读写加工信息和加工状态。

⑤ MES 系统：自动化加工订单管理；自动化加工数据；自动化加工工艺管理；自动化制造执行；产品数字化设计及编程。

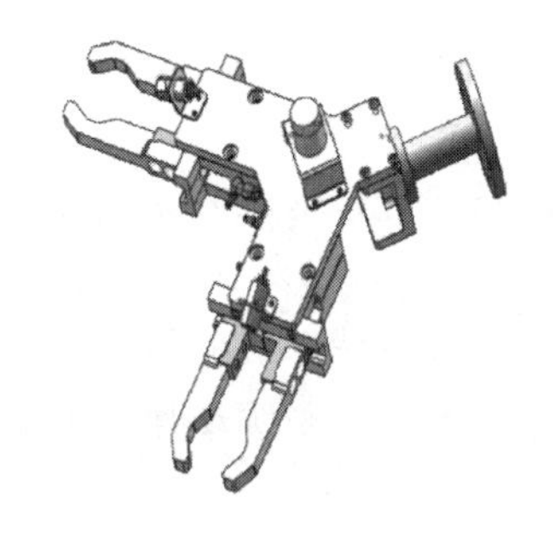

图 1-8 工业机器人（HSR-JR620L）

图 1-9 中央电气控制系统（西门子 S7-1215）

⑥ 智能安全防护系统：围栏及带工业标准安全插销的安全门，防止出现工业机器人在自动运动过程中由于人员意外闯入而造成的安全事故；安全门打开时，除 CNC 外的所有设备处于下电状态。

⑦ 中央电气控制系统（图 1-9）：主控 PLC 采用西门子 S7-1215，并配有 Modbus TC/IP 通信模块；配有 16 口工业交换机；外部配线接口必须采用航空插头，方便设备拆装移动。

⑧ 电子看板：3 块显示屏幕，实时呈现总控管理、数控机床的运行状态、工件加工情况（加工前、加工中、加工后）、加工效果（合格、不合格）、加工日志、数据统计、大数据分析等内容。

笔记

项目2

智能化加工生产线机械要素及控制技术应用

任务 2.1 原动力及其变化

知识与能力目标

(1) 认识智能化加工生产线的原动力，电机的分类及其基本使用特点，能够初步根据系统功能要求选择不同种类的电机。

(2) 了解各类型减速器的结构与使用特点，能够根据系统传动比大小、输入和输出轴的空间位置、使用条件以及经济性等基本因素初步选择减速器。

2.1.1 电机及减速器

在智能化加工生产线中，各种各样的机械动作，大多是由一个或几个旋转运动通过转化而成的。相比较而言，电机具有体积小、重量轻、控制简单等特点，是产生旋转运动的首选部件。

常用的电机主要有交流电机和直流电机，均属于模拟电机。近年来，随着控制手段的不断进步，各种类型的数字电机也得到了广泛的应用，包括交流伺服电机、直流伺服电机及步进电机。

不同类型电机的控制方法见表 2-1。

表 2-1 不同类型电机的控制方法

电机形式	电机类型	供电方式	控制形式	旋转方向控制	调速方式
模拟电机	交流电机	交流电	直接开环控制	改变相序	改变供电频率
	直流电机	直流电	直接开环控制	改变供电极性	脉宽调速或电压调速
数字电机	交流伺服电机	交流电	间接闭环控制	利用驱动器控制方向、速度	
	直流伺服电机	直流电	间接闭环控制	利用驱动器控制方向、速度	
	步进电机	直流脉冲	间接开环控制	利用驱动器控制方向、速度	

除了步进电机，大多数电机的最佳运行状态往往在 1000～3000r/min 转速下，速度比较高，需要增加减速环节。

常见的各类减速器的传动形式见表 2-2。

表 2-2　减速器的传动形式

类别	序号	运动简图	说明
单级圆柱齿轮减速器	1		较常用，结构简单。成本低
	2		双输入用于大功率传动
两级圆柱齿轮减速器	3		展开式，应用广泛
	4		分流式，采用双斜齿轮可消除轴向力
	5		同轴式，结构较为紧凑
	6		同轴式，多用于大功率传动
三级圆柱齿轮减速器	7		展开式，也可以为分流式
圆锥齿轮减速器	8		用于空间相互垂直（可异面）两轴之间传动
圆锥圆柱齿轮减速器	9		圆柱齿轮可为多级传动
单级蜗杆减速器	10		蜗杆可以在蜗轮的上面或侧面
两级蜗杆减速器	11		传动比较大，效率低
蜗杆齿轮减速器	12		可将齿轮传动置于高速级，但效率较低
渐开线行星齿轮减速器	13		NGW 型，可用于各种工作条件
	14		NW 型传动范围较 NGW 型大，可用于各种工作条件
	15		NGWN 型，传动范围较大，结构紧凑，但效率低于 NGW 型
	16		NN 型，当 $Z_3=Z_4$ 时，则相当于 N 型

续表

类别	序号	运动简图	说明	类别	序号	运动简图	说明
渐开线行星齿轮减速器	17		NN型，受力较均衡	摆线针轮减速器	19		要求大传动比时，可采用多级串连方式
	18		N型，输出机构有多种类型	谐波齿轮减速器	20		主要元件柔轮的加工较困难，目前仅限于小功率范围应用

注：符号“N、W、G”分别表示内啮合、外啮合、公共齿轮。

各种类型减速器主要性能比较见表2-3。

表2-3 减速器主要性能比较

减速器类型	表2-2序号	齿形		推荐传动比范围	达到功率值/kW	效率/%	相对体积比	相对质量比
齿轮减速器	1～7	圆柱齿轮	渐开线	单级：$i<6\sim8$ 两级：$7<i<40$ 三级：$i_{max}=400$	40000	单级：97～98 两级：95～96	1	1
			圆弧				0.8	0.85
	8	圆锥齿轮	直齿	$i<3\sim5$	400	95～96	1.1～1.2	1.1～1.2
			曲齿	$i<10$	4000	90	1～1.1	1～1.1
	9	圆锥-圆柱齿轮（渐开线）		$7<i<22\sim40$		94～95		
蜗杆减速器	10～12	普通圆柱蜗杆		$8<i<80$	200	45～80	0.8	0.8
		圆弧齿圆柱蜗杆				60～94	0.5	0.6
		圆弧面蜗杆		$5<i<100$	4500	70～90	0.3	0.5
行星减速器	13	内外圆柱齿轮	NGW	单级：$2.7<i<9$ 两级：$10<i<60$	54000	单级：97～98	0.25～0.5	0.4～0.6
	14		NW	$5<i<25$				
	15		NGWN	$20<i<100$	100	<93		
	16、17		NN	$30<i<100$	30			
	18		N	$10<i<100$	44	70～90		
	19	摆线针轮型		单级：$11<i<87$ 两级：$121<i<5133$	245	单级：90	0.25～0.3	0.3～0.4
	20	谐波传动型		$80<i<250$	10	60～90	0.2	0.2～0.3

笔记

选择减速器类型时，应考虑传动比大小、输入-输出轴的空间位置、使用条件以及经济性等多种因素。

① 齿轮减速器。普通齿轮减速器（包括渐开线圆柱齿轮减速器和圆锥齿轮减速器）具有效率高、适应性强等优点，其缺点是外廓尺寸较大。因此，适用于那些场地空间不受限制、长期或连续大功率工作的场合。

圆弧齿圆柱齿轮减速器，可以替代渐开线齿廓的同类减速器使用。与材料、尺寸相同的渐开线圆柱齿轮减速器比较，它能显著地提高齿面接触强度。在高速下工作时，有利于形成动压润滑状态，因而磨损小、效率高。

② 蜗杆减速器。工作平稳，无噪声。大传动比时，比普通齿轮减速器体积小，重量轻，结构紧凑。但普通圆柱蜗杆传动效率低。因此，只适宜用在中、小功率和间歇工作的场合。

在条件具备时，应尽量采用各种新型蜗杆传动，如圆弧齿圆柱蜗杆传动、圆弧面蜗杆传动和锥蜗杆传动等。这些蜗杆传动，其接触线大都有利于形成油膜，加之蜗杆副的综合曲率半径或重合度较大，因而其承载能力和效率都比较高。

③ 行星齿轮减速器。与普通齿轮减速器比较，其传动比范围大、体积小、重量轻、结构紧凑，并且大都可做成输出输入同轴形式。若能合理选择传动类型，传动效率也比较高。因此与蜗杆传动比较，它不消耗有色金属。主要缺点是某些类型的结构稍复杂，如选型不当，可能导致效率过低，甚至在大传动比时发生自锁。

在行星齿轮减速器中，少齿差行星减速器（包括渐开线少齿差减速器、摆线针轮减速器和谐波齿轮减速器）除具有一般行星传动的特点外，其结构更为紧凑，更有利于缩小机器体积。在中小功率的情况下，可以代替蜗杆减速器使用。

2.1.2 泵

在智能化加工生产线中，除了直接或间接获得机械能以外，利用电机还可以通过一定装置作用于气体或液体，使之产生压力或速度的变化，这就是常用的各种类型的泵，见表 2-4。

表 2-4　常用泵

泵例	原理	工作介质	作用	动力
水泵	离心式	水	使水产生一定压力和流量	电机
机油泵	齿轮式	机油(用于润滑)	使机油在一定范围流动	电机
压缩机	活塞或旋转活塞式	空气或其他气体	将空气或其他气体压缩	电机
真空泵	多级滑板式	空气或氮气等	抽出密闭容器中空气等使之产生真空	电机
高压泵	柱塞式	燃油	将燃油(柴油)压入高压油管并通过喷油嘴喷入气缸	电机
风机	轴流叶片	空气	使空气达到一定流量	电机

任务 2.2　基本轮系及其计算

知识与能力目标

(1) 理解定轴轮系的概念，掌握定轴轮系传动比的计算方法。

(2) 理解行星轮系的概念，掌握行星轮系传动比的计算方法。

2.2.1 定轴轮系

所有齿轮几何轴线的位置都是固定的轮系，称为定轴轮系。

轮系的传动比，是指该轮系中首、末两轮角速度（转速）的比值。

设首轮 a 的转速为 n_a，末轮 g 的转速为 n_g，则轮系的传动比可写为

$$i_{ag}=\pm\frac{\omega_a}{\omega_g}=\pm\frac{n_a}{n_g}$$

设 1 和 k 分别为首末齿轮的标号，m 为轮系中外啮合齿轮对数，则：

$$i_{1k}=\frac{\omega_1}{\omega_k}=(-1)^m\ \frac{\text{从 1 到 } k \text{ 所有从动轮齿数的连乘积}}{\text{从 1 到 } k \text{ 所有主动轮齿数的连乘积}}$$

在图 2-1 的定轴轮系中，已知各齿轮的齿数，依次为 Z_1、Z_2、Z_3、Z_4、Z_5、Z_6，外啮合齿轮对数为 2，则：

$$i_{16}=\frac{\omega_1}{\omega_6}=\frac{n_1}{n_6}=(-1)^2\ \frac{Z_2Z_4Z_6}{Z_1Z_3Z_5}=\frac{Z_2Z_4Z_6}{Z_1Z_3Z_5}$$

计算表明：图 2-1 中定轴轮系齿轮 1 与齿轮 6 旋转方向一致，传动比为 i_{16}。

2.2.2 行星轮系

若轮系中，至少有一个齿轮的几何轴线不固定，而绕其他齿轮的固定几何轴线回转，则称为行星轮系。如图 2-2 所示的轮系中，齿轮 2 除绕自身轴线回转外，还随同构件 H（转臂）一起绕齿轮 1 的固定几何轴线回转，该轮系即为行星轮系。

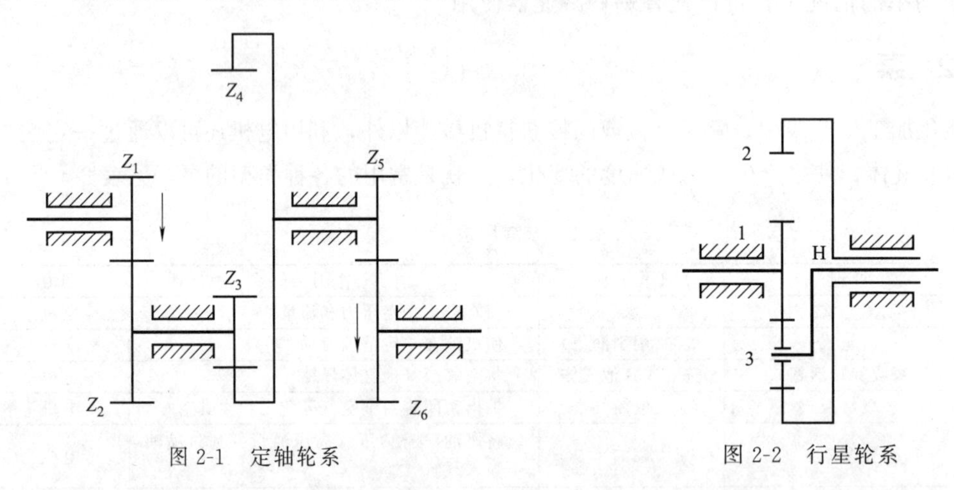

图 2-1 定轴轮系　　图 2-2 行星轮系

笔记

设 G 和 K 分别为行星轮系中任意首末齿轮的标号，H 为转臂，m 为轮系中外啮合齿轮对数，则：

$$i_{GK}^{\mathrm{H}}=\frac{n_G-n_{\mathrm{H}}}{n_K-n_{\mathrm{H}}}=(-1)^m\ \frac{\text{从}\,G\text{ 到 }K\text{ 所有从动轮齿数的连乘积}}{\text{从}\,G\text{ 到 }K\text{ 所有主动轮齿数的连乘积}}$$

如图 2-2 中：$i_{12}^{\mathrm{H}}=\dfrac{n_1-n_{\mathrm{H}}}{n_2-n_{\mathrm{H}}}=(-1)^1\ \dfrac{Z_3Z_2}{Z_1Z_3}=-\dfrac{Z_2}{Z_1}$

最基本的行星轮机构由两个太阳轮、一个行星轮和转臂构成，两个太阳轮和转臂的转速依次为 n_1、n_2 和 n_{H}。由上面的公式可知，在三个齿轮齿数确定后，任意给定三个转速中两个则可以确定另一个转速。当将行星齿轮轴即转臂固定后，行星齿轮机构则变为定轴轮系。

任务 2.3 线性直线运动

知识与能力目标

(1) 理解线性直线运动的概念。

（2）了解本书给出的几种常见直线运动机构的构成、使用特点以及速度控制、位置控制的基本方法。

（3）理解并掌握两种常用的直线运动的变速机构原理，能够判别运动部件的速度关系。

（4）理解大传动比伸缩机构原理，并根据固定点位置计算输入与输出速度比。

直线运动大多是由电机的旋转运动产生的，当电机匀速转动，且被驱动件的直线运动也是匀速运动时，称之为线性直线运动。

2.3.1 基本线性直线运动

旋转与线性直线运动的转换机构有：卷扬机、钢带、齿轮齿条、螺旋、传动带、直线电机。

2.3.1.1 卷扬机机构

原理：图 2-3 中的电机称之为牵引电机，其通过减速器驱动绞盘旋转，使得缠绕在绞盘上的钢丝绳收放从而使重物做直线运动。

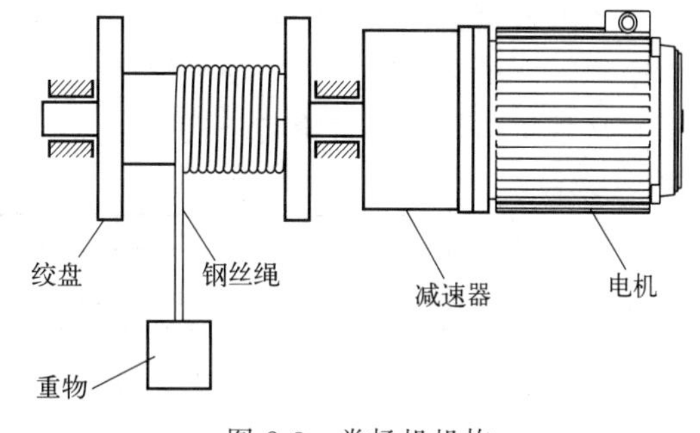

图 2-3 卷扬机机构

由于钢丝绳为柔性部件只能承受张力，钢丝绳绞盘机构通常被用于牵引，如重物升降。当重物上升时，钢丝绳为重物提供上升所需的牵引力，当重物下降时，则借助重力实现。例如，电梯轿厢大多是利用了钢丝绳绞盘机构实现其升降动作。

特点：钢丝绳绞盘机构结构简单，成本较低，对设备安装精度要求较低，特别适合长距离的直线运动系统。被广泛用于起重设备、电梯等系统中。

速度控制：在智能化加工生产线中，如果牵引电机为三相交流电机，多采用变频调速的方法来实现。如果是单纯变频器调速，即利用变频器速度、加速度设定功能实现多个速度间的速度切换，及不同速度之间的加速度切换。但是在很多应用场合，单纯变频器调速不能满足系统对速度控制的要求，则选择使用 PLC 对变频器进行控制来完成适应不同要求的速度变化。在一些智能化加工生产线中，要求牵引电机能提供较大的输出扭矩，这时往往选择直流电机作为牵引电机，对于直流电机系统一般脉宽调制的方法是改变电机速度。用可控硅电路为电机提供能量，用 PLC 为可控硅提供脉宽调制控制信号。

位置控制：一般通过调整传感器的安装位置来实现钢丝绳绞盘机构的位置控制。这些传感器除了用于系统启动与停止以外，还可作为系统速度改变的控制点。

注意事项：在钢丝绳绞盘机构中，由于钢丝绳为柔性部件，当被牵引物为重物，并且沿重力方向下降时，下降的加速度不得超过重力加速度。

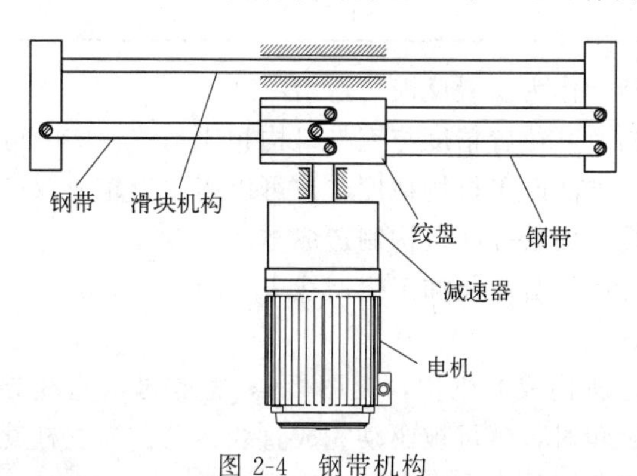

图 2-4 钢带机构

2.3.1.2 钢带机构

原理：如图 2-4 所示，电机通过减速器驱动绞盘转动，机构中有两条以上钢带，每条钢带的一端与滑块机构连接，另一端缠绕在绞盘上。当绞盘转动时一部分钢带放出、另一部分卷入，从而使滑块左右运动。为避免由于钢带重叠改变绞盘直径，一般情况下钢带在绞盘上最多缠绕一圈，因此钢带机构行程不超过绞盘的周长。这种机构经常用于精密位置控制。

速度控制：钢带机构经常采用直流、交流伺服电机或步进电机驱动。在系统中，用PLC给伺服驱动器或步进驱动器发出指令，由伺服驱动器或步进驱动器完成电机的速度控制。

位置控制：钢带机构通常有两种方法来实现其位置控制。其一，在减速器输出端安装绝对值角度编码器，由其提供反馈信号并送至PLC，实现位置的闭环控制；其二，在滑块机构上安装位置传感器，向PLC提供位置信号，完成钢带系统的位置控制。

特点：设计机构时可选择不同直径的绞盘，则可获得不同的滑块移动距离和运动速度。钢带机构体积小重量轻、结构简单，运动精度高、成本较高。适用于智能化加工生产线或自动生产线中的精确位置控制。

2.3.1.3 齿轮齿条机构

原理：电机通过减速器驱动齿轮旋转，齿轮带动与其啮合的齿条左右移动，如图2-5所示。与钢带机构相比，齿轮齿条机构可以实现更大范围的直线运动。

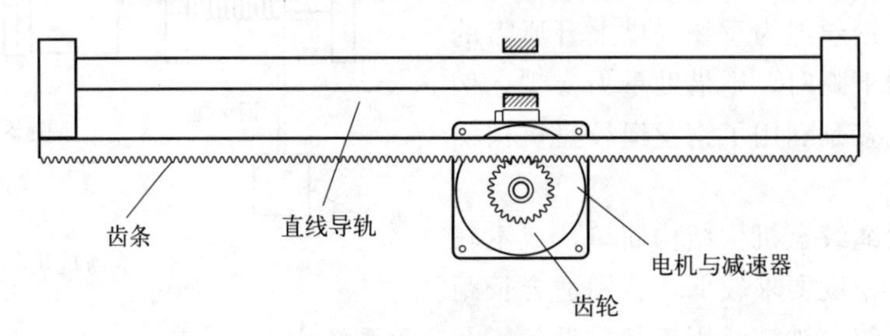

图2-5 齿轮齿条机构

速度控制：设计时选择不同直径的齿轮，可以获得不同的齿条运动速度和不同的驱动力矩。在实际应用时可采用各种类型的电机作为齿轮齿条机构的驱动。

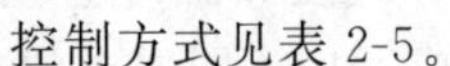

控制方式见表2-5。

表2-5 控制方式

控制器	驱动器	电机	说明
PLC/无	变频器	交流电机	可以不用PLC，直接由变频器或脉宽调制器驱动
	脉宽调制器	直流电机	
PLC	交流伺服驱动器	交流伺服电机	使用PLC通过驱动器间接控制伺服电机或步进电机
	直流伺服驱动器	直流伺服电机	
	步进驱动器	步进电机	

位置控制：在齿条或滑块上安装位置传感器，作为位置反馈传送给PLC。

特点：由于齿轮齿条加工与装配精度的限制，其位置精度与钢带机构相比稍差一些。可以通过提高齿轮齿条加工精度并调整装配精度的方法改善机构精度，也可以用双齿轮或双齿条的方式补偿齿轮齿条间隙，提高该机构的精度，但会提高机构制造成本。

该机构制造成本适中，被广泛应用于各种类型的智能化加工生产线中。

2.3.1.4 螺旋机构

原理：所谓的螺旋机构是指利用丝杠与螺母所构成的机构，见图2-6，将螺母与直线导套连接，电机通过减速器与丝杠连接，当电机旋转时，螺母被驱动完成直线运动。当丝杠旋转速度一定时，选择不同螺距的丝杠，可以实现不同的直线导套速度和驱动力。

按照构成螺旋机构的结构划分，螺旋机构可分为普通丝杠（包括梯形螺纹丝杠、矩形螺纹丝杠、锯齿形丝杠等）和滚珠丝杠两大类。一般来说，普通丝杠的成本较低。

速度控制：与齿轮齿条机构的速度控制方式基本一致。

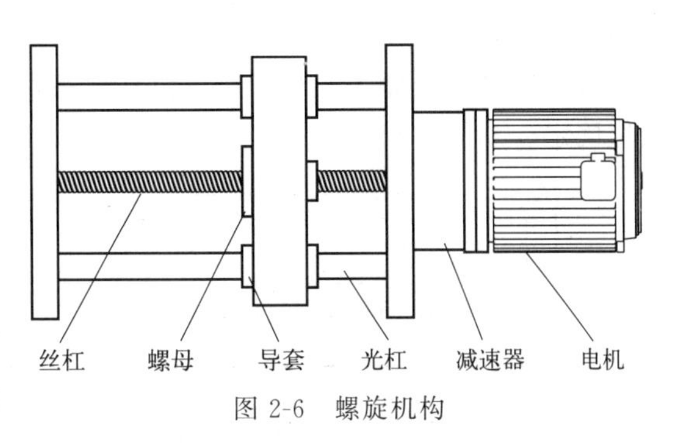

图 2-6　螺旋机构

位置控制：与钢带机构速度控制方式相似。螺旋机构通常有两种方法来实现其位置控制。其一，在减速器输出端安装增量型角度编码器，并辅以位置传感器，由位置传感器确定导套基准位置、由角度编码器提供相对位置反馈并送至 PLC，实现位置的闭环控制；其二，在滑块机构上安装位置传感器，向 PLC 提供位置信号，完成螺旋机构的位置控制。

特点：螺旋机构结构简单，控制方便，采用丝杠螺母间隙补偿机构后，可以实现较高精度的位置控制。近年来，由于滚珠丝杠的不断标准化，使之成本下降，在要求较高位置精度的场合，可以采用滚珠丝杠。

2.3.1.5　传动带机构

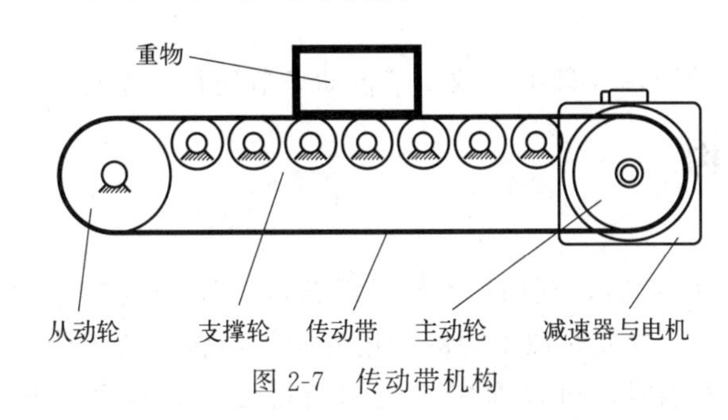

图 2-7　传动带机构

原理：如图 2-7 所示电机通过减速器驱动主动轮旋转，主动轮与从动轮间连接有传送带，当主动轮转动时，传送带与之同时运动，在传送带上放有被移动的重物或工件，为防止传送带变形，在用于支撑重物的传送带的背面均匀布置支撑轮。根据被传送工件的性质和工作环境的要求，传送带材料可有多种选择，见表 2-6。

笔记

表 2-6　传送带材料的选择

传送带形式	适用工作环境	力学性能	运动精度
普通橡胶传送带	室温下,传送较轻物体	机械强度较低,噪声低	较差
普通橡胶同步传送带	室温下,传送较轻物体	机械强度适中,噪声低	很高
链条传送带	能耐较高温度	机械强度高,噪声高	适中

速度控制：多数的传送带机构不需要速度控制。在需要较高速度精度控制时，可以采用伺服电机作为机构的驱动电机。通过对伺服电机速度的控制实现传送带速度的控制。

位置控制：根据被传送物体的位置设定位置传感器，实现位置控制。在有些系统中传送带被用来带动某些执行机构在指令所规定的位置完成特定动作，常用基点位置传感器和步进电机驱动的控制方式实现，如喷墨打印机的打印头的动作控制。

特点：传送带机构结构简单，性能可靠，被广泛应用于自动化生产上和各种智能化加工生产线产品中。

2.3.1.6　直线电机

随着电机技术的进步，近年来出现了直线电机，如图 2-8 所示。直线电机把一台旋转运动的电动机沿径向剖开并展平。在直线电机中，相当于旋转电机定子的叫初级，相当于旋转电机转子的叫次级。初级中通以交流电，次级就在电磁力的作用下沿着初级做直线运动。一般情况下，初级要比次级做得长，这样才可以延伸到运动所需要到达的位置。实际上，直线电机既可以把初级做得很长，也可以把次级做得很长，既可以初级固定、次级移动，也可以次级固定、初级移动。

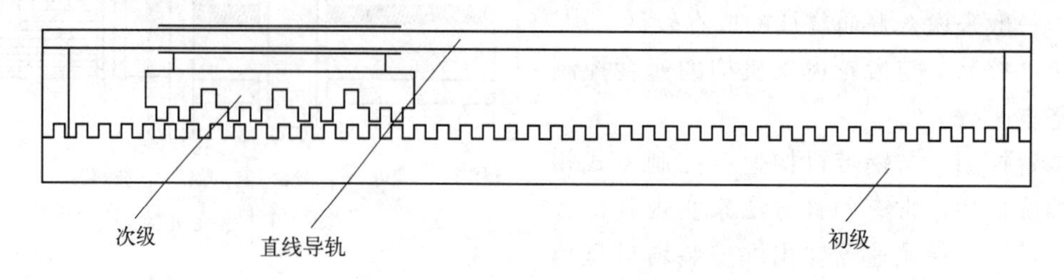

图 2-8 直线电机原理示意图

直线电机最常见的种类有平板型、U 型、套筒型等。其中，平板型是最常用的直线电机形式，其结构简单、安装方便，并且可以根据应用需要选择水冷或自冷，长宽比也可以选择。这种形式的直线电机单机推力最大可达数万牛，速度从每分钟数十米至数千米，行程可高达千米以上。

直线电机的控制与伺服电机或步进电机的控制很相似，需要相应的驱动器，并通过传感器系统（光栅）构成闭环控制。

直线电机可以大大简化直线运动机构的设计，并且由于减少了传动环节使得效率提高。

2.3.2 常用的直线运动的变速机构

2.3.2.1 动滑轮、定滑轮机构

如图 2-9 所示，当在定滑轮端输入速度为 $2V$ 时，利用动滑轮可以获得 $1V$，这里定滑轮的作用主要是改变力的作用方向。当将动滑轮作为输入端时，可以在定滑轮端获得 2 倍速度的速度输出。

笔记

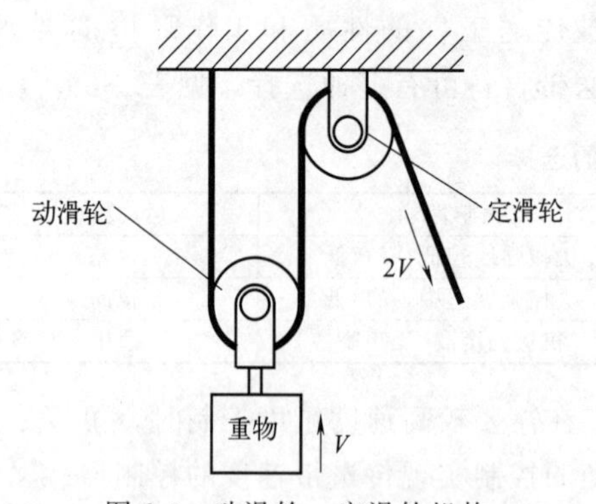

图 2-9 动滑轮、定滑轮机构

2.3.2.2 拓扑行星齿轮机构

当使行星轮系的两个太阳轮直径趋于无穷时，两个太阳轮就变成齿条，称之为拓扑行星齿轮机构。将拓扑行星齿轮机构其中一齿条固定，当另一齿条以 2 倍速度移动时，则行星轮将以 1 倍速度移动，如图 2-10 所示。利用这种速度关系，拓扑行星齿轮机构被广泛用于机电产品中。

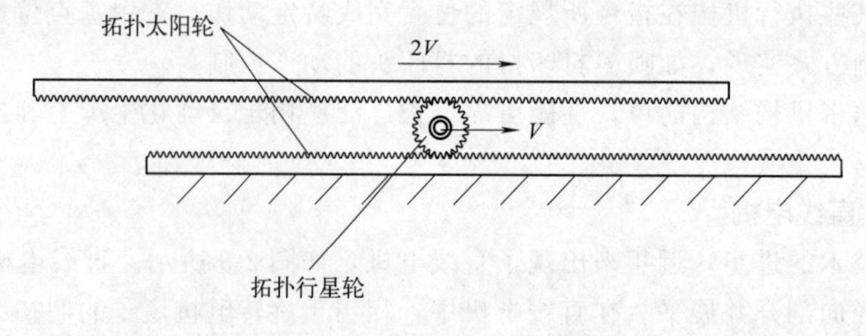

图 2-10 拓扑行星齿轮机构

2.3.3 大传动比伸缩机构（剪刀式）

如图 2-11 所示，固定 O 点，当 A 以速度 V 向右边移动时，则 B 将以 nV 的速度向左移动。n 值的大小取决于图中 O 点左边“剪刀”的个数。图中 O 点左边共有 4 个剪刀，则 n 为 4，即有：

$$V_A/V_B=V/nV=1/n=1/4$$

若将固定点选为 O′则有：

V_A/V_B＝A 侧剪刀数/ B 侧剪刀数＝2/3

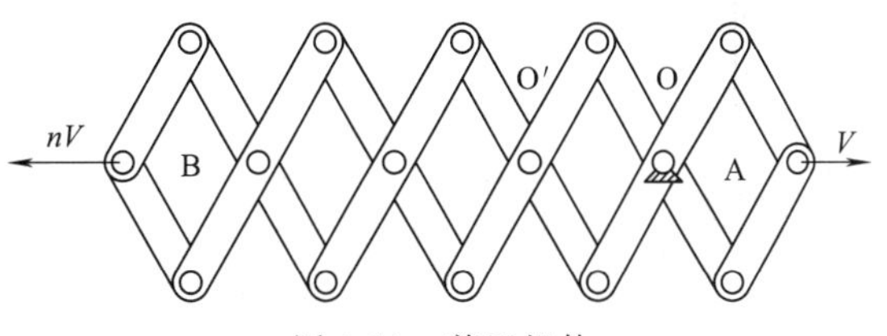

图 2-11 剪刀机构

大传动比伸缩机构具有体积小、伸缩范围大等优点，经常作为某些机械手的主要机构。但由于材料刚度的限制，机构的剪刀数往往不宜过多。

任务 2.4 非线性直线运动

知识与能力目标

（1）理解非线性直线运动的概念。

（2）初步理解教材给出的几种非线性直线运动机构的构成，了解非线性直线运动的控制基本方法。

当电机匀速转动，被驱动件的直线运动为非匀速运动时，称之为非线性直线运动。

2.4.1 曲柄滑块机构

原理：如图 2-12 所示，电机通过减速器带动转臂旋转，转臂通过连接件与滑块连接，按照习惯称这个转臂为曲柄，连接曲柄与滑块间的连接件称之为连杆。当曲柄做旋转运动时，在连杆的驱使下，滑块做往复运动，曲柄每转一周，则滑块做一次往复直线运动。

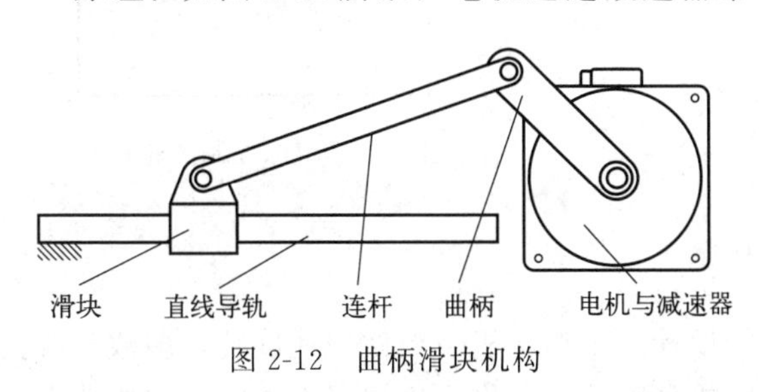

图 2-12 曲柄滑块机构

通常曲柄滑块机构有两种基本用法。其一，利用滑块位置或速度等特性。调整曲柄长度、连杆长度以及滑块滑动方向等设计因素，可以调整滑块的运动特性。其二，利用连杆曲线，所谓连杆曲线是指在机构运动过程中，连杆坐标系中任意一点在系统坐标系中的轨迹。

2.4.2 凸轮机构

一切凸轮机构都可以根据构件上点的运动性质，分成 2 个基本类型：空间凸轮机构和平面凸轮机构。凸轮机构的作用是把主动构件（凸轮）的连续运动，转化为从动件（杆或挺杆）的往复移动或摆动。按照凸轮的功能来划分，凸轮可分为位置控制凸轮机构、速度控制凸轮机构、跟踪控制凸轮机构等。

2.4.2.1 位置控制凸轮机构

位置控制凸轮机构，如图 2-13（a）所示，当凸轮转动时，凸轮的不同转动位置与顶杆的不同位置相对应。

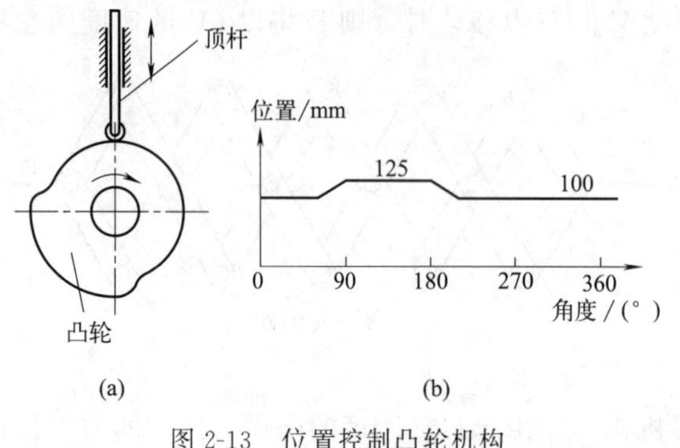

图 2-13 位置控制凸轮机构

凸轮转角与顶杆位置关系如图 2-13（b）所示。当凸轮转动到 90°～180°时，顶杆位于 125mm 处；当凸轮转动到其他角度时，顶杆位于 100mm 处。

2.4.2.2 速度控制凸轮机构

速度控制凸轮机构，如图 2-14（a）所示，当凸轮匀速转动时，凸轮的不同转动位置与顶杆的不同速度相对应。

凸轮转角与顶杆速度关系如图 2-14（b）所示。当凸轮转动到 60°～120°时，顶杆速度为 $+V$；当凸轮转动到 150°～180°时，顶杆速度为 $-2V$。

2.4.2.3 跟踪控制凸轮机构

跟踪控制凸轮机构，如图 2-15 所示，固定凸轮，使顶杆（车刀）做平动，则旋转的工件沿轴线的剖面将被车削成凸轮的形状。

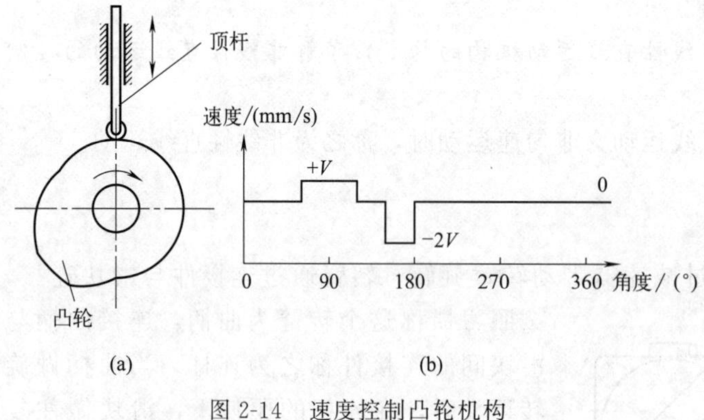

图 2-14 速度控制凸轮机构

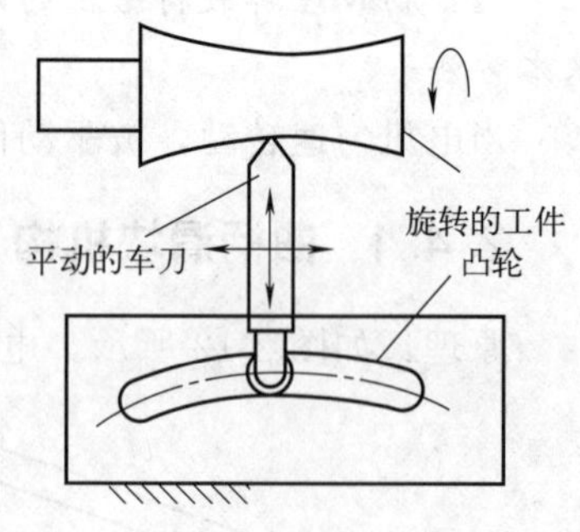

图 2-15 跟踪控制凸轮机构

笔记

2.4.3 非线性直线运动的控制

非线性直线运动的运动规律取决于机构的设计。驱动电机一般做匀速旋转，多数非线性直线运动部件做周期性动作。可用位置传感器或角度编码器作为反馈器件，实现非线性直线运动控制。

任务 2.5 间 歇 运 动

知识与能力目标

（1）理解棘轮棘爪机构、槽轮机构的结构与原理。

（2）了解两种间歇机构的应用特点。

在智能化加工生产线中，常需要某些构件做周期性的运动和停歇，能够完成这种功能的机构称之为间歇运动机构。间歇运动机构的类型很多，这里只介绍其中几种。

2.5.1 棘轮棘爪机构

如图 2-16 所示，棘轮棘爪机构主要由棘轮、棘爪、摆杆、止回棘爪等几个部分组成。当摆杆顺时针摆动时，棘爪插入棘轮的齿内，使棘轮同时与摆杆转过一个角度；当摆杆逆时针摆动时，止回棘爪阻止棘轮逆时针转动，此时棘爪在棘轮上滑过，故棘轮静止不动。这样，当摆杆做连续的往复摆动时，棘轮便得到单向的间歇运动。

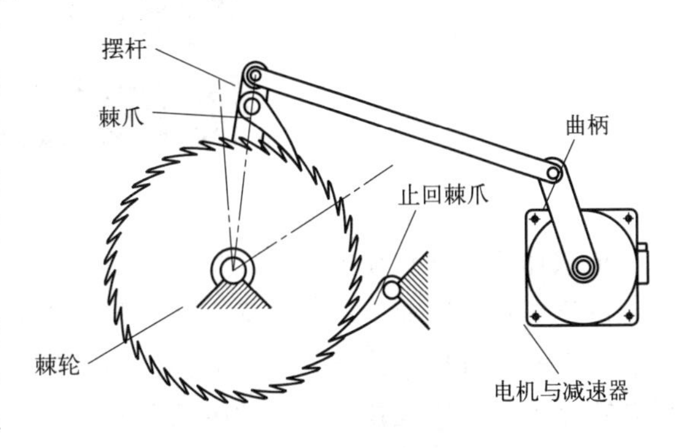

图 2-16 棘轮棘爪机构

棘轮棘爪机构的控制：调整曲柄的转动速度可以调整棘轮间歇运动周期；在一定范围内调整曲柄的长度，可以改变摆杆的摆动角度或者增加挡板使棘爪插入棘轮的相位发生变化，从而改变棘轮的转角。

棘轮棘爪机构具有结构简单、制造方便和运动可靠等特点，在各种智能化加工生产线设备中有较广泛的应用。但棘爪在棘轮齿面上滑行时，引起噪声和齿尖磨损；为使棘爪顺利落入棘齿，摆杆摆角要比棘轮的运动角大，加大了空行程；由于棘轮的运动角必须以棘轮的齿数为单位有级变化，因此棘轮棘爪机构不宜应用于高速，并受使用条件的限制。

2.5.2 槽轮机构（马耳他机构）

槽轮机构亦称马耳他机构，由具有圆销的主动盘和具有径向槽的从动槽轮组成。当主动盘等速连续回转时，从动槽轮反向单向间歇运动。在主动盘上的圆销未进入槽轮的径向槽时，由于槽轮的内凹锁止弧 S2 被主动盘上的外凸圆弧 S1 锁住，故槽轮静止不动。在图 2-17 所示位置主动盘上的圆销开始进入槽轮的径向槽，这时锁止弧 S2 松开，因而圆销驱动槽轮沿反向回转。当主动盘上的圆销开始脱出槽轮的径向槽时，槽轮的另一锁止弧又被主动盘的外凸圆弧锁住，使槽轮又静止不动，直到下一个运动循环开始。

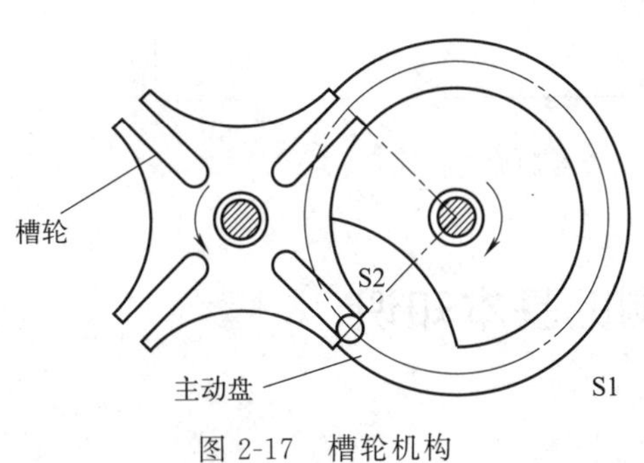

图 2-17 槽轮机构

槽轮机构具有结构简单、制造容易、工作可靠和机械效率高等特点。但槽轮机构在工作时有冲击，且随着转速的增加及槽轮槽数的减少而加剧，故不宜应用于高速，其适用范围受到一定限制。

调整主动盘上的圆销的数量改变主动盘与槽轮的传动比；调整槽轮上径向槽的数量可以改变槽轮间歇运动的角度。

项目3

智能化加工生产线传感检测技术应用

传感器是智能化加工生产线技术、工业自动化控制及信息检测技术中不可缺少的控制元件，广泛应用在工业生产和日常生活的各个方面。传感器作为工业生产和生活中的“眼睛”为各类控制装置提供信号，为人们提供参考信息。传感器是各种控制系统进行控制的基础，是智能化加工生产线技术中的“眼睛”。

传感器是能将特定的物理量，按照一定的规律转换成电信号或其他形式信号的器件或装置，通常由敏感元件和转换元件组成。若转换成标准的电信号，如 4～20mA，这种传感器被称为变送器。

图 3-1 为数控机床中工作台位置控制原理图。由控制系统生成的位置指令 P_c 要求工作台移动到规定位置。工作台移动过程中，光栅尺不断检测工作台的实际位置 P_f，并进行反馈，与位置指令 P_c 进行比较，形成位置偏差 P_e，即 $P_e = P_c - P_f$。只要存在位置偏差，驱动装置就驱动伺服电动机，当位置偏差为零，即 $P_c = P_f$ 时，表示工作台已到达指令位置，伺服电动机停转，工作台准确地停止在指令位置上。

笔记

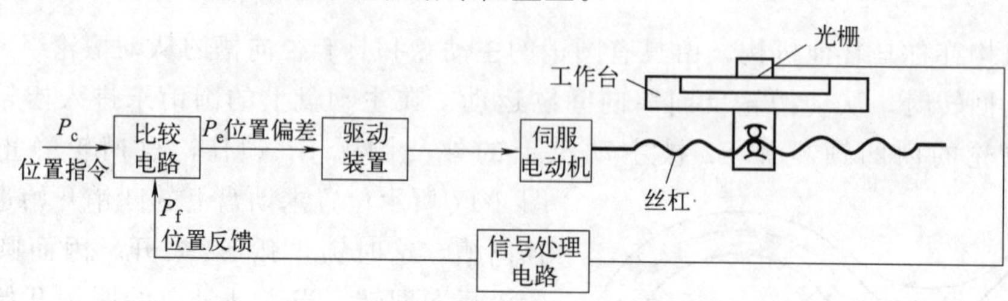

图 3-1　数控机床中工作台位置控制原理图

任务 3.1　自动检测的基本知识

知识与能力目标

（1）明确传感器在智能化加工生产线技术中的作用，掌握传感器的构成。

（2）理解传感器的特性，并能根据控制要求选择符合要求的传感器的特性指标，并能对传感校验数据进行处理，确定传感器的性能指标。

3.1.1　传感器的构成

图 3-2 所示为测量压力的电位器式压力传感器结构简图。当被测压力 P 增大时，弹簧

管撑直，通过齿条带动齿轮转动，从而带动电位器的电刷产生角位移。电位器将角位移转换成电阻值的变化，通过测量电路再转换成电压的输出。可见，电位器电阻的变化量反映了被测压力 P 值的变化。

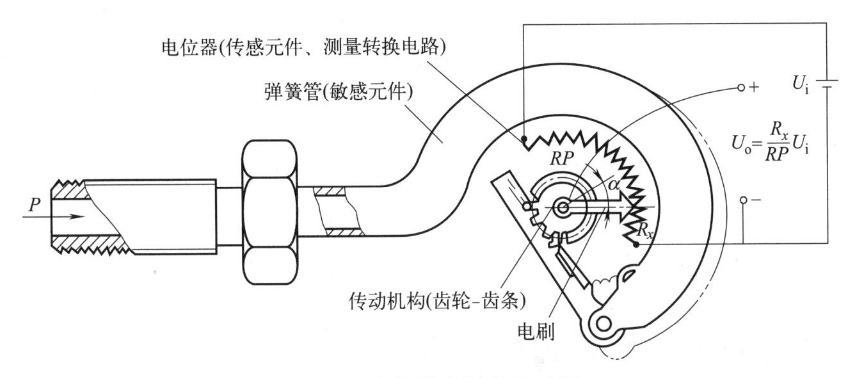

图 3-2　电位器式压力传感器

分析该压力表可见，一般传感器由敏感元件、传感元件及测量转换电路三部分组成，如图 3-3 所示。

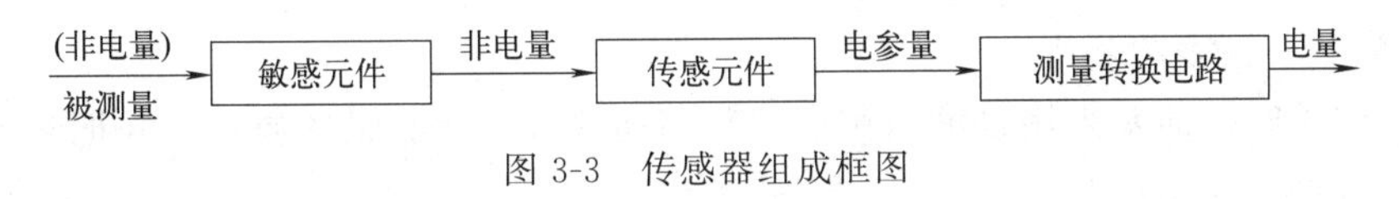

图 3-3　传感器组成框图

（1）敏感元件

敏感元件是在传感器中直接感受被测量的元件，即被测量通过传感器的敏感元件转换成与被测量有确定关系、更易于转换的非电量。图 3-2 中的弹簧管即为敏感元件，它将压力转换成角位移 α。

（2）传感元件

经敏感元件转换后的非电量再经传感元件转换成电参量。图 3-2 中的电位器可以将角位移转换成电阻的变化，电位器即为传感元件。有些传感器将传感元件与敏感元件合二为一。

（3）测量转换电路

测量转换电路的作用是将传感元件输出的电参量转换成易于处理的电压、电流或频率。在图 3-2 中，当电位器的两端加上电源后，电位器就组成分压比电路，它的输出量是与压力成一定关系的电压 U_o。因此，电位器又属于测量转换电路。

3.1.2　传感器的性能指标

使用传感器的目的是使其输出信号能够准确、及时地反映被测量的大小或变化情况。传感器的特性是指传感器输出信号与输入信号之间的对应关系，分为静态特性和动态特性。静态特性包括以下几种。

3.1.2.1　精度（准确度）

精度是反映自动检测仪表测量准确度的指标，是衡量传感器质量最重要的指标之一。

（1）测量误差

测量误差指测量值与实际值（标准值，即标准仪表的测量值）的差值。常用绝对误差、相对误差和引用误差来表示。

① 绝对误差。被测变量的测量值（X）与实际值（T）之间的差值称为绝对误差。表示为

$$\Delta = X - T$$

式中　X——测量值，即被测变量的仪表示值；

T——实际值，在一定条件下，被测变量实际应有的数值。

② 相对误差。相对误差是被测变量的绝对误差与实际值（或测量值）比较的百分数，表示为

$$\delta = \frac{\Delta}{T} \times 100\% \approx \frac{\Delta}{X} \times 100\%$$

例如，用电阻式温度计测量 200℃温度时，产生的绝对误差是±0.5℃，得到相对误差 δ 是±0.25%。用热电偶温度计测量 800℃温度时，产生的绝对误差是±0.5℃，得到相对误差 δ 是±0.125%。

③ 引用误差。绝对误差与仪表量程比值的百分数称为引用误差，表示为

$$\delta_{引} = \frac{\Delta}{X_{MAX} - X_{MIN}} \times 100\% = \frac{\Delta}{M} \times 100\%$$

式中　X_{MAX}——仪表标尺上限刻度值；

X_{MIN}——仪表标尺下限刻度值；

M——仪表的量程。

在实际应用时，通常采用最大引用误差来描述仪表实际测量的质量，并把它定义为确定仪表精度的基准。表达式为

$$\delta_{引M} = \frac{\Delta_M}{X_{MAX} - X_{MIN}} \times 100\% = \frac{\Delta_M}{M} \times 100\%$$

式中　Δ_M——在测量范围内产生的绝对误差的最大值。

（2）精度等级

笔记

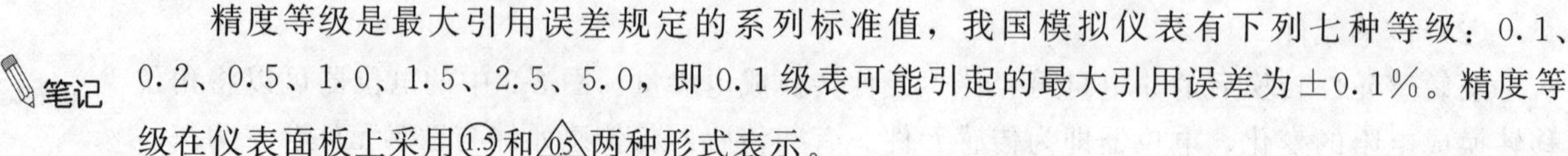

精度等级是最大引用误差规定的系列标准值，我国模拟仪表有下列七种等级：0.1、0.2、0.5、1.0、1.5、2.5、5.0，即 0.1 级表可能引起的最大引用误差为±0.1%。精度等级在仪表面板上采用Ⓘ1.5和△0.5两种形式表示。

例　一块精度等级为 0.5 级的表，量程为 0～300℃，问该表可能产生的最大误差是多少？若测量值为 200℃，此时的实际值可能的范围是多少？

解：

$$\Delta_M = \pm(300-0) \times 0.5\% = \pm 1.5(℃)$$

当测量值为 200℃时，其实际值范围为 200℃±1.5℃。

3.1.2.2　灵敏度

灵敏度是指在稳定状态下，传感器的输出量变化值与引起此变化的输入量变化值之比，用 k 来表示

$$k = \frac{dy}{dx} \approx \frac{\Delta y}{\Delta x}$$

式中，x 为输入量；y 为输出量；k 为灵敏度。对于线性传感器来讲，灵敏度为一常数；对于非线性传感器，灵敏度是随输入量的变化而变化的。图 3-4 是传感器输出特性与灵敏度的关系曲线。从输出特性曲线上看，曲线越陡，则灵敏度越高，通过作该曲线切线的方法可以求得曲线上任一点处的灵敏度。

3.1.2.3 分辨率

分辨率是指传感器能检测出的被测信号最小变化量。当被测信号的变化量小于分辨率时，传感器对输入量的变化无任何反应。对数字仪表而言，如果没有其他附加说明，一般都可以认为该仪表的最后一位所表示的数值即为该仪表的分辨率，有时也可以认为是它的最大绝对误差。

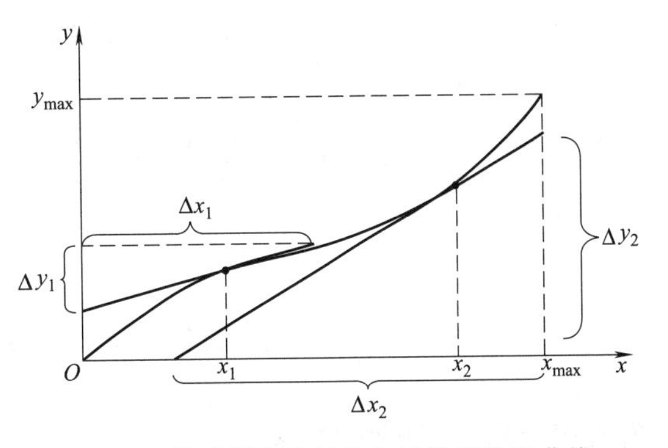

图 3-4 传感器输出特性与灵敏度关系曲线

3.1.2.4 线性度

线性度非线性误差，是指传感器实际特性曲线与拟合直线之间的最大偏差和传感器满量程输出的百分比，即

$$r_L=\frac{\Delta L_{max}}{y_{max}-y_{min}}\times 100\%$$

式中，r_L 为线性度；ΔL_{max} 为传感器实际特性曲线与拟合直线之间的最大偏差；y_{max} 为传感器最大量程；y_{min} 为传感器最小量程。

图 3-5 是传感器线性度示意图。拟合直线是指与传感器实际输出特性最相近的一条直线，通常这条直线要用计算机去寻找。为了计算方便，可以用传感器实际输出特性两端点的连线来代替，这条连线称为端基理论直线。一般传感器的线性度越小越好。

3.1.2.5 迟滞

迟滞是指传感器正向特性与反向特性的不一致程度，通常用 γ_H 来表示。它也称为迟滞系数

$$\gamma_H=\frac{1}{2}\times\frac{\Delta L_{max}}{y_{max}-y_{min}}\times 100\%$$

一般希望迟滞 γ_H 越小越好，传感器迟滞特性示意图如图 3-6 所示。

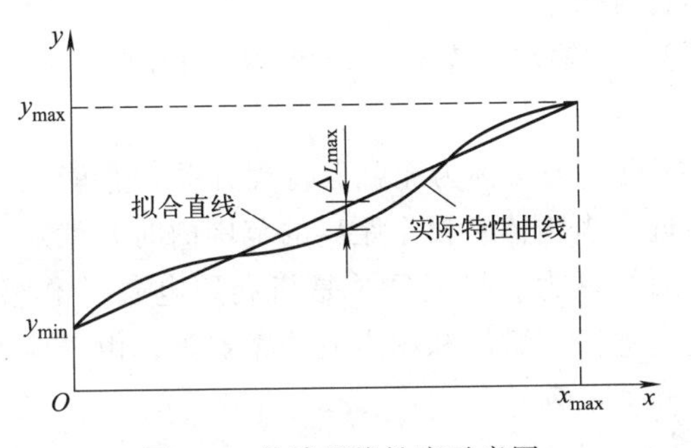

图 3-5 传感器线性度示意图

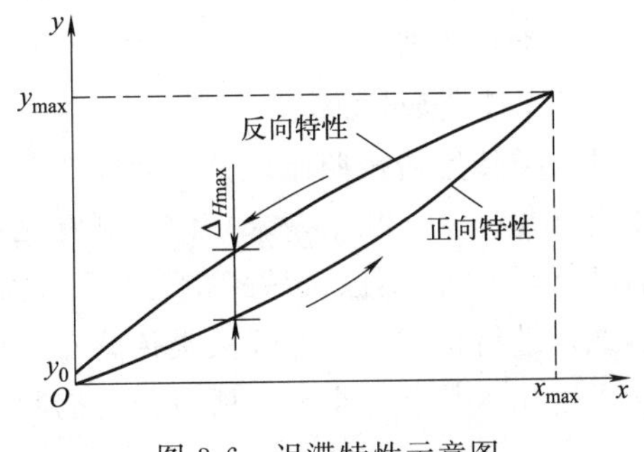

图 3-6 迟滞特性示意图

【技能训练】 传感器特性测试及数据处理

(1) 训练目的

根据某台仪器给出的输入/输出数据表，理解传感器的性能指标的含义，计算传感器测量装置的性能指标。

(2) 训练内容

某台仪器的具有线性关系的温度变送器，其测量范围为 0～400℃，变送器的输出为 4～20mA，对这台温度变送器进行校验，得到表 3-1 所列数据。

表 3-1 温度变送器输入/输出数据表

输入信号/℃		0	100	200	300	400
输出信号/mA	正行程读数	4	8	12.01	16.01	20
	反行程读数	4.02	8.10	12.10	16.09	20.01

根据表 3-1 计算该温度变送器的灵敏度、线性度、精度和迟滞。

任务 3.2 开关类传感器

知识与能力目标

(1) 认识常用不同种类的开关类传感器，了解其外部接线、安装、主要性能和应用情况。

(2) 能够使用万用表初步检测开关好坏，能够依据使用说明完成各类接近开关的外部接线。

在智能化加工生产线装置中常需要对某可动部件的动作位置进行检测定位，或者判断是否有工件的存在等。检测的结果一般不需要一个确定量，只是用开关形式判断其位置或状态，这一类传感器称之为开关类传感器。

随着微电子技术的迅速发展，各类开关类传感器以其接线简单、价格合理、使用寿命长、定位精度高等优点，正在取代传统的电气开关，在自动化生产中得到了日益广泛的应用。

3.2.1 开关类传感器的类型

开关类传感器常按照传感器原理、接线方式、输出形式、供电电源以及外形进行分类。

开关类传感器有两种供电形式：交流供电和直流供电。

开关类传感器输出有 NPN、PNP 型晶体管输出，输出状态有常开和常闭两种形式。

笔记

3.2.1.1 按照原理分

开关类传感器按照原理分类如表 3-2 所示。接近开关又称为无触点行程开关，它能在一定距离（几毫米至几十毫米）内检测有无物体靠近。当物体在设定距离的范围内时，就发出“动作”信号，而不像机械式的行程开关需要施加机械力。接近开关是指利用电磁、电感、电容原理进行检测的一类开关类传感器。而光电传感器、微波和超声波传感器等，由于检测距离可达几米甚至几十米，所以把它们归入电子开关系列。

表 3-2 开关类传感器按照工作原理分类表

大类	小类	参考照片	主要特点、应用场合	可检测的介质
行程开关	限位开关		行程开关是一种无源开关，其工作不需要电源，但必须依靠外力，即在外力作用下使触点发生变化，因此，这一类开关一般都是接触式的。结构简单，使用方便。但需要外力作用，触点损耗大，寿命短	可以实现机械碰撞的固体

续表

大类	小类	参考照片	主要特点、应用场合	可检测的介质
行程开关	微动开关		微动开关较限位开关行程短、体积小，一般是一组转换触点，用于受力较小的场合 严格意义上，行程开关不属于传感器范畴	可以实现机械碰撞的固体
接近开关	电感式		利用电涡流原理制成的新型非接触式开关元件。能检测金属物体，但有效检测距离非常近。不同金属的电导率、磁导率不同，因此，有效距离也不同。相同金属的表面情况不一样，有效距离也不同	金属或有金属镀层的其他物体
	电容式		利用变介电常数电容传感器原理制成的非接触式开关元件。能检测固、液体物体，有效距离较电感式远。金属有较远的有效检测距离，非金属固体相对有效检测距离近	固体或液体物质
	霍尔式		根据霍尔效应原理制成的新型非接触式开关元件。具有灵敏度高、定位准确的特点，但只能检测强磁性物体	磁性物质
	干簧管式		又称舌簧管开关，利用电磁力对电极吸引原理制成的非接触式开关元件。能检测强磁性物体，有效检测距离较近，在液压、气压缸上用于检测活塞位置	磁性物质
电子开关	光电式		投光器发出的光线被物体阻断或反射，受光器根据是否能接收到光来判断是否有物体。光电开关应用最广泛，具有有效距离远、灵敏度高等优点。光纤式的光电开关具有安装灵活，适宜复杂环境的优点。但在灰尘多的环境，要保持投光器和受光器的洁净	能起到光吸收或反光或遮挡作用的固体、液体、气体
	超声波式		超声波发生器发出超声波，接收器根据接收到的声波情况判断物体是否存在。超声波开关检测距离远，受环境影响小。但近距离检测无效	能对超声波起到反射作用的固体、液体

3.2.1.2　按照接线方式分

开关类传感器有二线制、三线制和四线制接线方式。连接导线多用PVC外皮、PVC芯线，芯线颜色多为棕（bn）、黑（bk）、蓝（bu）、黄（ye）。芯线颜色可能有所不同，使用时应仔细查看说明书。对于接近开关，标准导线长度为2m，也可以根据使用者要求提供其他长度的导线。

主要接线示意图见表3-3。

表 3-3 开关类传感器主要接线示意图

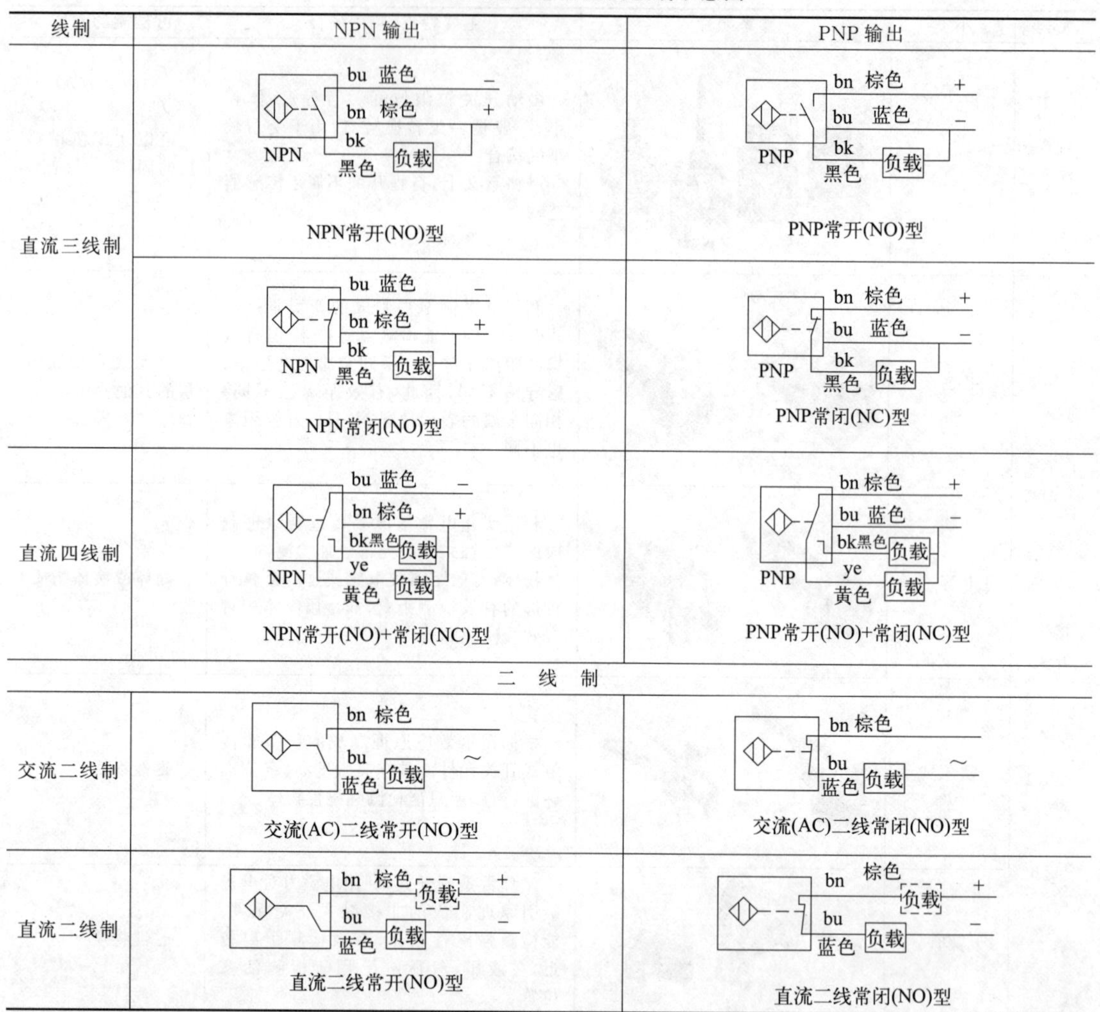

线制	NPN 输出	PNP 输出
直流三线制	NPN常开(NO)型	PNP常开(NO)型
	NPN常闭(NO)型	PNP常闭(NC)型
直流四线制	NPN常开(NO)+常闭(NC)型	PNP常开(NO)+常闭(NC)型
二 线 制		
交流二线制	交流(AC)二线常开(NO)型	交流(AC)二线常闭(NO)型
直流二线制	直流二线常开(NO)型	直流二线常闭(NO)型

笔记

图 3-7 所示为开关类传感器与 PLC 的连接示意图。由于三菱 FX_{2N} PLC 的输入端内部连接了电源，所以不用单独为 PLC 供电。多数 PLC 与传感器的连接与图 3-8 所示的传感器与松下 PLC 连接方式相似。

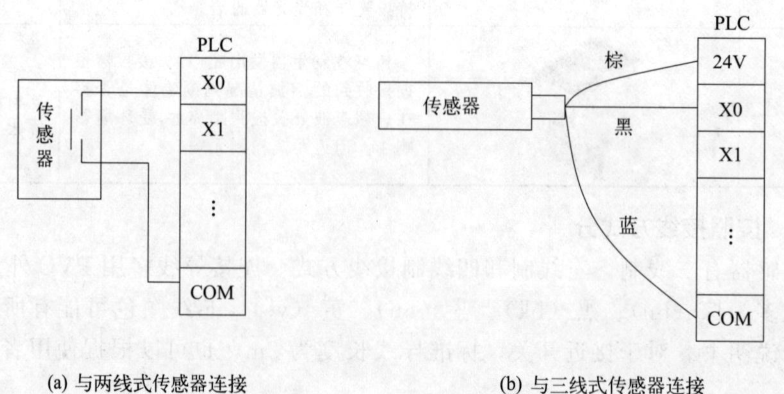

图 3-7 开关类传感器与三菱 FX_{2N} PLC 连接示意图

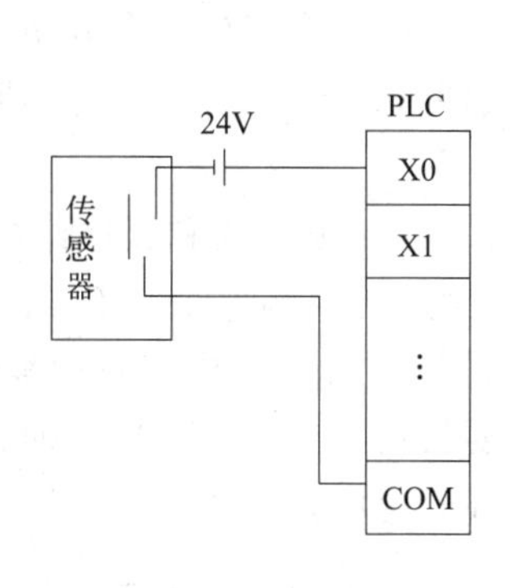

(a) 与两线式传感器连接

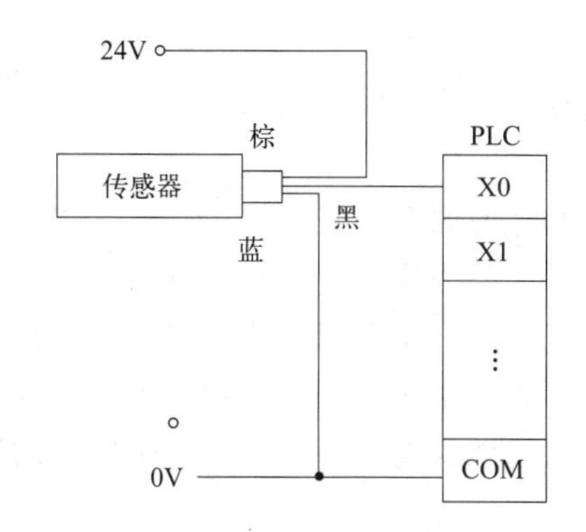

(b) 与三线式传感器连接

图 3-8　传感器与松下 FP 系列 PLC 连接示意图

3.2.1.3　按照外形分类

开关类传感器根据应用场合和检测目的的不同，有很多种形状，图 3-9 为开关类传感器的主要外形。

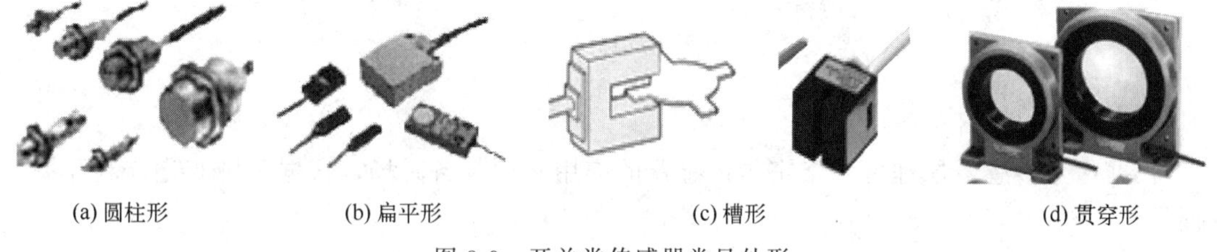

(a) 圆柱形　　(b) 扁平形　　(c) 槽形　　(d) 贯穿形

图 3-9　开关类传感器常见外形

3.2.2　接近开关

3.2.2.1　霍尔接近开关

笔记

霍尔传感器是应用霍尔效应原理将被测物理量转换成电动势输出的一种传感器。主要被测物理量有电流、磁场强度、位移、压力和转速等。

霍尔传感器的缺点是转换率较低、受温度影响较大，在要求转换精度较高的场合必须进行温度补偿。

霍尔传感器的优点是结构简单、体积小、坚固耐用，频率响应宽，动态输出范围大，无触点，使用寿命长，可靠性高，易于微型化和集成电路化，广泛应用在测量技术、自动化技术和信息处理等方面。图 3-10 为一款霍尔接近开关外形图。

(1) 霍尔传感器工作原理

霍尔传感器的工作原理是应用半导体材料的“霍尔效应”。霍尔效应的原理如图 3-11 所

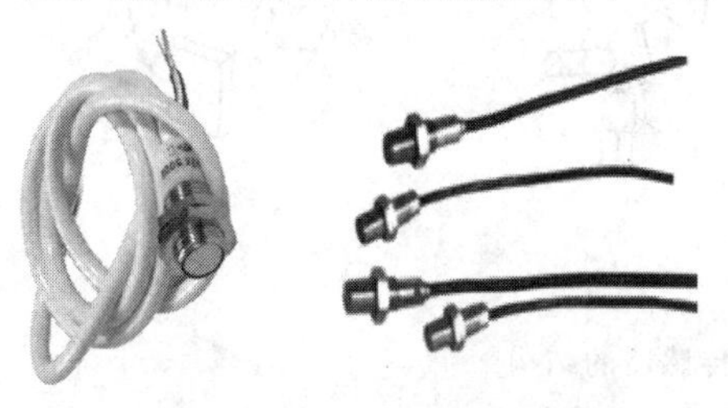

图 3-10　霍尔接近开关外形图

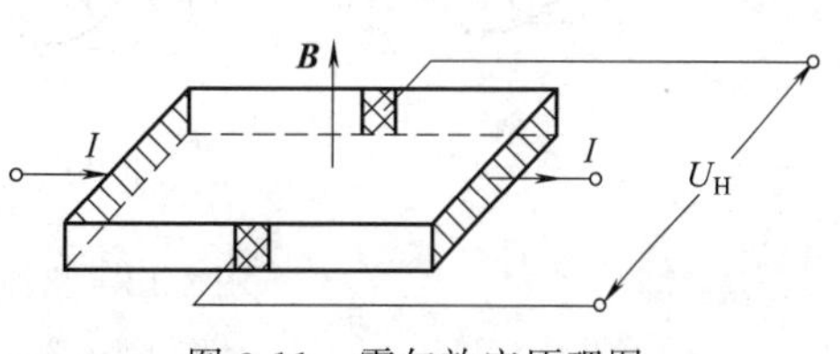

图 3-11　霍尔效应原理图

示。将半导体置于磁场中，当有电流流过时，在半导体的两侧会产生一个电动势，电动势的大小与电流和磁场的乘积成正比，这个电动势称为霍尔电动势。构成霍尔传感器的核心元件是霍尔元件。

霍尔元件的外形如图 3-12（a）所示，它是由霍尔片、4 根引线和壳体组成，如图 3-12（b）所示。霍尔片是一块半导体单晶薄片，在它的长度方向两端面上焊有 a、b 两根引线，称为控制电流段引线，通常用红色导线。在薄片的另外两侧端面的中间对称地焊有 c、d 两根霍尔引出线，通常用绿色导线。制造霍尔元件的主要材料有锗、硅、砷化铟和锑化铟等半导体材料。霍尔元件的壳体是用非导磁金属、陶瓷或环氧树脂封装。

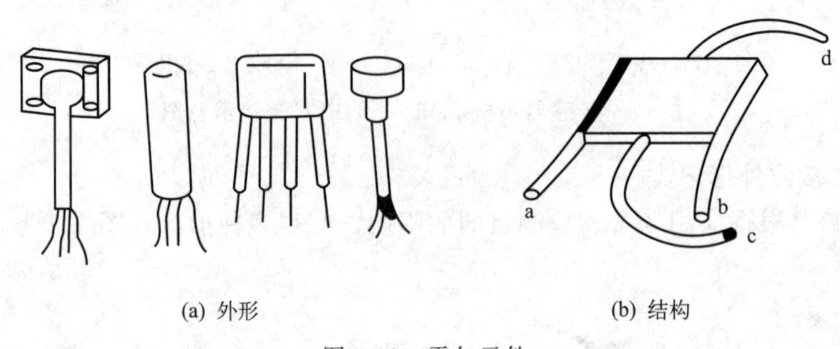

(a) 外形　　(b) 结构

图 3-12　霍尔元件

（2）霍尔接近开关的应用

根据霍尔传感器原理可知，霍尔传感器的应用必须具备磁场，根据磁场变化控制开关的通断。

① 霍尔转速传感器。图 3-13 所示是几种不同结构的霍尔转速传感器。磁性转盘的输入轴与被测转轴相连，当被测转轴转动时，磁性转盘随之转动，固定在磁性转盘附近的霍尔传感器便可在每一个小磁铁通过时产生一个相应的脉冲，检测出单位时间的脉冲数，便可知被测转速，磁性转盘上小磁铁数目的多少决定传感器测量转速的分辨率。

② 霍尔计数装置。霍尔开关传感器具有较高的灵敏度，能感受到很小的磁场变化，因而可对黑色金属零件进行计数检测。如图 3-14 所示，是对钢球进行计数的工作示意图和电路图。当钢球通过霍尔开关传感器时，传感器可输出峰值为 20mV 的脉冲电压，该电压经放大器放大后，驱动半导体三极管 V_T 工作，V_T 输出端便可接计数器进行计数，并由显示器显示检测数值。

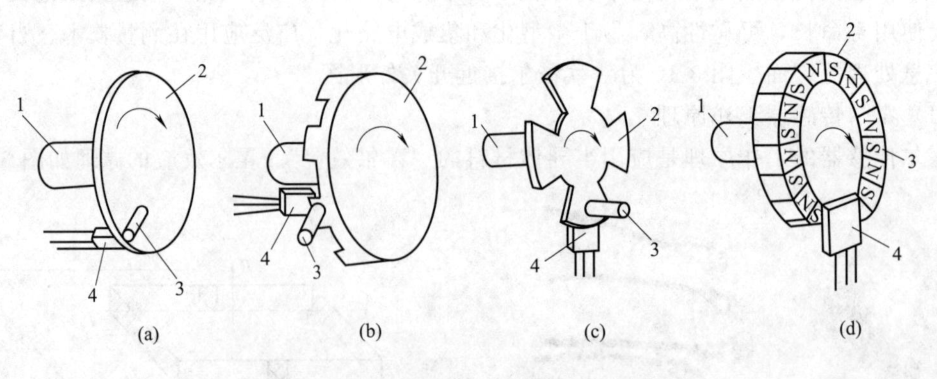

图 3-13　几种霍尔转速传感器的结构

1—输入轴；2—转盘；3—磁铁；4—霍尔片

3.2.2.2　干簧管式接近开关

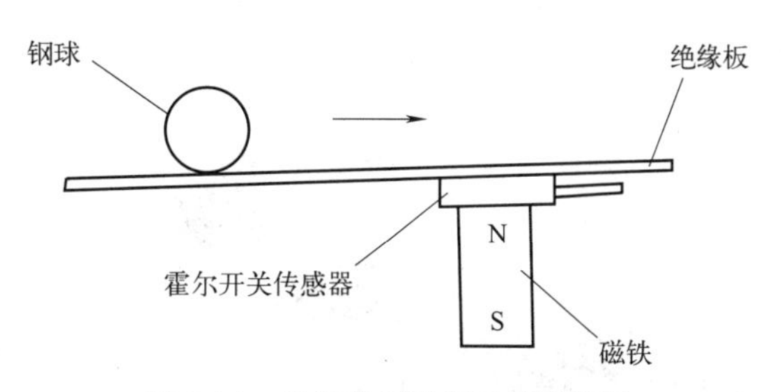

图 3-14　霍尔传感器用于计数装置

干簧管是干式舌簧管的简称，是一种有触点的开关元件，具有结构简单、体积小、便于控制等优点。与永磁体配合可制成磁控开关，用于报警装置及电子玩具中。与线圈配合可制成干簧继电器，用在机电设备中起迅速切换作用。

（1）干簧管传感器的工作原理

干簧管开关外形如图 3-15 所示，结构如图 3-16 所示。该干簧管由一对由磁性材料制造的弹性磁簧组成，磁簧密封于充有惰性气体的玻璃管中，磁簧端面互叠，但留有一条细间隙。磁簧端面触点镀有一层贵重金属，例如铑或钌，使开关具有稳定的特性和延长使用寿命。

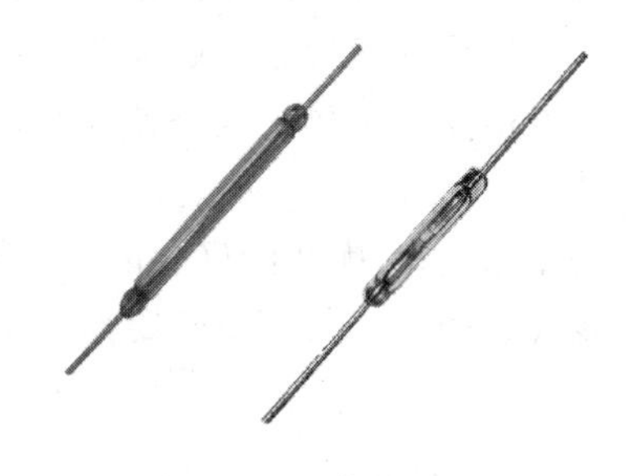
图 3-15　干簧管实物图

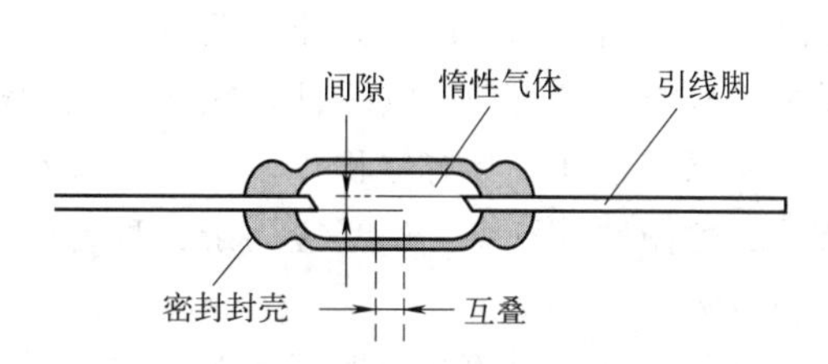

图 3-16　干簧管结构图

干簧管接近开关的原理如图 3-17 所示。由恒磁铁或线圈产生的磁场施加于干簧管开关上，使干簧管两个磁簧磁化，使一个磁簧在触点位置上生成一个 N 极，另一个磁簧的触点位置上生成一个 S 极。若生成的磁场吸引力克服了磁簧的弹性产生的阻力，磁簧被吸引力作用接触导通，即电路闭合。一旦磁场力消除，磁簧因弹力作用又重新分开，即电路断开。图 3-18 为安装在活塞带有磁环的气缸上的专用干簧管接近开关。

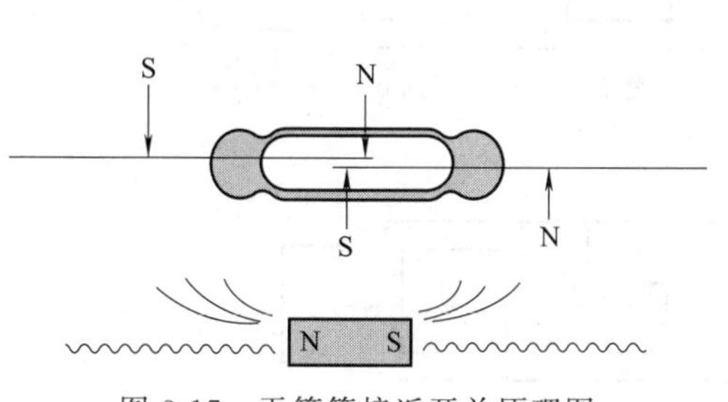

图 3-17　干簧管接近开关原理图

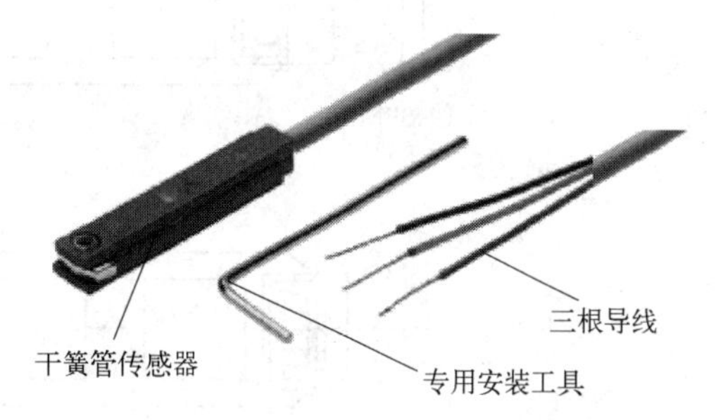

图 3-18　气缸专用干簧管接近开关

（2）干簧管开关的应用

图 3-19 为活塞上带有磁环的气缸，将图 3-18 所示的干簧管接近开关安装在缸体槽内，用以检测活塞的位置。图 3-20 为利用气缸组成的简易机械手，利用干簧管传感器检测活塞杆伸出的位置，通过 PLC 可编程控制器控制其动作。

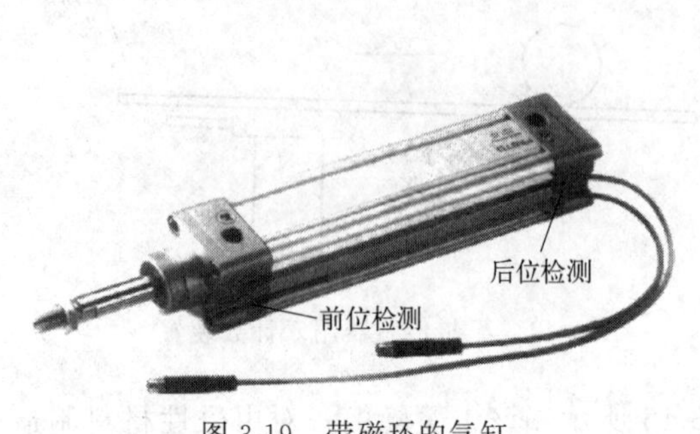

图 3-19 带磁环的气缸

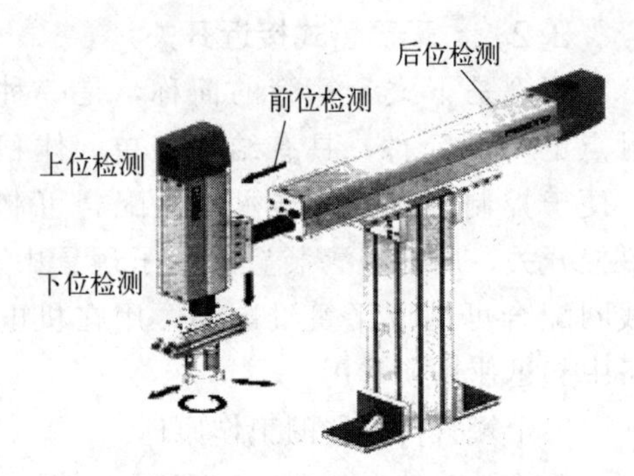

图 3-20 气缸组成的简易机械手

3.2.2.3 电感接近开关

(1) 电感接近开关的工作原理和性能简介

电感接近开关俗称无触点电子接近开关，应用的是电磁振荡原理，由振荡器、开关电路和放大输出电路三部分组成。振荡电路产生交变磁场，当金属目标接近这一磁场并达到感应距离时，金属目标内产生涡流，反过来影响振荡器振荡。振荡变化被放大电路处理并转换成开关信号，触发驱动控制器件，完成开关量输出。

电感接近开关具有体积小、重复定位精确、使用寿命长、抗干扰性能好、防尘、防水、防油、耐振动等特点，广泛应用于各种智能化加工生产线装置中。一般用于近距离的金属物体的检测。

电感接近开关的原理框图如图 3-21 所示。

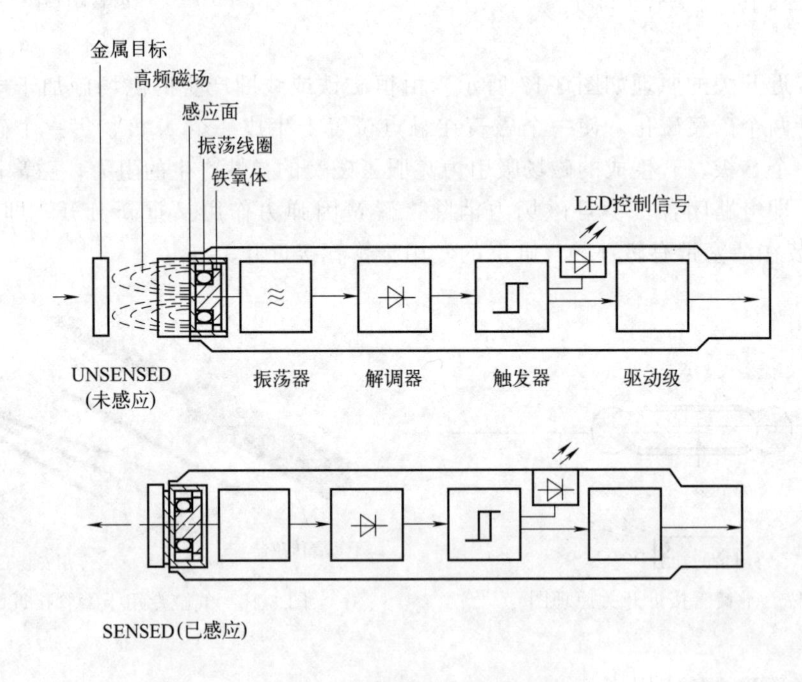

图 3-21 电感接近开关原理框图

(2) 电感接近开关的应用

电感接近开关在实际生产中的应用情况如图 3-22 所示。

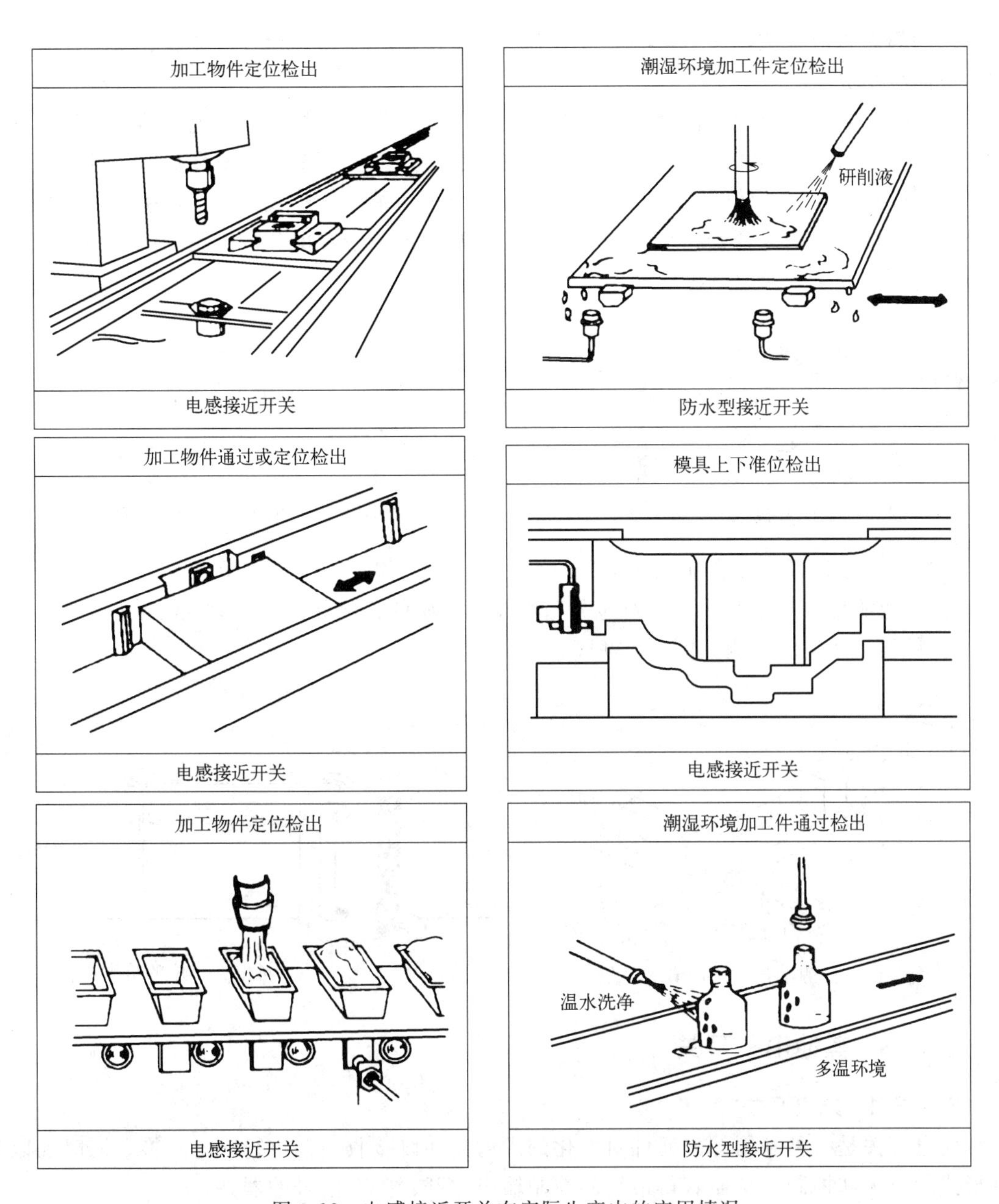

图 3-22　电感接近开关在实际生产中的应用情况

笔记

3.2.2.4　电容接近开关

电容式传感器是一种能将被测变量转换成电容量变化的传感器件。电容接近开关主要用于利用定位或开关报警控制等场合。它具有无抖动、无触点、非接触监测等长处，其抗干扰能力、耐腐蚀性等都比较好，此外，还具有体积小、功耗低、寿命长、检测物质范围广等优点。

与电感接近开关、霍尔接近开关相比，电容接近开关检测距离远，静电电容接近开关可以检测金属、塑料、木材等物质的位置。

(1) 电容接近开关的工作原理

电容接近开关是利用介电常数型电容传感器的原理设计的。接近开关采用的是以电极为检测端的静态感应方式，一般电容式接近开关主要由高频振荡、检波、放大、整形及开关量输出等部分组成。

电容接近开关的感应面由两个同轴金属电极构成，很像“打开”的电容器的电极，如图3-23所示。电极A和电极B连接在高频振子的反馈电路中。该高频振子无测试目标时不感应。当测试目标接近传感器表面时，它就进入了由这两个电极构成的电场，引起A、B之间的耦合电容增加，电路开始振荡。每一振荡的振幅均由一组数据分析电路测得，并形成开关信号。其原理如图3-24所示。

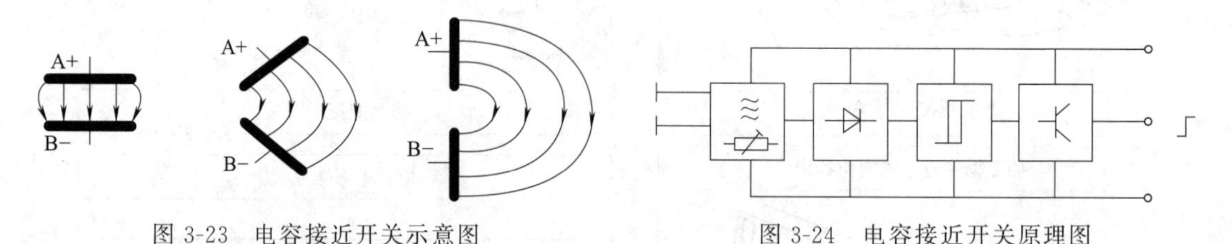

图3-23 电容接近开关示意图

图3-24 电容接近开关原理图

（2）电容接近开关在智能化加工生产线中的应用

① 在智能化加工生产线上，对包装箱内有无牛奶的检测如图3-25所示。

② 料位、液位的检测如图3-26所示。

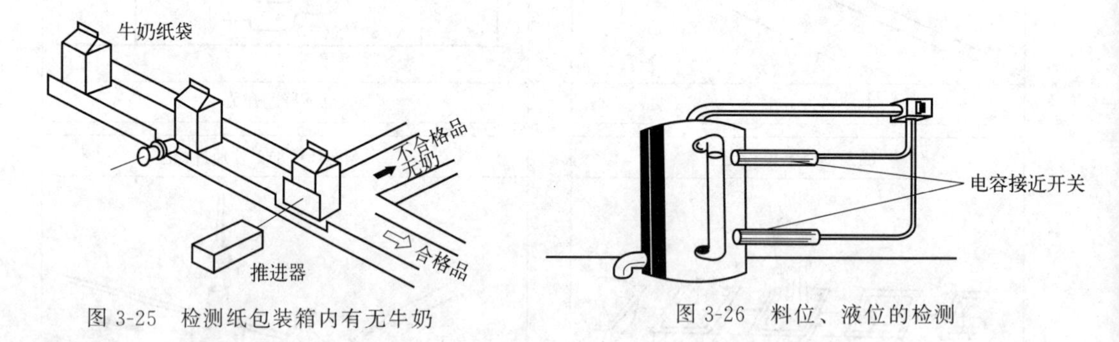

图3-25 检测纸包装箱内有无牛奶

图3-26 料位、液位的检测

笔记

3.2.3 其他电子开关

3.2.3.1 光电开关

光电开关是一种利用感光元件对变化的入射光加以接收，并进行光电转换，同时加以某种形式的放大和控制，从而获得最终的控制输出“开、关”信号的器件。

（1）光电开关检测原理和种类

图3-27是典型的光电开关结构图。图3-27（a）是一种透射式的光电开关，它的发光元件和接收元件的光轴是重合的。当不透明的物体位于或经过它们之间时，会阻断光路，使接收元件收不到来自发光元件的光，这样起到检测作用。图3-27（b）是一种反射式光电开关，它的发光元件和接收元件的光轴在同一平面以某一角度相交，交点一般为待测物体所在位置。当有物体经过时，接收元件将接收到从物体表面反射的

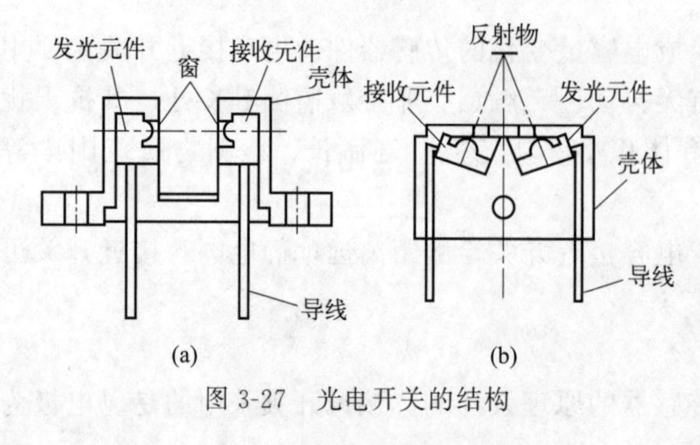

图3-27 光电开关的结构

光，没有物体时则接收不到。

光电开关的特点是小型、高速、非接触。用光电开关检测物体时，大部分只要其输出信号有“高、低（1、0）”之分即可。

光电开关的工作原理：投光器发出光来，被物体阻断或部分反射，受光器最终据此做出判断反应，如图 3-28 所示。

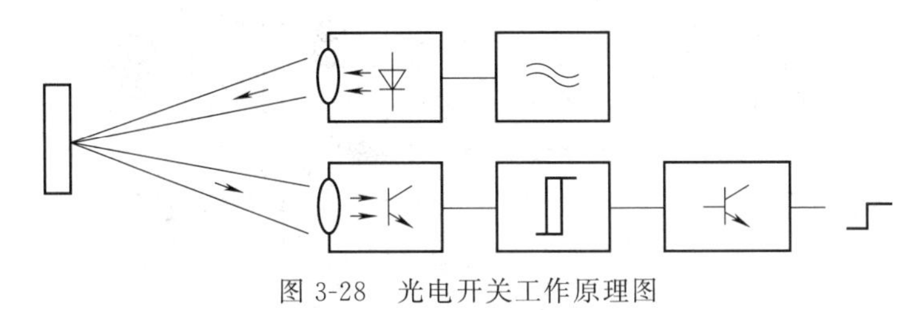

图 3-28　光电开关工作原理图

① 对射式。对射式光电开关是将投光器与受光器置于相对的位置，光束也是在相对的两个装置之间，穿过投光器与受光器之间的物体会阻断光束并启动受光器，工作情况如图 3-29 所示。

② 会聚型反射式。会聚型反射式光电开关的工作原理类似于直接反射式光电开关，然而其投光器与受光器聚焦于被检测物体的某一距离，只有当物体出现在聚焦点时，光电开关才有动作，其原理如图 3-30 所示。

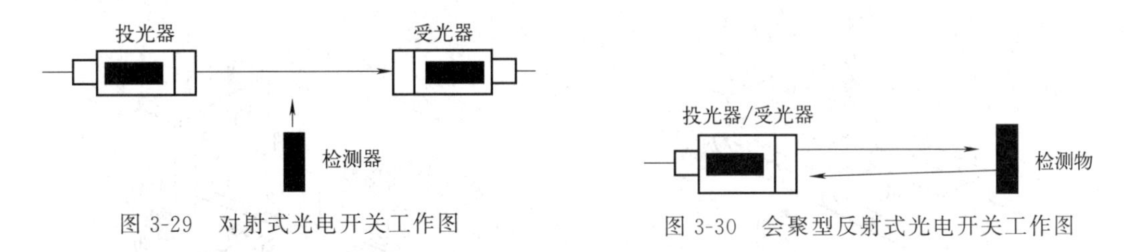

图 3-29　对射式光电开关工作图

图 3-30　会聚型反射式光电开关工作图

③ 直接反射式。直接反射式光电开关将投光器与受光器置于一体，光电开关反射的光被检测物体反射回受光器，其原理如图 3-31 所示。

笔记

图 3-31　直接反射式光电开关原理图

图 3-32　反射板型反射式光电开关原理图

④ 反射板型反射式。反射板型反射式光电开关也是将投光器与受光器置于一体，它不同于其他模式，它是采用反射板将光线反射到光电开关，光电开关与反射板之间的物体虽然也会反射光线，但其效率远低于反射板，因而相当于切断光束，检测不到反射光，其原理如图 3-32 所示。若采用镜面抑制反射，如图 3-33 所示，受光器只能接收来自回归反射板的光束。反射到回归反射板三角锥上的光束由横向变为纵向，受光器只能接收纵向光，可以抑制其他光源的干扰。

（2）光电开关的应用

光电开关广泛应用于工业控制、自动化包装线及安全装置中作光控制和光探测装置。可

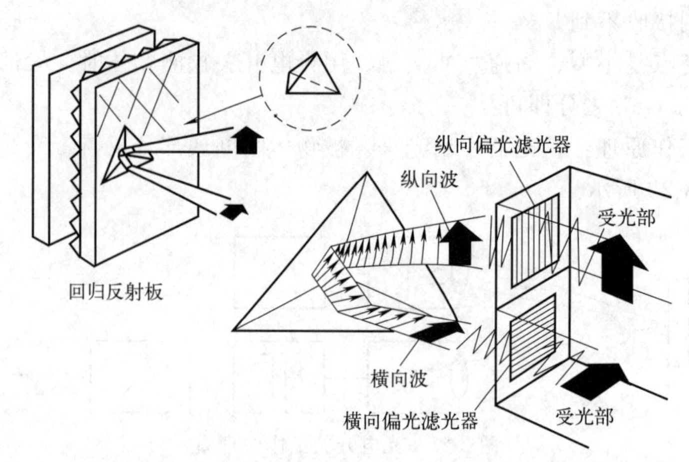

图 3-33　镜面抑制反射式光电开关原理图

在自动控制中作物体检测、产品计数、料位检测、尺寸控制、安全报警及计算机输入接口等用途。

具体应用情况：图 3-34 所示为生产线中厚纸箱检测；图 3-35 所示为啤酒生产线中检测酒瓶的有无；图 3-36 所示为光电开关在生产线中用于产品的计数；图 3-37 所示为在纺织行业中梳棉机断条的检测。

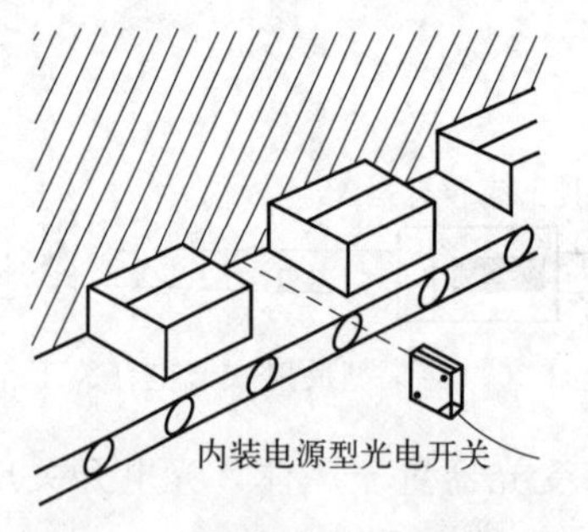

图 3-34　生产线中厚纸箱检测

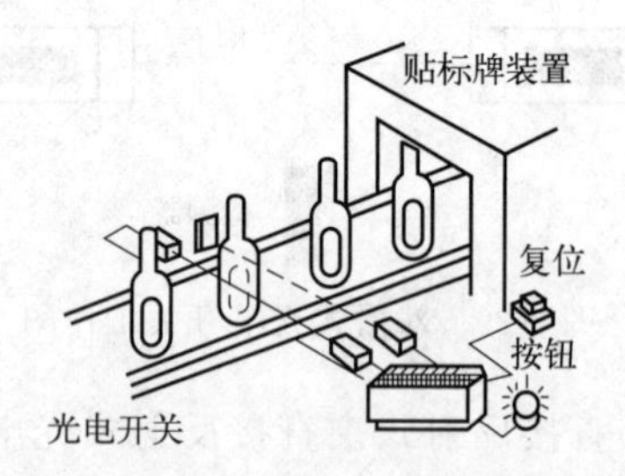

图 3-35　啤酒生产线中检测酒瓶的有无

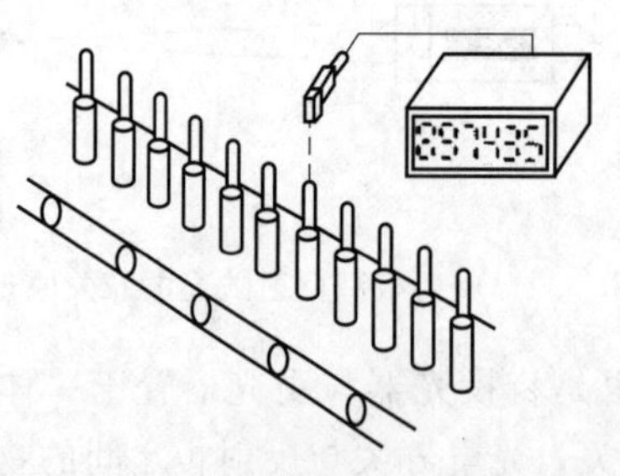

图 3-36　在生产线中用于产品的计数

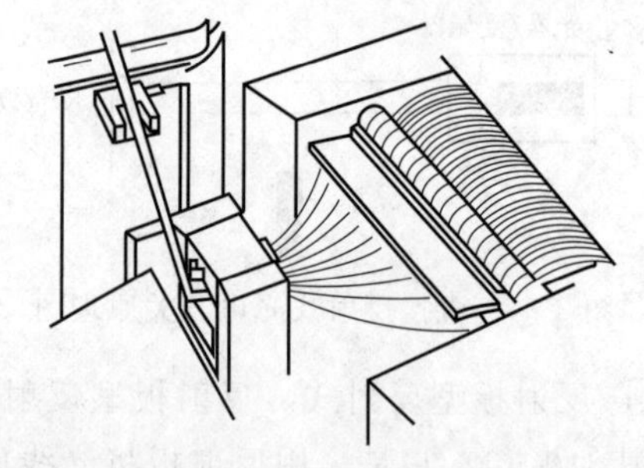

图 3-37　在纺织行业中梳棉机断条的检测

3.2.3.2　超声波开关

超声波是一种机械波，它方向性好，穿透力强，遇到杂质或分界面会产生显著的反射。利用这些物理性质，可把一些非电量转换成声学参数，通过压电元件转换成电学量进行测量。近年来超声波在越来越多的领域得到广泛应用，实际应用的有超声波探伤、超声波遥控、超声波测距（或液位）、超声波防盗以及超声医疗诊断装置等。

(1) 超声波传感器的原理

人们能听到的声音频率在 20Hz～20kHz 范围内。频率超过 20kHz 的声波称为超声波，低于 20Hz 的声波称为次声波。检测技术中常用的超声波频率范围是几十千赫兹到几十兆赫兹。

由于频率高，超声波能量远远大于振幅相同的普通声波能量，具有很高的穿透能力，在钢材中甚至可穿透 10m 以上的距离。超声波在介质中传播时，也会像光波一样产生反射、折射现象。经过反射或折射的超声波，其能量或波形都将发生变化。利用这一性质，可以实现液位、流量、温度、黏度、厚度、距离等诸多参数的测量。

典型的超声波传感器由发射器和接收器构成。发射器和接收器统称为超声波换能器或超声波探头，主要由压电晶片组成，其外观如图 3-38 所示。有时超声波发射和接收探头可以做成一体的形式。几乎所有超声波式距离传感器的发射器和接收器都是利用压电效应制成的。图 3-39 表示了超声波换能器的内部结构。

图 3-38 超声波换能器

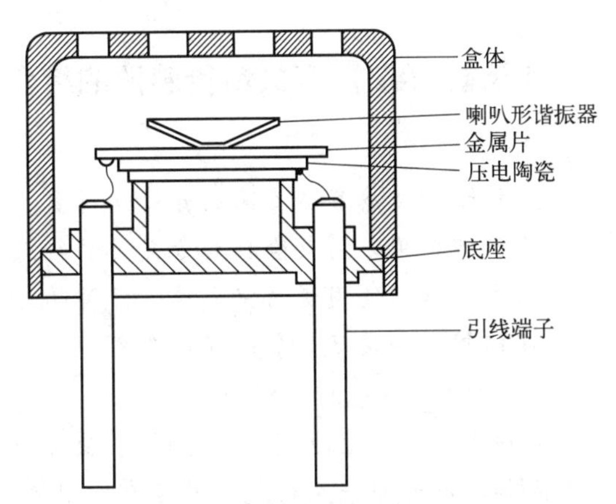

图 3-39 超声波换能器内部结构图

笔记

(2) 超声波开关传感器的应用

超声波接近开关用于检测不同材料、外形、颜色或密度的物体，具有极佳的精确性、灵活性和可靠性。其应用范围非常广泛，可以测量填充物位、物体高度、距离以及装瓶计数等，如图 3-40 所示；测量有效距离为 3cm～10m，如图 3-41 所示；可检测固体、液体、粉末，甚至是透明物体。检测与表面的性质无关，表面可以粗糙或平滑、清洁或脏污、潮湿或干燥。接近开关传感器结构非常坚固，对脏污、振动、环境光线或噪声不敏感。

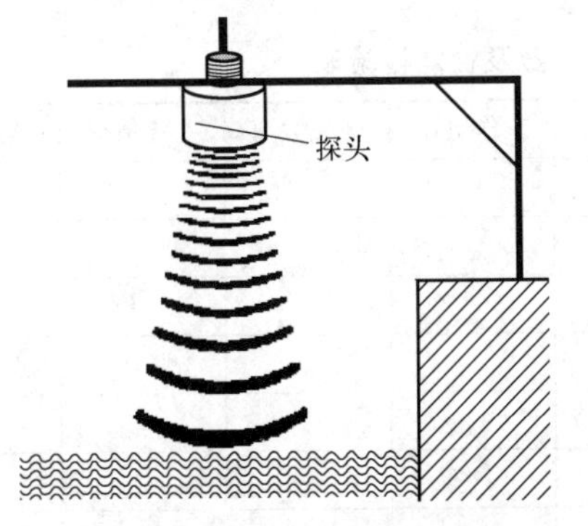

图 3-40 超声波传感器测液位

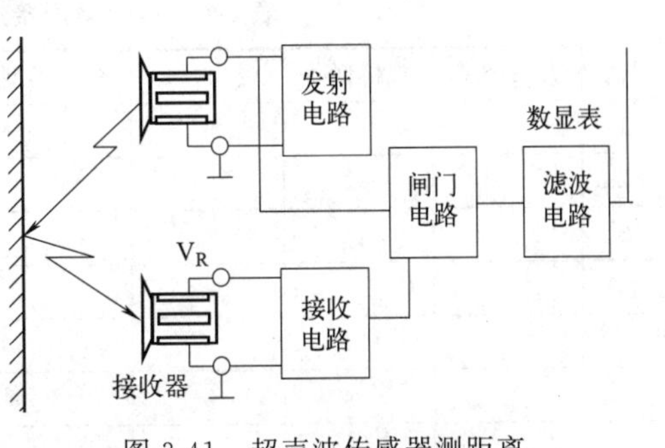

图 3-41 超声波传感器测距离

3.2.3.3 压力开关

压力表示单位面积上力的大小。压力的检测，一般是利用弹性元件将压力转变成位移的变化，然后利用电阻式、电容式、电感式等传感器完成位移-电量的转换，或者是采用固态压阻传感器直接将压力变成电阻信号。

图 3-42 是几款常见的压力开关的外形图。

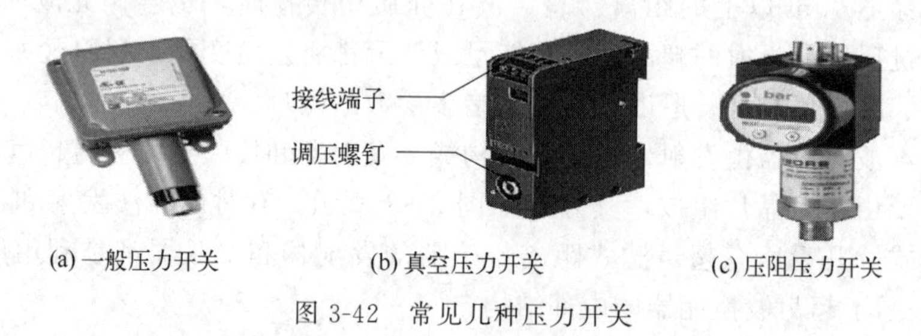

(a) 一般压力开关　(b) 真空压力开关　(c) 压阻压力开关

图 3-42 常见几种压力开关

【技能训练】开关量传感器的综合训练

(1) 训练目标

① 认识和熟悉各类不同的开关传感器。

② 能够使用万用表检测接近开关的触点好坏。

③ 能够根据使用说明完成接近开关的外部接线。

④ 能够根据实际要求选择传感器。

(2) 训练设备

万用表、直流电源（输出可调）、交流电源 220V、各类不同开关传感器若干（最好有输出触点损坏的开关一至两支，并且有不同的接线方式）、不同电压等级的信号灯、24V 直流继电器、PLC 一台、电工工具、导线若干。

(3) 训练步骤

① 根据有关接近开关的基本知识，识别各类开关。首先将开关分类，看看本组共有哪些不同的开关。

② 根据不同类型的接近开关，查找有关说明材料，并将主要技术参数填入表 3-4 中。

③ 使用万用表初步检测接近开关的质量好坏。根据接近开关的输出类型，用万用表初步检测接近开关的质量情况，根据检验结果，判断接近开关的质量好坏，将测试结果记录在表 3-4 中。

表 3-4 不同类型接近开关技术参数及性能检验表

序号	开关类型	规格型号	接线方式	输出类型	工作电流	工作电压	开关频率	检验情况	情况分析
1									
2									
3									
4									
5									
6									
7									

(4) 用接近开关组成不同的电路

利用质量完好的开关，根据其技术参数指标，自己设计信号控制电路、继电控制电路。

a. 信号控制电路。(a) 根据图 3-43 所给出的二线制和三线制接近开关的参考输出接线图，或者根据具体的产品接线图，自己设计出应用三线制接近开关完成信号报警的控制电路图。

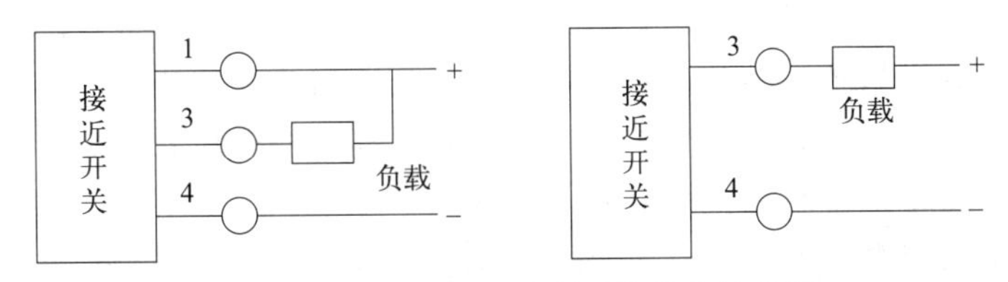

图 3-43　二线制和三线制开关输出接线图

注意：一定要查阅训练使用的传感器的额定电流是否大于所用负载的启动电流，工作电压是否一致。否则，不能按照图 3-44 接线，应参照图 3-45，通过继电器控制负载。

三线制电路图的设计可参考图 3-44 所给出的二线制接近开关接线电路图。

(b) 在完成电路的设计后，经指导老师检验合格后，方可进行实际电路的接线，并通过实际检验，观察电路是否能够实现自己设计的功能。

b. 继电控制电路。设计用接近开关来控制一支直流继电器的线圈，用继电器的动合触点来控制一支信号灯。

(a) 可参考图 3-45 所给出的二线制接近开关继电器控制电路图。

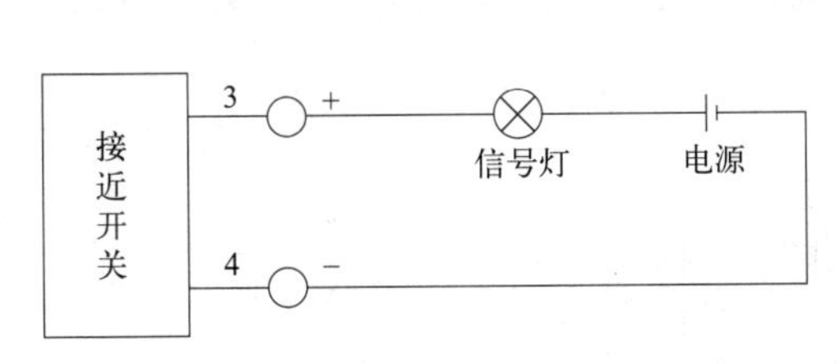

图 3-44　二线制接近开关信号控制电路图

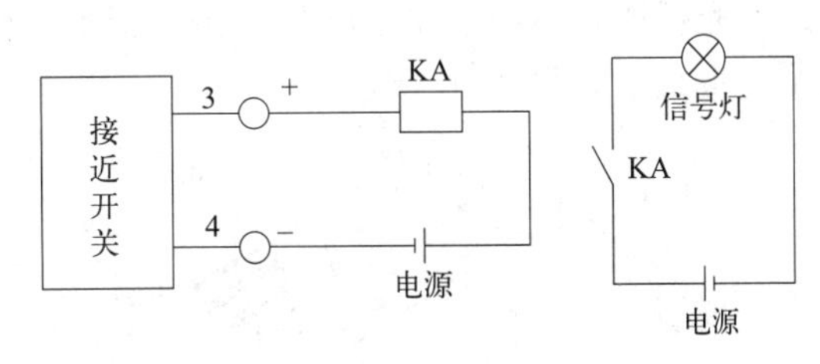

图 3-45　二线制接近开关继电器控制电路图

笔记

(b) 在完成电路设计后，经检查正确后，可进行实际接线，在接线正确的前提下，可检验电路的工作情况。

(5) 选择传感器

选择不同类型的传感器，确定 I/O 点，并与 PLC 连接，根据 PLC 的输入指示灯来判别黑色塑料、红色塑料、银色金属和黑色铁磁材料的工件，并将结果填写在表 3-5 中。

表 3-5　传感器判别工件材质与颜色情况记录表

PLC 输入点	输入点 1	输入点 2	输入点 3	输入点 4
传感器类型				
状态(＋或－) 工件				
黑色塑料				
红色塑料				
银色金属				
黑色铁磁材料				

任务 3.3 线位移检测

知识与能力目标

(1) 认识常用线位移检测方法，会根据要求选择线位移检测传感器。

(2) 能叙述各类线位移传感器的基本原理，并能根据原理对传感器故障进行初步判断。

(3) 能够识别传感器，会与控制装置或显示装置接线，会安装线位移传感器。

(4) 掌握线位移传感器的主要性能和应用情况。

线位移检测常采用电阻线位移传感器、感应同步器、光栅、磁栅、容栅传感器以及球栅、激光、光纤、电容、电感等传感器。

3.3.1 光栅传感器

光栅传感器（光栅尺），是一种高精度的直线位移传感器。光栅尺的分辨率和准确度，除激光测量系统外均高于其他测量系统。在系统的稳定性、可靠性，特别是在使用的方便性和价格方面比激光测量系统有着明显的优势。高精度的光栅测量系统其分辨率可做到纳米级，准确度可达到±0.2μm。

光栅数显测量系统由光栅传感器和光栅数显表组成。

3.3.1.1 光栅测量系统的结构

光栅测量系统主要由标尺光栅、指示光栅、光源、光电元件及信号处理单元等组成。光栅测量系统如图 3-46 所示。

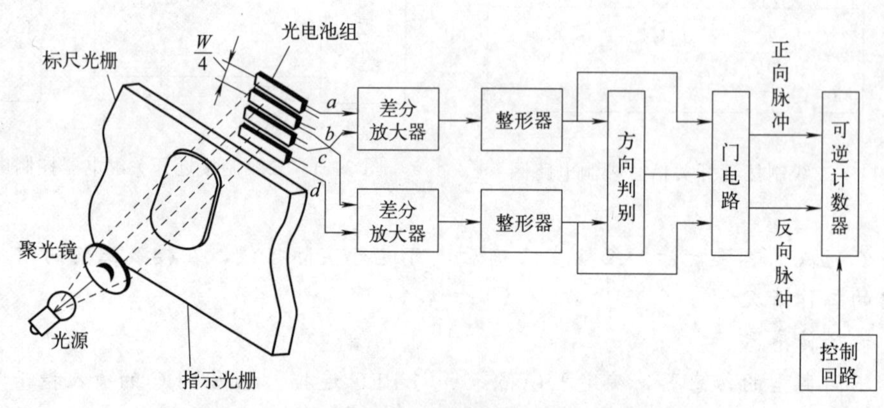

图 3-46 光栅测量系统

光栅是在透明玻璃上平行的刻线，形成透明的和不透明的条纹。这些明暗相间的物理条纹称为光栅。在光栅传感器上使用的光栅称为计量光栅。光栅放大图如图 3-47 所示。

3.3.1.2 透射光栅测量原理

透射光栅通常以一长一短两块光栅尺配套使用，其中长的一块称为主光栅或标尺光栅，标尺光栅与测量行程等长，短的一块称为指示光栅，指示光栅与光源、透镜和光电元件装在扫描头中。透射光栅如图 3-48 所示。

假定标尺光栅不动，由光源、指示光栅和光电元件组成的扫描头随运动部件移动。当标尺光栅与指示光栅的透光部分相重合时，就有一束光线射到光电元件上，光电器件将输出电

图 3-47 光栅放大图

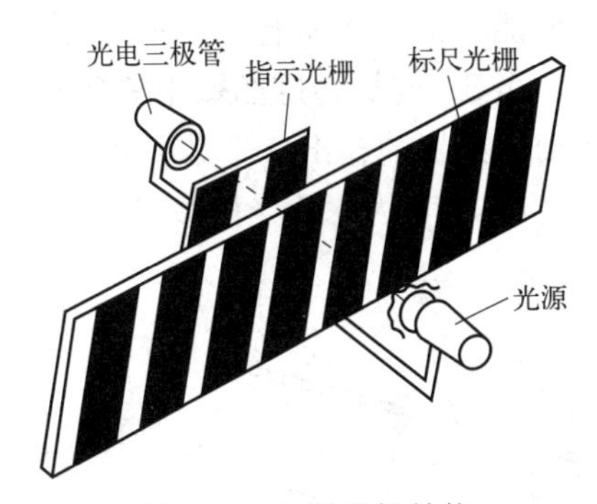

图 3-48 透射光栅结构

流或电压信号。随着运动部件的移动，光电器件将周期性地接收到光的照射并会输出近似于正弦波的电信号。这个电信号的变化周期正好相对于标尺光栅走过一条线纹。

为了辨别方向和提高测量精度，将指示光栅与标尺光栅不再平行放置，而是相错一个角度。这样，通过指示光栅和标尺光栅的光线不再是纵向的一条光线，而是横向的光线。这条光线称为莫尔条纹，如图 3-49 所示。标尺光栅和指示光栅之间交错角度为 θ。两条 $a—a$ 线贯穿莫尔条纹透光的中心部分。$b—b$ 线贯穿莫尔条纹的不透光的中心部分。

在光电器件与光栅之间放置一条窄缝，这条窄缝的宽度大约为光栅透光区的宽度，当指示光栅正向移动时，就会有一条从上向下移动着的莫尔条纹。指示光栅每移动一个栅距 W，莫尔条纹也将准确地移动一个纹距 B，光线将从莫尔条纹中射出，而光电器件只能接收到通过窄缝时的莫尔条纹透射的光线。

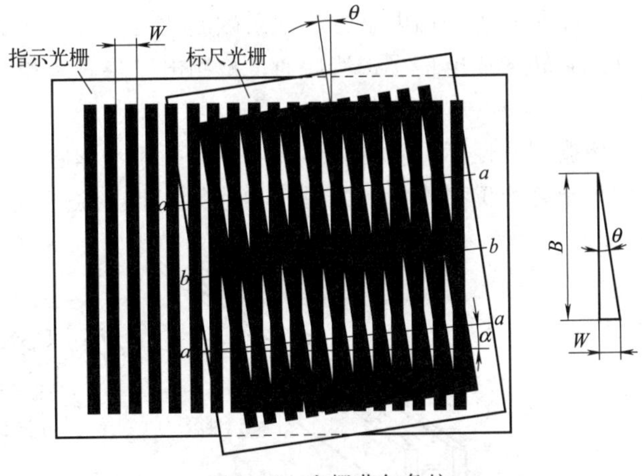

图 3-49 光栅莫尔条纹

光栅的莫尔条纹的作用如下。

① 检测位移。莫尔条纹的移动距离与光栅的移动距离相对应。载有指示光栅的工作台移动一个栅距 W 时，莫尔条纹移动一个纹距 B。由此，光电器件完全可以通过莫尔条纹来检测运动部件的位移。

② 放大作用。莫尔条纹的间距与栅距的关系可用下式表示：$B=W/\sin\theta \approx W/\theta$。一般，标尺光栅和指示光栅交错的 θ 角度都很小，因此莫尔条纹的纹距 B 要比栅距 W 大得多。如一个光栅的栅距 $W=0.01\text{mm}$，调整 θ 角为 $0.001°$，则 $B=10\text{mm}$。这样莫尔条纹的纹距将栅距放大了 1000 倍，方便了测量。

③ 辨向作用。莫尔条纹的移动方向与工作台的移动方向相关联。工作台正向移动，则莫尔条纹自上而下移动。工作台反向移动，则莫尔条纹自下而上移动。由此可见，可以利用莫尔条纹的运动方向来产生方向信号。图 3-50 为沿着莫尔条纹移动的方向安装 4 块光电池的测量电路。

④ 消除误差。莫尔条纹是由光栅的大量刻线共同形成的，对光栅的刻画误差有平均作

笔记

用，从而能在很大程度上消除光栅刻线不均匀引起的误差。

3.3.1.3 光栅传感器输出信号显示

光栅传感器的输出信号必须经过电子电路的处理，才能作为位移数据供控制单元或显示表使用。图 3-51 为一款光栅数显表。

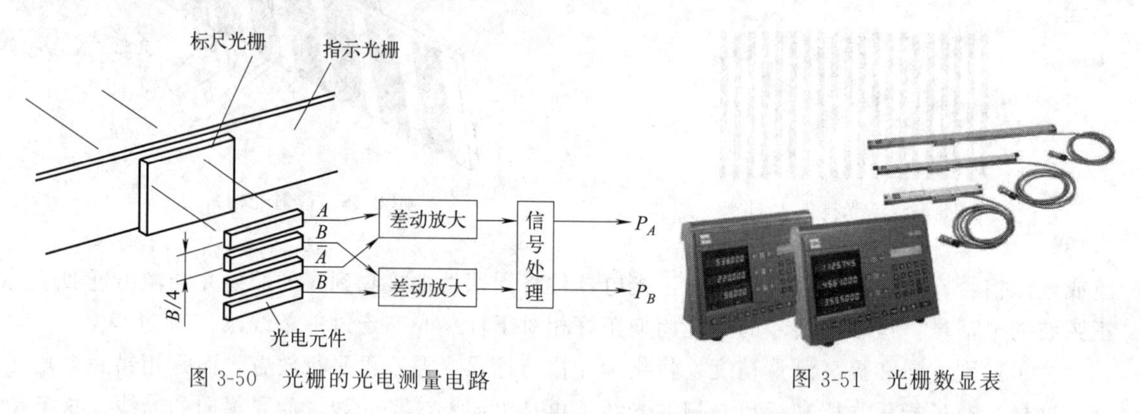

图 3-50 光栅的光电测量电路　　图 3-51 光栅数显表

3.3.2 磁栅传感器

3.3.2.1 磁栅传感器的种类

磁栅是一种采用电磁方法记录磁波数目的位置检测装置。磁头读取磁性标尺上的磁化信号并把它转换成电信号，然后通过检测电路将磁头相对于磁性标尺的位置送入计算机或数显装置。

磁栅按磁性标尺基体的形状可分为平面实体磁栅、带状磁栅、线状磁栅和圆型磁栅，前三种用于直线位移测量，如图 3-52 所示。圆型磁栅用于角位移测量。

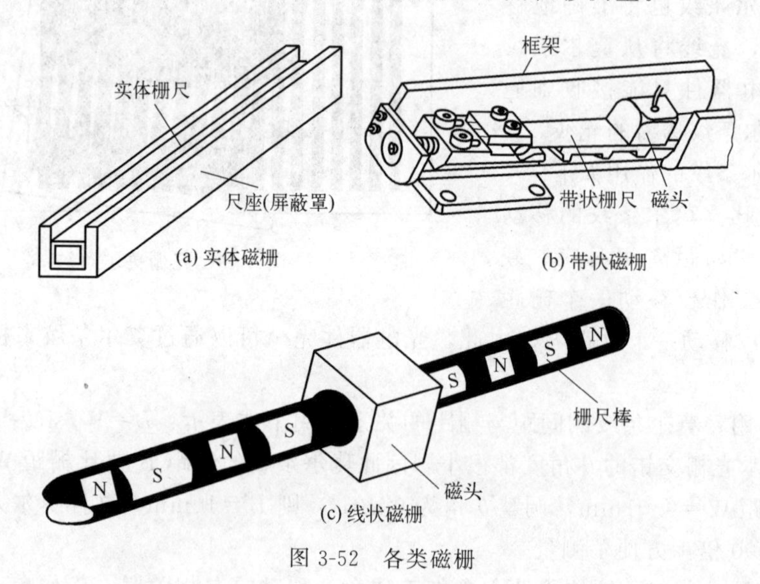

图 3-52 各类磁栅

磁栅与光栅相比，测量精度略低一些，但它有如下特点。

① 制作简单，安装、调整方便，成本低。磁栅上的磁化信号可反复重录，亦可安装在设备上再录磁，避免安装误差。

② 磁尺的长度可任意选择，亦可录制任意节距的磁信号。

③ 耐油污、灰尘等，对使用环境要求较低。

主要应用在金属加工机械，较长位移的测量，以及要求耐环境特性强、防振动性能强、加工稳定性高的场合。

3.3.2.2 磁栅位移传感器的结构原理

图3-53所示为磁栅位移传感器的结构框图，它由磁性标尺、拾磁磁头和磁栅检测电路组成。

(1) 磁性标尺

磁性标尺是在非导磁材料上（如铜、不锈钢或其他合金材料）涂上一层磁胶，形成一层均匀的磁膜。然后，再用磁头在这条磁尺上记录相等节距的周期性磁化信号，用以作为测量基准。信号可为正弦波、方波等。节距通常为0.05mm、0.1mm、0.2mm等。最后在磁尺表面涂一层保护膜，以防磁头与磁尺频繁接触而引起的磁膜磨损。

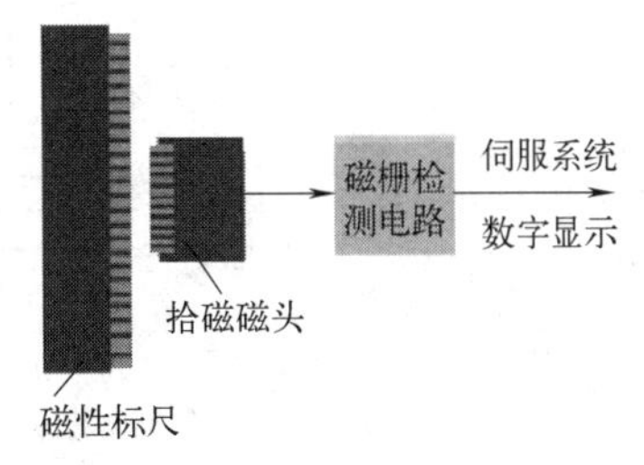

图3-53 磁栅位移传感器结构框图

(2) 拾磁磁头

拾磁磁头是一种磁电转换器，用来把磁尺上的磁化信号检测出来变成电信号送给检测电路。根据设备的要求，在低速运动和静止时也要能够进行位置检测，所以不能使用动态磁头，必须采用静态磁头。静态磁头又称磁通响应型磁头，如图3-54所示，它由铁芯、两个串联的励磁绕组和两个串联的拾磁绕组组成。

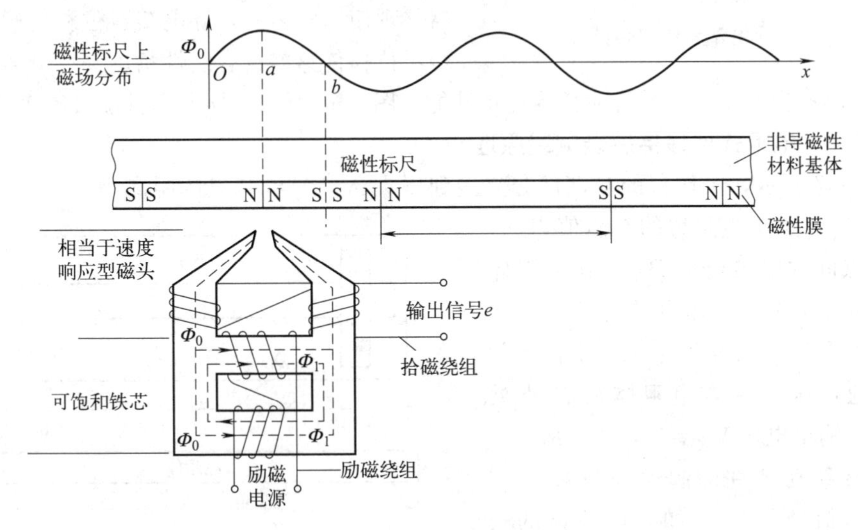

图3-54 磁通响应型磁头

(3) 磁栅检测方法

磁栅检测可分为鉴相测量和鉴幅测量，以鉴相式应用较多。和光栅类似，同样也需要解决辨向问题，所以一般采用两组磁头。两个磁头输出的信号相位相差90°，如图3-55所示。可见，磁栅的工作原理与光栅是类似的。

(4) 磁栅检测电路

磁栅检测电路包括磁头励磁电路、信号放大电路、滤波及辨向电路、细分电路以及显示及控制电路。经过处理即可得到分辨率为5μm（磁尺上的磁化信号的节距为200μm）的位移测量脉冲，该脉冲送至计数器经译码显示或供控制单元运算。

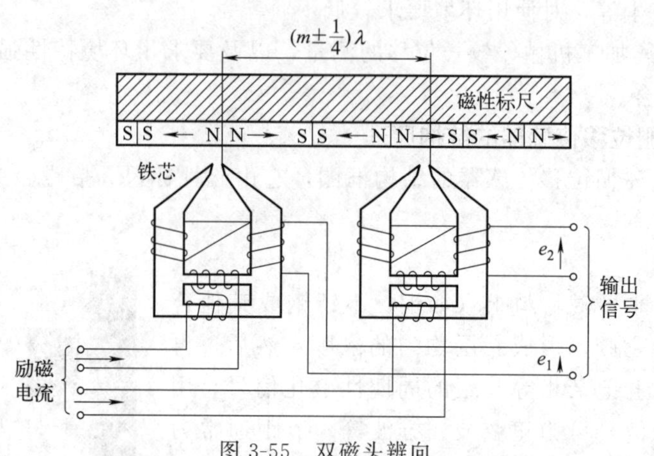

图 3-55　双磁头辨向

3.3.3 滑线电阻传感器

可变电阻器（电位器）是人们常用到的一种电子元件。它可以将机械位移转换为与它有一定函数关系的电阻值的变化，从而可以通过对输出电量的测量来确定位移量的变化。

图 3-56　导电塑料位移传感器

电阻线位移传感器是应用较早的线位移传感器。现使用较多的是导电塑料位移传感器。导电塑料位移传感器具有线性精度高、分辨率高、平滑性优良、动态噪声小、机械寿命长等优良性能。图 3-56 所示为导电塑料位移传感器。

3.3.3.1 电阻式位移传感器测量原理

如图 3-57 所示，工作台的移动部分连接到压头 A，A 与 B 点的距离为 X，从 A 点引出测量信号 V_X。如果电阻体的总阻值为 R，A 点与 B 点间的电阻值为 R_X。在电阻体上施加的电压为 V，工作台的运动部件相对于位置零点 B 点的位移为 X，工作台的运动部件通过压头 A 与电阻体在 X 点处连通，那么输出电压 $V_X=V\times R_X/R$。

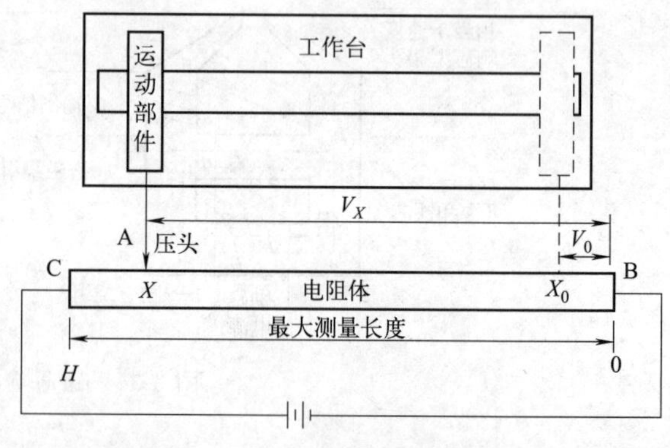

图 3-57　电阻式位移传感器测量原理

工作台移动部件的起始位置在 X_0，此时的输出信号为 V_0。如果电阻体的长度为 100mm，总阻值为 10kΩ，电阻体 C、B 两端接入 5V 直流电压。X_0 点距 B 点 10mm。如果压头 A 所处的位置 X 与 B 点间的距离分别为 10mm、20mm、30mm、…、90mm，那么输出信号的电压值与位移之间的关系可见表 3-6。

笔记

表 3-6　电阻位移传感器输出信号与位移量对应表

序号	X(位移)/mm	R_X/kΩ	V_X/V	L(工作台位移)/mm
1	10	1	0.5	0
2	20	2	1.0	10

续表

序号	X(位移)/mm	R_X/kΩ	V_X/V	L(工作台位移)/mm
3	30	3	1.5	20
4	40	4	2.0	30
5	50	5	2.5	40
6	60	6	3.0	50
7	70	7	3.5	60
8	80	8	4.0	70
9	90	9	4.5	80

工作台的位移是从 X_0 处开始计量的，即 X_0 处是初始位置，在 X_0 处工作台的位移 $L=0$。此时的输出信号是 $V_X=V_0=0.5\text{V}$。工作台的位移 L 应与以 X_0 处为起始点的电阻的增量相对应，也就是与输出信号 V_X 的增量相对应。因此，工作台运动部件的位移与传感器输出的电信号有如下函数关系：

$$L=(V_X-V_0)\times K$$

因此，使用电阻式位移传感器测量位移时，如果需要获得长度值 L，可通过电阻式位移传感器输出电压求取。这里 V_0 和 K 是两个可调系数。从表 3-6 中可获得 $V_0=0.5\text{V}$，$K=20\text{mm/V}$。

3.3.3.2 位移值的数字显示

传感器的输出是电压信号，与具有模拟量输入的显示、控制装置可以直接连接。

如果要输出数字信号，信号还需进行放大、A/D 转换、滤波等，才能成为可以显示和使用的测量数据。如图 3-58 所示，电压信号经过 A/D 转换成数字信号，通过编码器在显示器上显示位移数字。电位器 W1 起到放大器调零作用，电位器 W2 起到调整放大器增益作用，W3 起调 A/D 转换器零点作用。

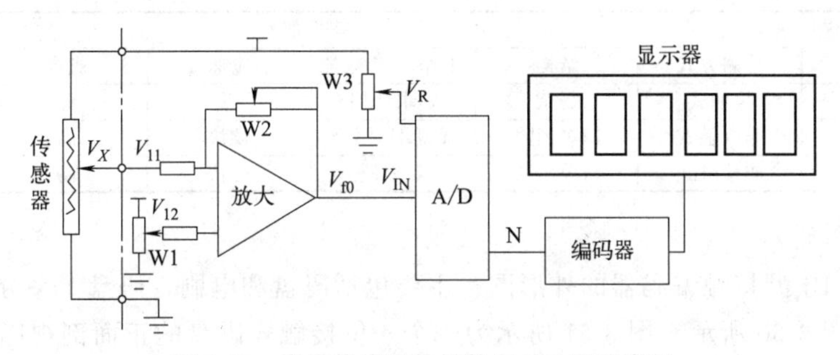

图 3-58 模拟传感器数据数字量处理示意图

任务 3.4 角度检测

知识与能力目标

(1) 掌握旋转角编码器和旋转变压器的基本工作原理，熟悉编码器和旋转变压器的外形。

(2) 会使用各类编码器和旋转变压器，能够利用提供的转换、放大电路，完成角度和角位移的检测。

在智能化加工生产线中，常常需要对设备旋转角度进行测量，常用的检测方法见表 3-7。

笔记

表 3-7 角度及角位移的检测方法

传感器类型	测量范围	精度	特点
自整角机	360°	±0.1°～2°	对环境要求低，有标准系列，使用方便，抗干扰能力强，性能稳定，可在1200r/min下工作，精度不高，线性范围小，多极角传感电机结构复杂
旋转变压器	360°	2′～5′	
电感移相器	360°	2′～5′	
多极角传感电机	360°	3″～20″	
编码盘式	360°	0.7″	分辨力高，精度高，易数字化；非接触式，寿命长，功耗小，可靠性高；电路较为复杂
微动同步器	±40°	1%	分辨力高，无接触，体积小，结构可靠，线性度好，测量范围小，电路较复杂

3.4.1 编码器

编码器（ADE）是最简单的数字传感器，它能把角位移或线位移经过简单的转换形成数字量。角度数字编码器又叫码盘，码盘是一个薄的圆盘。码盘的材料根据与之配套的敏感元件不同而不同。角度数字编码器按照测量数据特点分为两种类型：绝对编码器和增量式编码器。

3.4.1.1 绝对编码器

绝对编码器能给出与每个角位置相对应的完整的数字量输出。由单个码盘组成的绝对编码器，所测的角位移范围为0°～360°。若需要测量大于360°的角位移或者轴的转数，需要多个码盘。由于编码器由敏感元件和码盘组成，所以采用不同的敏感元件，码盘的制成和形式也不同。最常用的绝对编码器按照检测方法有接触编码器、光学编码器和磁性编码器。

三种绝对编码器的性能对比如表 3-8 所示。

表 3-8 三种绝对编码器性能比较

类型	性能					
	检测方式	结构	工作环境要求	响应速度	成本	寿命
接触编码器	接触式	复杂	要求严格	慢	低	短
光学编码器	非接触式	简单紧凑	无潮湿、污染	较快	高	较长
磁性编码器	非接触式	简单紧凑	要求低	更快	高	较长

（1）接触编码器

图 3-59 为 BJ 型接触编码器的外形图。主要包括码盘和电刷，码盘上又分别制成导电区和绝缘区，如图 3-60 所示。图 3-61 所示为一个 4 位接触式码盘的正面剖视图。涂黑部分为

图 3-59 BJ 型接触编码器

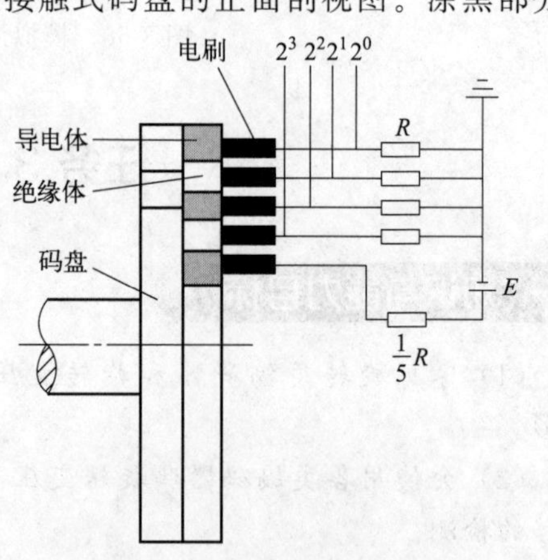

图 3-60 接触编码器结构示意图

导电区，输出为“1”；空白部分（绝缘区）不导电，输出为“0”。所有导电部分都连在一起，并通过连续的激励轨道上的电刷接到高电位。如图 3-61 所示的 4 位码盘共有四圈码道，在每圈码道上都有一个电刷，电刷经过电阻接地。

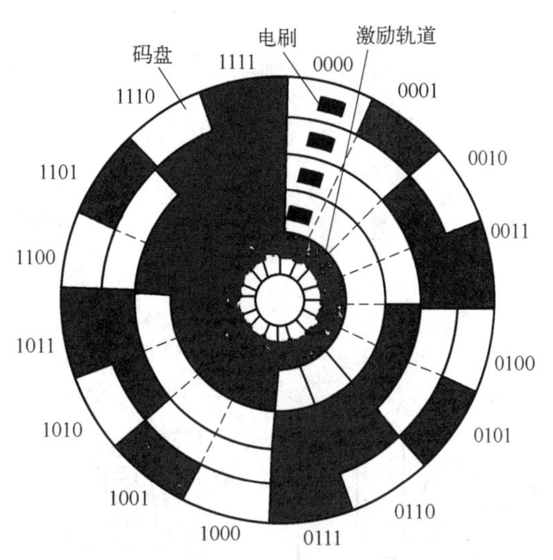

图 3-61　接触式编码器码盘结构示意图

测量时将码盘与被测转轴连接在一起，固定电刷位置，当码盘随被测轴一起转动时，电刷和码盘位置发生相对变化，若电刷接触到导电区域，则经电刷、码盘、电阻和电源形成回路，该回路中的电阻上有电流流过，产生压降，输出高电平；反之，电刷接触绝缘区域，电阻上无电流流过，则输出为低电平。由此可见，电刷位置与输出编码有一一对应的关系，利用输出编码就可确认转轴的角位移。

若采用 n 位码盘，该码盘的分辨率为 $1/2^n$，则能分辨的角度 $\alpha=360°/2^n$。位数 n 越大，能分辨的角度越小，测量精度越高。

图 3-62 为四位二进制码盘，二进制码盘很简单，但在实际应用中，对码盘的制作和电刷的安装要求十分严格，否则就会出现错误。例如当电刷由 h（0111）向位置 i（1000）过渡时，若电刷安装位置不准或接触不良，本应由 7 变为 8，就可能出现任意一个十进制数，造成的误差可能相当大。为了消除这种误差，通常采用循环码盘或双电刷扫描。

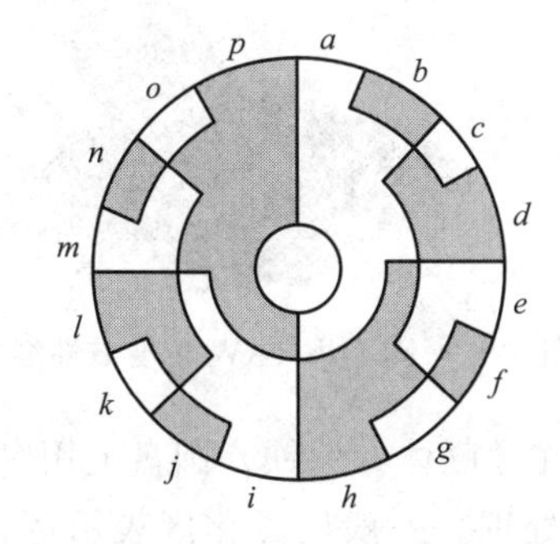

图 3-62　四位二进制码盘

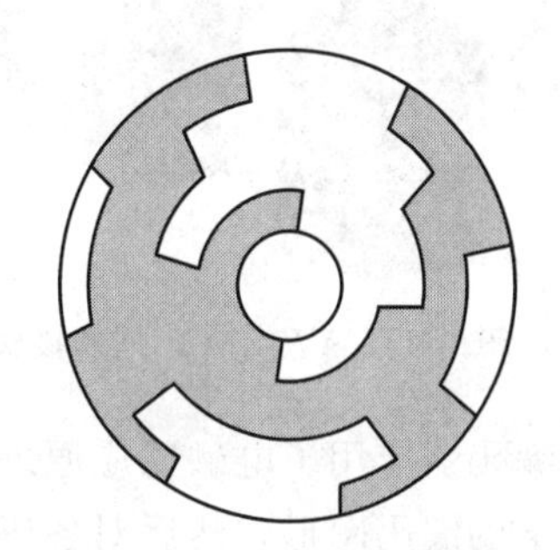

图 3-63　四位循环码盘

笔记

图 3-63 为四位循环码盘。循环码盘的特点是相邻的两组数码之间只有一位是变化的，因此，即使制作和安装不准，产生的误差最多也只是最低位的一个位（bit）。

接触式编码器的特点是敏感元件电刷和码盘直接接触。简单的接触式编码器，电刷的数目和码道数目一致。每个电刷和一根单独的导线相连，作为某一位（bit）逻辑电平“1”或“0”的输出。这种编码器对码盘和电刷的制造安装有一定的要求。

（2）光学编码器

图 3-64 为几种绝对型光学编码器的外形图。

光学编码器属于非接触式编码器。基本的光学编码器结构如图 3-65 所示。它主要由光源、码盘和光电敏感元件等组成。

图 3-64 绝对型光学编码器

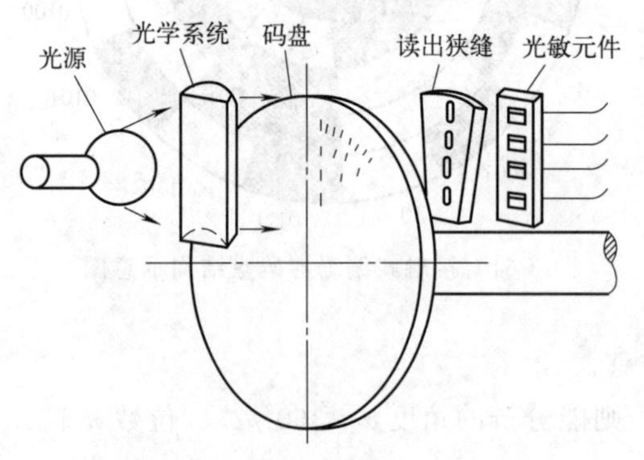

图 3-65 光学编码器结构示意图

图 3-65 中光源发出的光线经过光学系统后变为准直光，再经过码盘的透光区和读出狭缝后被光电元件所接收，不同的光电敏感元件根据接收光的情况输出高电平（1）或低电平（0）。

（3）磁性编码器

磁性编码器是近年发展起来的一种新型电磁敏感元件，它是随着光学编码器的发展而发展起来的。图 3-66 为 RENISHAW RM 系列非接触式磁性编码器，图 3-67 为 RENISHAW 角度磁性编码器芯片。

图 3-66 RENISHAW RM 系列非接触式磁性编码器

图 3-67 RENISHAW 角度磁性编码器芯片

笔记

磁性编码器应用了电磁感应原理。磁性轴编码盘是在导磁体（软铁）圆盘上用腐蚀的方法制成一定的编码图形，然后对各码道的码区进行磁化处理。一般用磁化区表示逻辑“0”，非磁化区表示逻辑“1”。

敏感元件是小磁环，每个小磁环上绕有两个线圈，磁环和码道靠近，但不接触，一个线圈通以恒频恒幅的交流电，称为询问绕组；另一线圈用来感受码盘上是否有磁场，称为读出线圈或输出绕组。

当询问绕组被激励时，输出绕组产生同频的信号，但其幅度与两绕组的匝数比有关，也与磁环附近有无磁场有关。当磁环对准磁化区时，磁路会饱和，输出电压就会很低；如果对准一个非磁化区，它就像一个变压器，输出电压应会很高，输出信号是由码区的逻辑状态所调制的调幅信息，因此必须进一步将其解调并整形成方波输出。

3.4.1.2 增量式编码器

增量式编码器的使用范围比绝对式编码器要广，它可以用作角位移、速度和位置的检测，还可以用作一般的机械定位及类似机构。增量式编码器是利用遮光原理来进行检测的。图 3-68 为几种增量式编码器的外形图。

增量式编码器的结构如图 3-69 所示。增量式编码器主要由码盘、敏感元件和计数器组成。

图 3-68 增量式编码器

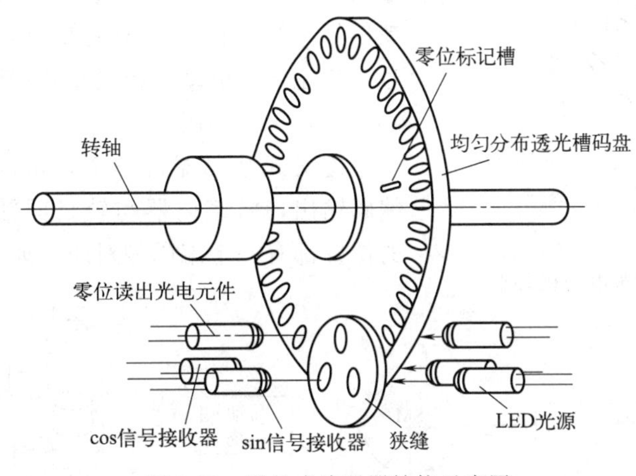

图 3-69 增量式编码器结构示意图

（1）码盘

增量式编码器的码盘与绝对式编码器的码盘构成不同。它设立了内轨道和外轨道。内轨道称基准轨道，它只有一个单独标志的扇形区，用以提供基准点。其输出脉冲用来使计数器归零。外轨道有两个，第一个外轨道是增量计数轨道，它根据分辨率的大小设置扇区，即只有一位 bit 轨道，利用 sin 信号接收器接收信号；第二个外轨道是方向轨道，它和计数轨道有相同的扇形区，只是移动了半个扇形区，用 cos 信号接收器接收信号。sin 信号接收器接收信号与 cos 信号接收器接收信号相差 90°。如图 3-70 所示，当 sin 信号超前 cos 信号时，计数器作加法运算，表示顺时针旋转，计数器的数值表示旋转的角度；当 sin 信号滞后 cos 信号时，表示逆时针旋转。

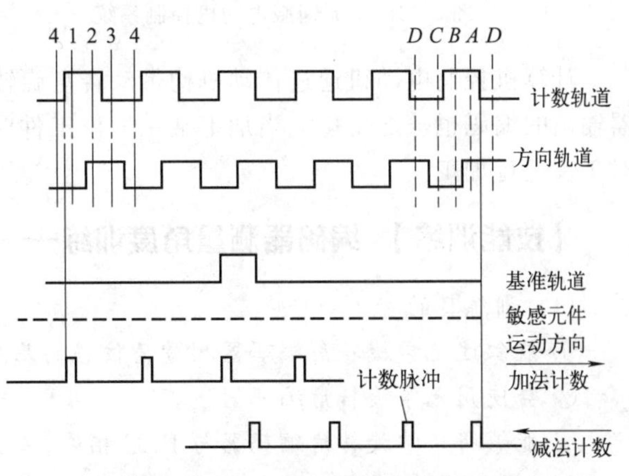

图 3-70 增量式编码器的轨道和输出关系

（2）敏感元件

增量式编码器的敏感元件可以采用绝对式编码器的任何一种，可以是电刷，也可以是光电系统或磁电系统，但必须要注意和码

笔记

盘相匹配。

（3）计数器

增量式编码器计算的是角位移的增量，因此为了计算相对于某个基准位置角位移的实际大小和方向，必须设置一个计数器。送到计数器的计数脉冲，由施密特触发电路输出。

3.4.1.3 编码器的应用

（1）控制交流伺服电动机

交流伺服电动机是伺服控制中的一项新技术，是智能化加工生产线技术中的主要执行装置之一，交流伺服电动机外形如图 3-71 所示。

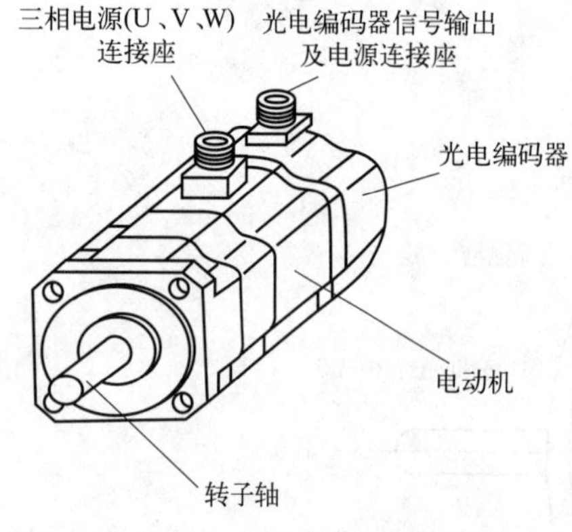

图 3-71　交流伺服电动机外形

在交流伺服电动机运行时，光电编码器用来确定每个时刻转子磁极相对于定子绕组转过的角度，输出相互位置数据。通过 F/V 转换电路提供速度反馈信号，检测传动系统的角位移，提供位置反馈信号。交流伺服电动机控制系统如图 3-72 所示。

（2）工位编码

绝对式编码器每一个转角位置都有一个固定的编码输出，将编码器与转盘同轴相连，转盘上工件的位置都有一个编码相对应，如图 3-73 所示。

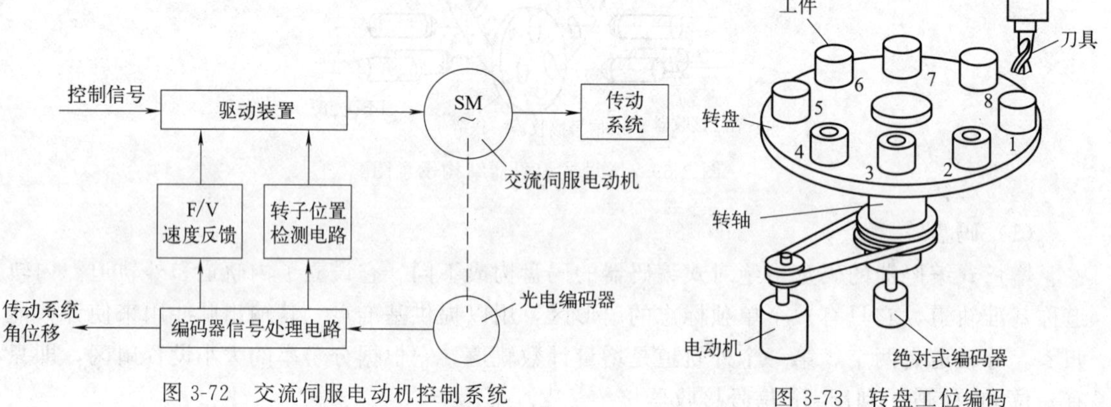

图 3-72　交流伺服电动机控制系统

图 3-73　转盘工位编码

笔记

计算机控制电动机通过传动机构带动转盘旋转。由于转盘与编码器同轴相连，因此编码器输出的编码也随之变化。当加工某一工位工件时，转盘将工位转到加工点，电动机停转，对工件进行加工。

【技能训练】 编码器测量角度训练——与 PLC 配合检测主电机转速

（1）训练目的

① 能叙述光学旋转角编码器测量角位移的基本原理；

② 会使用光学旋转角编码器；

③ 能够将光学旋转角编码器与 PLC 相连。

（2）需用器件与单元

具有高速计数器功能的 PLC、旋转编码器、电源单元、电机、记录仪等。

参考配置如下：

① PLC控制系统基本配置：CPU——三菱A2ASCPU。

② 高速计数器模块：三菱A1SD61。

③ 旋转编码器配置：OMRON E6CP-AG5C。

④ 电源：OMRON S8ZK-05024T。

（3）训练步骤

① 系统配置。系统配置如图3-74所示。

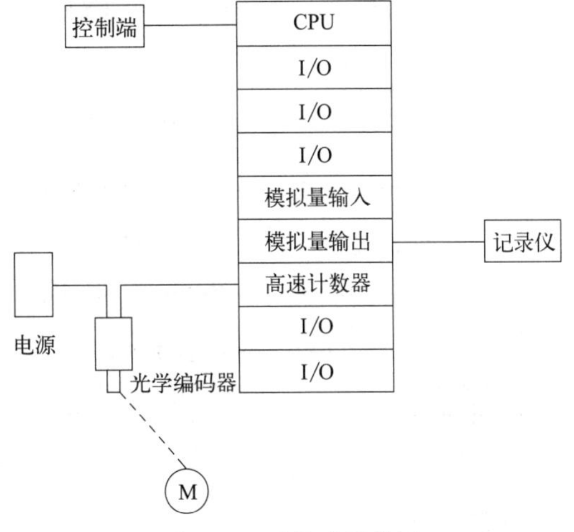

图3-74 系统配置简图

② PLC的I/O分配。根据系统配置图分析，将输入输出设备进行PLC控制的I/O编号设置。

输入设备：

输出设备：

正向计数启动 X001

记录仪 模拟量输出

反向计数启动 X002

光电编码器 OUTA、OUTB 高速计数器

③ 硬件连接（以OMRON E6CP-AG5C为例）。

a. 编码器电源及各输出端子（表3-9）。

表3-9 编码器电源及各输出端子

线色	功能
Brown 棕色	12～24V（电源正极）
Blue 蓝色	0V（COMMON）电源负极
Black 黑色	OUT A 输出A端
Write 白色	OUT B 输出B端
Orange 橘黄	OUT C 输出C端
Shield 屏蔽	GND 接地

b. 与三菱高速计数模块A1SD61的连接，如图3-75所示。

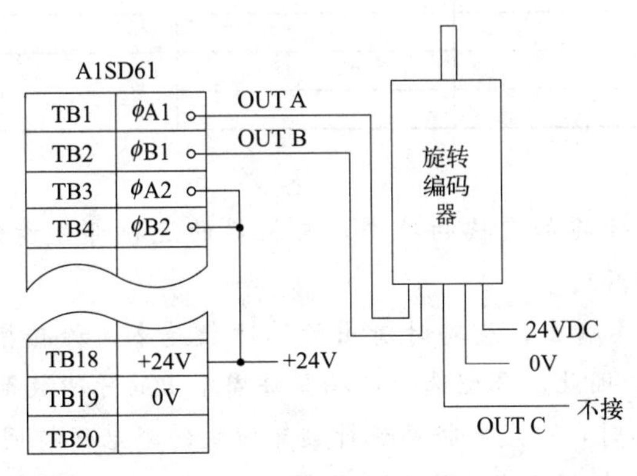

图3-75 与三菱高速计数模块A1SD61的连接图

④ 编制PLC控制的梯形图（程序参考图3-76）。

⑤ 调试运行程序，记录训练数据。

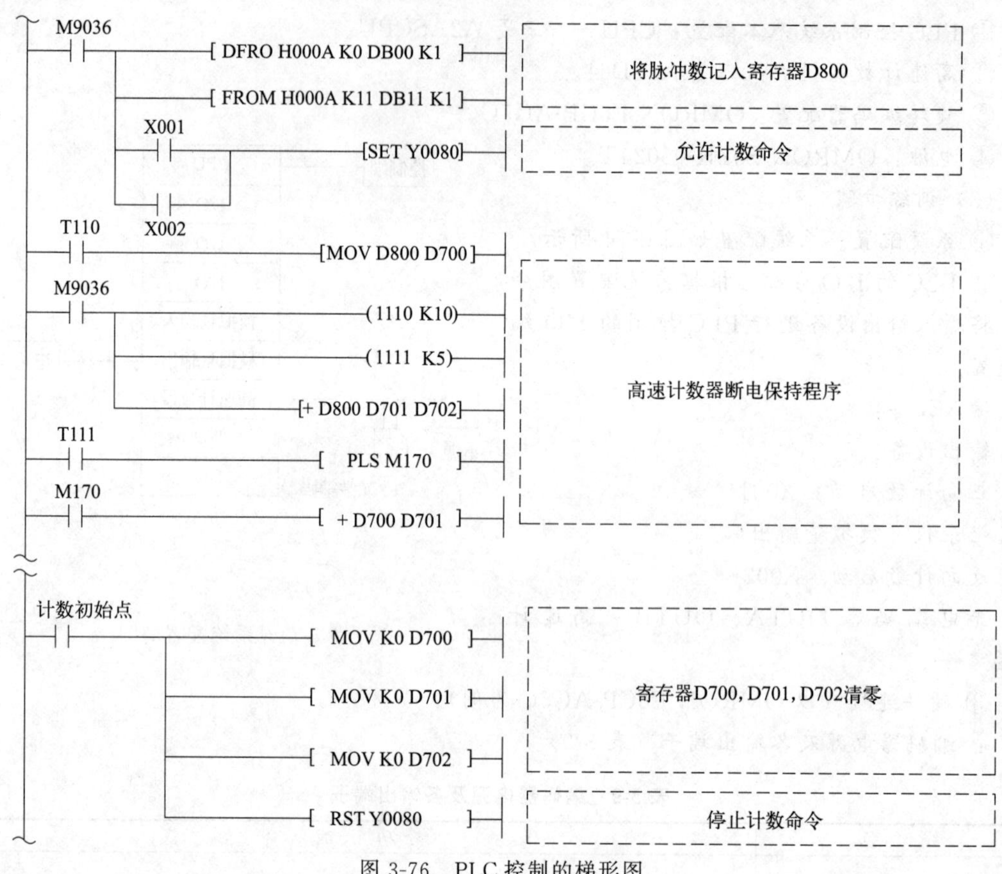

图 3-76 PLC 控制的梯形图

根据训练过程将数据记录在表 3-10 中，并按照报告要求完成实训报告。

表 3-10 训练数据记录

方向	次数	高速计数器	记录仪	主电机转速
正向	1			
	2			
	3			
反向	1			
	2			
	3			

笔记

（4）注意事项

① 安装时请不要给轴施加直接的冲击，与机器的连接部分请使用柔性联轴器（OMRON 产品配有专用联轴器）。

② 振动会产生脉冲误输出，旋转时输出的脉冲数越多，旋转槽圆盘的槽孔间隔越窄，越容易受到振动的影响。因此，合理选择编码器每周输出的脉冲数至关重要。

③ 在 PLC 程序编制时，一定要将高速计数器模块的断电保持问题解决好。否则将引起当前计数值丢失，使计数起始点发生紊乱［参阅（3）步骤④的程序编制］。

3.4.2 旋转变压器

旋转变压器式传感器不仅可以测量线位移，而且可以测量角位移。旋转变压器是一种输出电压随转角变化的角位移检测元件。图 3-77 为几种不同型号旋转变压器外形图。

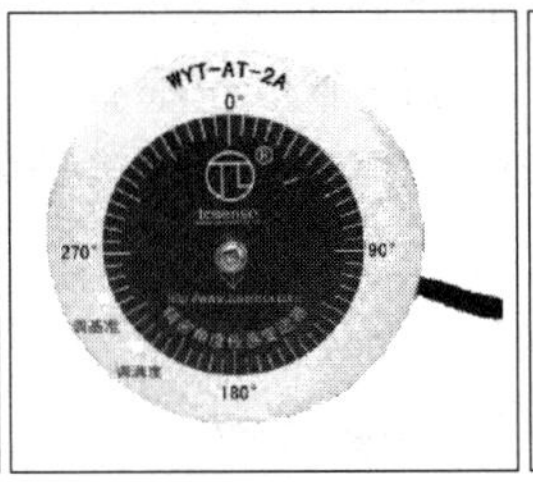

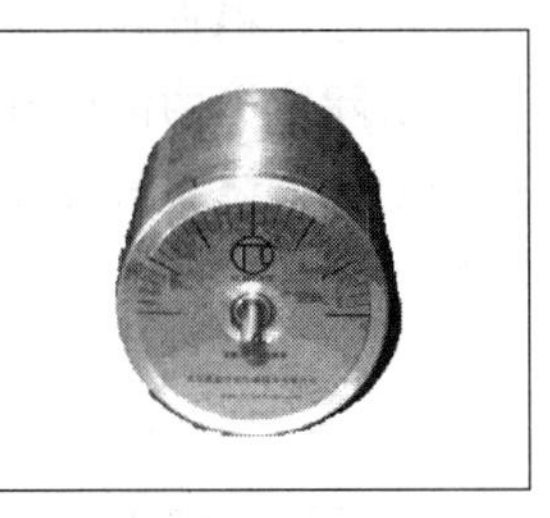

图 3-77　几种不同型号旋转变压器外形图

3.4.2.1　旋转变压器工作原理

它是一种小型交流电机，在结构上和两相线绕异步电机相似，也由定子和转子组成。其中定子绕组作为变压器的一次侧，接收励磁电压；转子绕组作为变压器的二次侧，通过电子耦合得到感应电压。

旋转变压器的工作原理与普通的变压器基本相似，区别在于普通变压器的一次绕组和二次绕组是相对固定的，所以，输出电压和输入电压之比是常数。而旋转变压器的一次侧绕组则随着转子的角度位移发生变化而改变，因而其输出的电压大小是变化的。旋转变压器分为单极和多极，一般做成两极电机，即定、转子上分别有两个互相正交的绕组，定子绕组上外加 400Hz 以上的励磁电压，转子绕组则接至滑环输出。

单极工作情况，如图 3-78 所示。

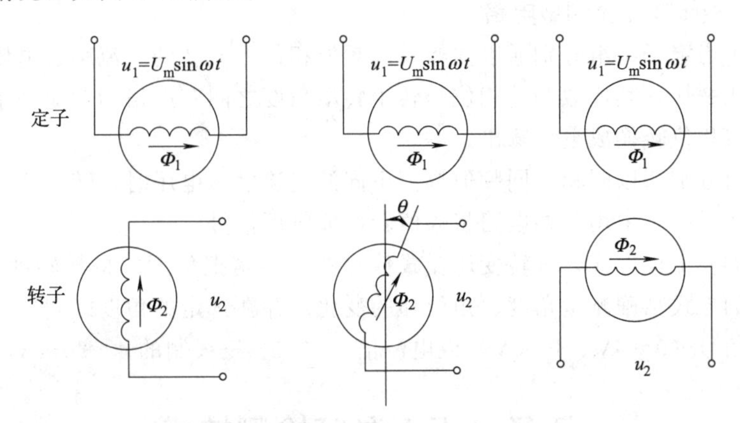

图 3-78　旋转变压器的单极工作原理

假设加到定子绕组的励磁电压为 $u_1=U_m\sin\omega t$，则转子通过电磁耦合，产生感应电压 u_2。当转子绕组的磁轴与定子绕组的磁轴垂直时，$u_2=0$；当转子绕组转动时，使转子磁轴与定子绕组磁轴成一定角度，转子绕组上感应电压为：

$$u_2=ku_1\sin\theta=kU_m\sin\omega t\sin\theta$$

式中　k——旋转变压器的电磁耦合系数；

U_m——最大瞬时电压；

θ——两绕组轴线间的夹角；

ω——励磁电源的频率。

当转子转过 $\pi/2$ 时，转子绕组中感应电压最大，即

$$u_2 = kU_m \sin\omega t$$

可见，根据转子绕组的感应电压大小就可以测得转子旋转的角度。

实际使用的两极旋转变压器的定子和转子各有两个相互垂直的绕组，如图 3-79 所示。定子的一个绕组短接。而另一个绕组通单相交流电压 u_1，则在转子的两个绕组的输出电压分别为

$$u_{2s} = ku_1 \sin\theta = kU_m \sin\omega t \sin\theta$$
$$u_{2c} = ku_1 \cos\theta = kU_m \sin\omega t \cos\theta$$

由于两个绕组的感应电压是关于转子转角 θ 的正弦余弦函数，所以称之为正弦余弦旋转变压器。

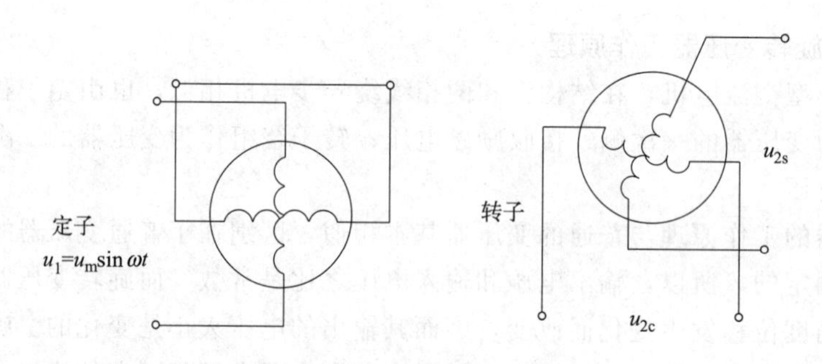

图 3-79　正余弦旋转变压器的原理图

3.4.2.2　旋转变压器测量电路

实际工作中当定子绕组分别通以同幅、同频但相位差 π/2 的交流励磁电压时，将两个转子中的感应电压叠加，其代数和的相位与转子转动角度之间有严格的对应关系，这是采用鉴相工作电路，将相位转换成电压输出。

若定子绕组分别通以同相、同频但幅值不同的交流励磁电压时，转子感应电压的幅值与转子转动角度相对应。采用鉴幅电路将幅值转换成电压信号。

无论采用哪种工作方式，旋转变压器式传感器主要是把角度的机械转动转化为电信号，通过无电触点的方式精确测量角度、角位移的变化。并在选定的角度区间内，线性输出标准电信号。电压信号（0～5V、1～5V）或电流信号（二、三线制的 4～20mA）。

任务 3.5　温度检测技术

知识与能力目标

（1）会选择工业常用的温度检测方法，能叙述热电偶温度检测、热电阻和热敏电阻测温的最基本的原理，根据外形和标签判断热电偶、热电阻、热敏电阻的种类。能够将热电偶、热电阻与显示、控制装置相连。

（2）根据对原理与接线的认识，能够判断热电偶、热电阻、热敏电阻温度检测系统的故障。

温度检测一般是借助于各种物体的热交换及冷热程度变化的物理特性加以间接检测。温度检测的方法种类很多，表 3-11 所示为常见温度检测传感器的种类及特点。

表 3-11　常见温度检测传感器种类及特点

测温方式	温度计种类		常用测温范围/℃	优点	缺点
接触式	膨胀式	玻璃液体	−50～600	结构简单，使用方便，测量准确，价格低廉	测量上限和精度受玻璃质量的限制，易碎，不能记录和远传
		双金属	−80～600	结构简单紧凑，牢固可靠	精度低，量程和使用范围有限
	压力式	液体 气体 蒸汽	−30～600 −20～350 0～250	耐振、坚固、防爆，价格低廉	精度低，测温距离短，滞后大
	热电偶	铂铑-铂 镍铬-镍铝 镍铬-考铜	0～1600 0～900 0～600	测温范围广，精度高，便于远距离、多点、集中测量和自动控制	需冷端温度补偿，在低温段测量精度较低
	热电阻	铂电阻 铜电阻 热敏电阻	−200～500 −50～150 −50～300	测量精度高，便于远距离、多点、集中测量和自动控制	不能测高温，须注意环境温度的影响
非接触式	辐射式	辐射式 光学式 比色式	400～2000 700～3200 900～1700	测温时，不破坏被测温度场	低温段测量不准，环境条件会影响测量准确度
	红外线	热敏探测 光电探测 热电探测	−50～3200 0～3500 200～2000	测温时，不破坏被测温度场，响应快，测温范围大，适于测量温度分布	易受外界干扰，标定困难

图 3-80 所示为玻璃温度计、双金属温度计、压力温度计和红外线式温度计的外形图。

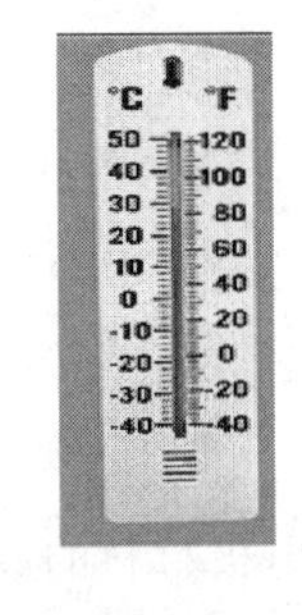

(a) 玻璃温度计

(b) 双金属温度计

(c) 压力温度计

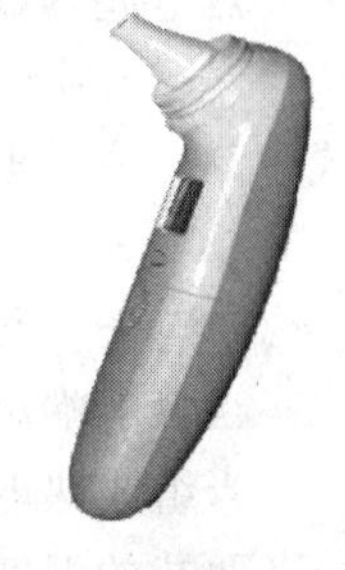
(d) 红外线式温度计

图 3-80　几种典型温度计外形图

笔记

3.5.1　热电偶

3.5.1.1　热电偶的结构与测温原理

图 3-81 所示为工业热电偶外形图，图中所见到的是热电偶的保护套管和接线盒。图 3-82 为热电偶内部结构图，其中图 3-82（b）为热电偶芯结构图，为热电偶的核心部分。

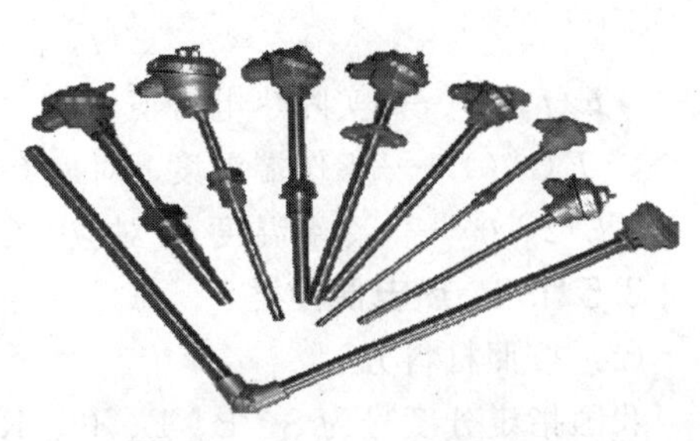
图 3-81　部分工业热电偶外形图

热电偶是将两种不同材料的导体或半导体的端点焊接起来，构成一个闭合回路，如图 3-83 所示。实际使用中，经常将热电偶的两个电极的一端焊接在一起，作为检测端（也叫工作端、热端）；另一端开路，通过导线与仪表连接，这一端被称为自由端（也称为参考端、冷端），如图 3-84 所示。

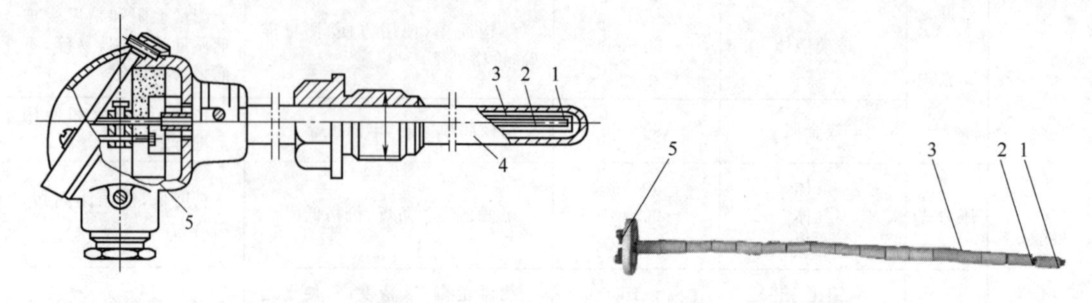

(a) 普通热电偶结构图(螺纹连接)　　(b) 普通热电偶芯结构图

图 3-82　普通热电偶内部结构图

1—热电偶测量端；2—热电极；3—绝缘管；4—保护套管；5—接线盒（端）

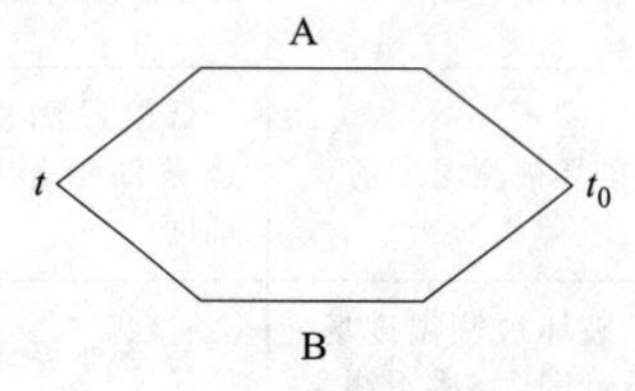

图 3-83　热电偶回路

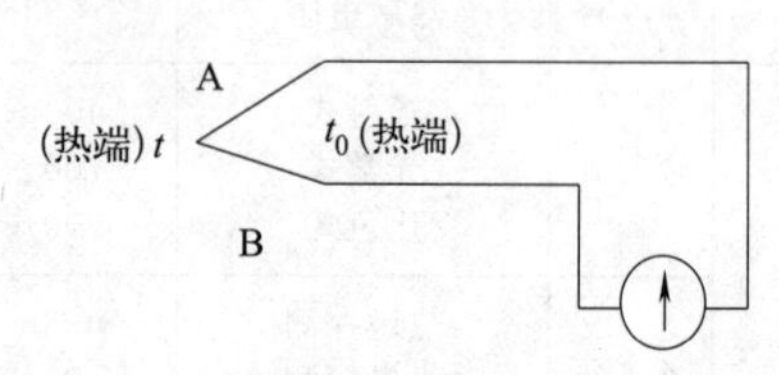

图 3-84　热电偶与显示仪表的连接

当导体 A、B 两个接点温度 t 和 t_0 之间存在温差时，两者之间便产生电动势，这种效应称为热电效应。热电偶就是利用这一效应来进行温度检测的。

热电偶两端的热电势差可以用下式表示：

$$E_t = e_{AB}(t) - e_{AB}(t_0)$$

式中　E_t——热电偶的热电势；

$e_{AB}(t)$——温度为 t 时工作端的热电势；

$e_{AB}(t_0)$——温度为 t_0 时自由端的热电势。

当自由端温度恒定时，热电势只与工作端的温度有关，即 $E_t = f(t)$。

当组成热电偶热电势的大小与热电极本身的长度和直径大小无关，只与热电极材料的成分及两端的温度有关，把热电偶的冷端温度固定，则热电偶所产生的热电势只与热电偶的热端，即检测端温度有关。

实际使用时，以 0℃为冷端基准温度。如果冷端温度非 0℃，也没有采用后面介绍的冷端温度补偿，应按照下面公式修正。

$$E(t,t_0) = E(t,0) + E(t_0,0)$$

式中　$E(t,t_0)$——实际热电势值；

$E(t,0)$——工作端温度 t 对应 0℃的热电势值；

$E(t_0,0)$——冷端温度 t_0 对应 0℃的热电势值。

3.5.1.2　热电偶种类

（1）按照材料分

我国指定分度号为 S、B、E、K、R、J、T 的七种热电偶为标准化热电偶。这七种标准化热电偶的使用特性见表 3-12。

表 3-12　标准化热电偶的使用特性

分度号	热电偶名称	热电偶丝直径/mm	等级允许偏差					
			Ⅰ		Ⅱ		Ⅲ	
			温度范围/℃	允许偏差	温度范围/℃	允许偏差	温度范围/℃	允许偏差
S	铂铑$_{10}$-铂	$0.5^{-0.020}$	0～1100	±1℃	0～600	±1.5℃	0～1600	±0.5%t
S			1100～1600	±[1+(t−1100)×0.003]℃	600～1600	±0.25%t	≤600	±3℃
							>600	±0.5%t
B	铂铑$_{90}$-铂铑$_{6}$	$0.5^{-0.015}$	—	—	600～1700	±0.25%t	600～800	±4℃
							900～1700	±0.5%t
K	镍铬-镍硅	0.3、0.5、0.8、1.0、1.2、1.5、2.0、2.5、3.2	≤400	±1.6℃	≤400	±3℃	−200～0	±1.5%t
			>400	±0.4%t	>400	±0.75%t		
J	铁-康铜	0.3、0.5、0.8、1.2、1.6、2.0、3.2	−40～750	±1.5℃或±0.4%t	−40～750	±2.5℃或±0.75%t	—	—
R	铂铑$_{13}$-铂	$0.5^{-0.020}$	0～1100	±1℃	0～600	±1.5℃	—	—
			1100～1600	±[1+(t−1100)×0.003]℃	600～1600	±0.25%t		
E	镍铬-康铜	0.3、0.5、0.8、1.2、1.6、2.0、3.2	−40～800	±1.5℃或±0.4%t	−40～900	±2.5℃或±0.75%t	−200～−40	±2.5℃或±1.5%t
T	铜-康铜	0.2、0.3、0.5、1.0、1.6	−40～350	±0.5℃或±0.4%t	−40～350	±1.0℃或±0.75%t	−200～40	±1℃或±1.5%t

注：t 为被测温度；允许偏差以温度值或实际温度的百分数表示，两者中采用数值较大值。

（2）按照结构分

热电偶按照结构形式不同，分为普通型热电偶、铠装热电偶和薄膜型热电偶。

① 普通型热电偶应用广泛，这类热电偶已标准化、系统化。图 3-82 所示热电偶即为普通型。按其安装时的连接方法可分为螺纹连接和法兰连接两种。

② 铠装热电偶，又称缆式热电偶，是由热电极、绝缘材料和金属保护管三者结合，经拉制而成的一个坚实的整体。铠装热电偶具有体积小、精度高、动态响应快、耐振动、耐冲击、机械强度高、可挠性好、便于安装等优点。图 3-85 为铠装热电偶的外形图。

③ 表面热电偶。主要用来检测圆弧形表面温度。按结构分为凸形、弓形和针形。图 3-86 为弓形表面热电偶。

④ 薄膜型热电偶。用真空蒸镀的方法，将热电极沉积在绝缘基板上而成的热电偶。这种热电偶做得很薄，而且尺寸也很小。它的特点是热容量小，响应速度快，适用于检测微小面积上的瞬变温度，如图 3-87 所示。

笔记

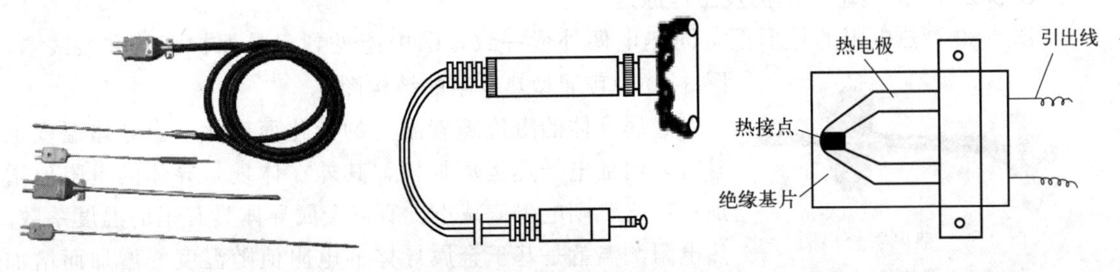

图 3-85　铠装热电偶外形图　　图 3-86　直柄式弓形表面热电偶　　图 3-87　薄膜型热电偶

3.5.1.3 与控制、显示装置连接

热电偶与显示或控制装置连接时，为了提高准确度，要求使热电偶的自由端温度稳定为0°。在温度不稳定的情况下，为了节约贵重金属，一般采用补偿导线将热电偶的自由端引到温度相对稳定的环境。采用自由端温度补偿方法将自由端温度补偿到0°。

① 补偿导线是在低温段与热电偶材料产生的热电势值相同、相对廉价的两个金属极。在使用热电偶补偿导线时必须注意型号匹配，极性不能接错。补偿导线的外形与双绞线没有区别。

② 冷端温度补偿方法种类较多。实验室中多采用冷端恒温法和计算校正法，冷端恒温法即将热电偶的冷端置于冰水混合物中；计算机校正法指依据修正公式 $E(t,t_0)=E(t,0)+E(t_0,0)$ 进行计算补偿的一种方法。

【例】 镍铬-镍硅热电偶的检测系统处于运行状态时，其冷端温度 $t_0=30℃$，测得仪表热电势 $E(t,t_0)=39.17\text{mV}$。计算被检测的实际温度。

解： 查表得 $E(30,0)=1.20$ (mV)

计算 $E(t,0)=E(t,30)+E(30,0)=39.17+1.20=40.37$ (mV)

再反查分度表，可得实际温度为977℃。

工业实际使用中多采用仪表机械零点调整法、补偿电桥法。机械零点调整法是将仪表零点调整到热电偶冷端处的温度值；而补偿电桥是将热电偶与一个桥路串联在一起，利用电桥产生的不平衡电压补偿冷端的温度，一般也要先将仪表零点调整到电桥平衡时的温度值。

带补偿导线的热电偶与西门子 S7-300PLC 实际连接示意图如图 3-88 所示。

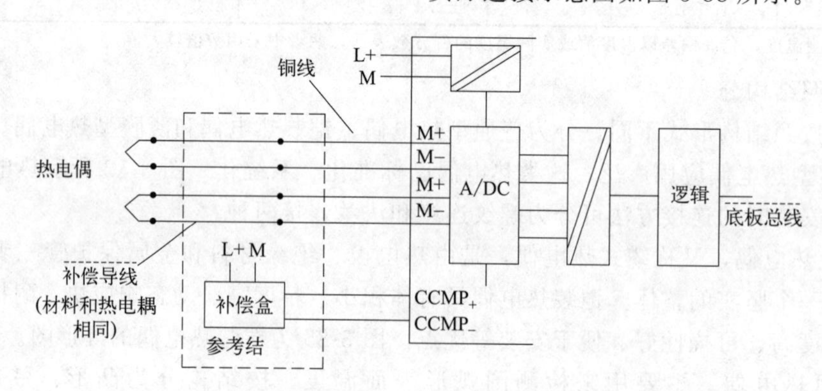

图 3-88 使用补偿盒的热电偶与带隔离的模拟输入之间的连接

3.5.2 热电阻

3.5.2.1 热电阻的结构及工作原理

图 3-89 为热电阻的外形图，同热电偶外形一致，图中能见到只是保护套管和接线盒。图 3-90 为普通型热电阻的结构图。

金属导体的阻值随着温度的变化而变化，当导体温度上升时，内部电子热运动加剧，其外在体现是导体的电阻值增加；反之，则电阻值减小，所以金属导体具有正的温度系数。热电阻测温就是基于金属导体的电阻值随温度的增加而增加这一特性来进行检测的。

图 3-89 热电阻外形图
（法兰连接）

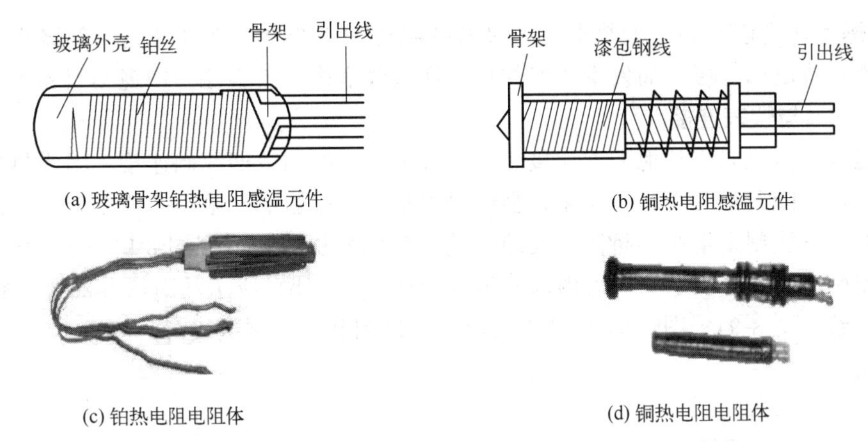

(a) 玻璃骨架铂热电阻感温元件　　(b) 铜热电阻感温元件

(c) 铂热电阻电阻体　　(d) 铜热电阻电阻体

图 3-90　普通型热电阻结构图

3.5.2.2　热电阻的种类

（1）按照热电阻材料分

目前应用最多的热电阻金属材料是铂（Pt）和铜（Cu）。在统一材料中又有不同的分度号的热电阻。如分度号 Pt100 表示 0℃时阻值为 100Ω 的铂热电阻；Cu50 为 0℃时阻值为 50Ω 的铜热电阻。

（2）按照热电阻结构分

① 普通型热电阻。图 3-90 所示即为普通型热电阻。

② 铠装式热电阻。铠装式热电阻是由感温元件（电阻体）、引线、绝缘材料、不锈钢套管组合而成的坚实体，如图 3-91 所示，它的外径一般为 $\phi2 \sim \phi8$mm，最小可达 $\phi1$mm。与普通型相比，它有下列优点：体积小，内部无空气隙，检测滞后小；力学性能好，耐振，抗冲击；能弯曲，便于安装；使用寿命长。

③ 端面热电阻。端面热电阻感温元件由特殊处理的电阻丝材料绕制，紧贴在温度计端面，其结构如图 3-92 所示。它与一般轴向热电阻相比，能更正确和快速地反映被测端面的实际温度，适用于检测轴瓦和其他机件的端面温度。

笔记

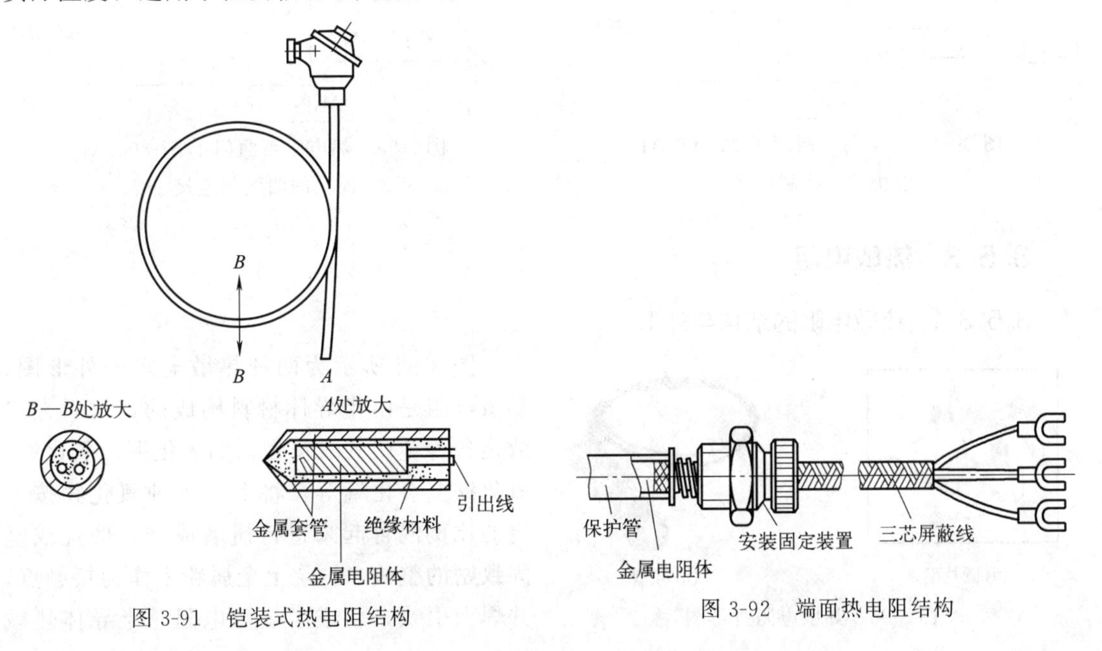

图 3-91　铠装式热电阻结构　　图 3-92　端面热电阻结构

④ 隔爆型热电阻。隔爆型热电阻通过特殊结构的接线盒，把其外壳内部爆炸性混合气体因受到火花或电弧等影响而发生的爆炸局限在接线盒内，不会在生产现场引起爆炸。

3.5.2.3 与仪表连接

热电阻与显示仪表或其他装置连接时，一般采用三线制或四线制连接。因为热电阻体的引出线的电阻会随着温度变化而变化，会给温度检测带来影响。采用三线制就是为消除引线电阻的影响。三线制是指在电阻体引线的一端引出两根引线，按照图 3-93（a）所示接线方式接线，图中虚线部分表示为仪表内部，编号与图 3-93（b）所示动圈仪表的背面接线端子图中编号一致。图 3-94、图 3-95 分别为热电阻三线制和四线制接线与西门子 S7-300 PLC 连接的示意图。

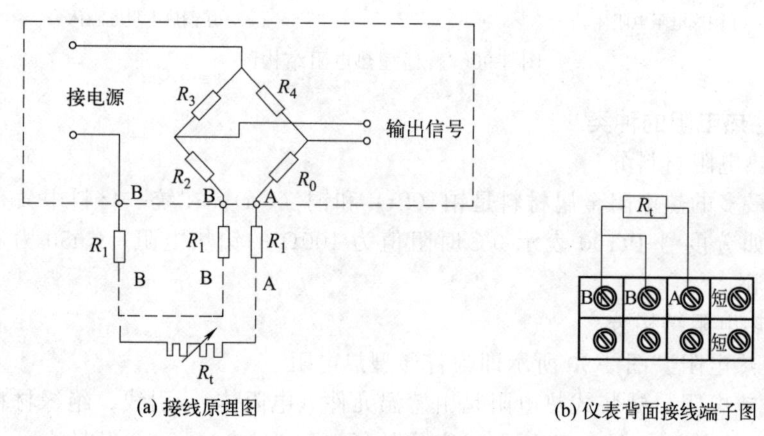

(a) 接线原理图　　(b) 仪表背面接线端子图

图 3-93　热电阻三线制接线示意图

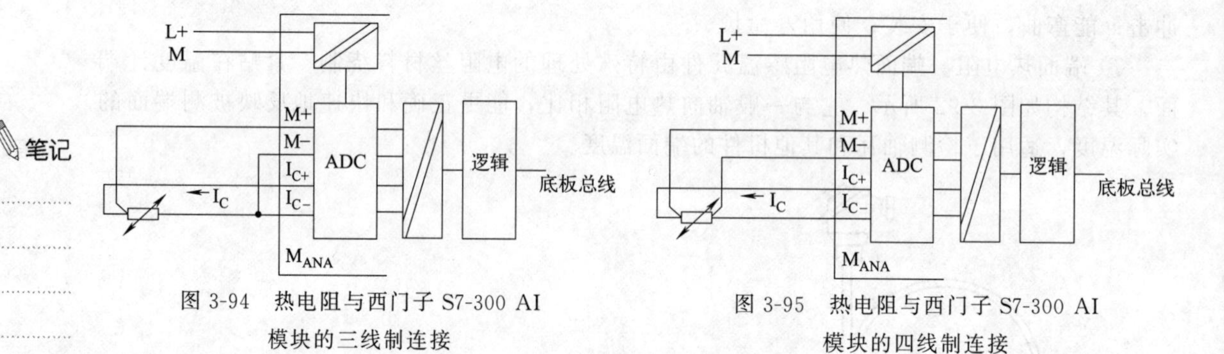

图 3-94　热电阻与西门子 S7-300 AI 模块的三线制连接

图 3-95　热电阻与西门子 S7-300 AI 模块的四线制连接

笔记

3.5.3 热敏电阻

3.5.3.1 热敏电阻的结构与外形

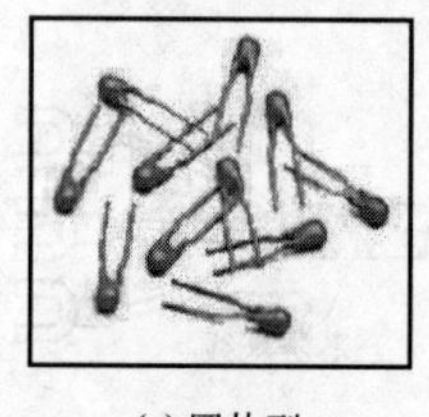

(a) 圆片型　　(b) 柱型

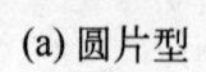

图 3-96　热敏电阻外形图

图 3-96 所示为两种热敏电阻的外形图。热敏电阻是由半导体材料构成的，材料大多数是各种金属的氧化物，如氧化铜、氧化铝、氧化铁、氧化锰等，将上述各种氧化物按一定的比例混合起来进行研磨成型，煅烧成坚固致密的整块，再烧上金属粉末作为接触点，并焊上引线，就成了热敏电阻。半导体热敏

电阻的电阻值也会随着温度的变化而变化，且其变化程度比金属电阻大，反应灵敏。同时还具有电阻率大、体积小、热惯性小、耐腐蚀、结构简单、寿命长等优点。其缺点是线性差、互换性差、测量范围小（一般为－50～＋300℃）等。如果改变混合物的成分和配比，就可改变热敏电阻的测温范围、阻值及温度系数。

3.5.3.2　热敏电阻的种类

热敏电阻按照温度系数可以分成正温度系数热敏电阻（PTC）和负温度系数热敏电阻（NTC）两大类。正温度系数热敏电阻是指电阻的变化趋势与温度变化趋势一致，即温度增加电阻值也增加，金属热电阻一般为正温度系数；负温度系数热敏电阻指温度增加阻值反而减小。负温度系数热敏电阻研制较早，特性与金属电阻相反，所以，应用更为广泛。

根据特性和用途的不同，NTC 型热敏电阻又可分为两大类。第一类为渐变型，主要用于温度检测。其阻值与温度之间成严格的负指数关系。如在 25℃下的标称值为 10.0kΩ 的 NTC，在－30℃时的阻值为 130kΩ；而 100℃时，阻值为 850Ω。可见，热敏电阻的灵敏度较高，多用于空调、热水器等的测温元件。

第二类为突变型，又称为临界温度型（CTR）。当温度升高到某临界点时，其电阻值突然下降，多用于在电子电路中抑制浪涌电流或作温度控制“开关”用。

任务 3.6　其他变量检测技术

知识与能力目标

（1）能正确选择力的检测方法，会叙述电阻应变片传感器、压电传感器的基本工作原理。

（2）能理解应变类传感器的基本原理和力的转换，会选择转换电路。

（3）能利用上述传感器完成力的检测。

（4）能依据传感器的原理判断出传感器的故障。

（5）能叙述电容传感器的基本工作原理。

（6）能根据测量任务简单选取液位测量单元，并能根据手册选用相关的转换单元，完成液位的检测。能判断液位测量系统的简单故障。

笔记

3.6.1　力的检测

3.6.1.1　电阻应变传感器测力

电阻应变片是常用的力测量检测敏感元件，图 3-97 所示为几种典型应变式力传感器的

(a) 拉力传感器

(b) 荷重传感器

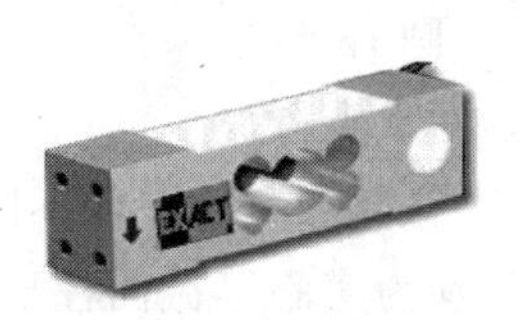

(c) 承重传感器

(d) 扭矩传感器

图 3-97　几种力检测传感器

外形图。这类传感器利用应变片将弹性元件的变形转换成阻值的变化，再通过转换电路转变成电压信号或电流信号，通过放大后再用数字或模拟显示仪表指示。图 3-98（a）为将检测与显示合为一体的应变式电子秤的外形图。

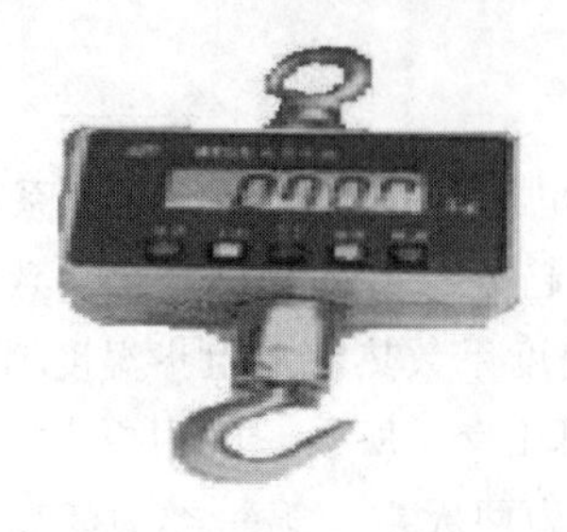

(a) 检测显示一体

(b) 显示仪表与检测分离

图 3-98 成品电子秤外形图

（1）电阻应变片的结构

电阻应变片的结构如图 3-99 所示，金属丝以弯曲的形状粘贴在绝缘基片上，两端通过引线引出，在丝栅上再粘贴一层绝缘膜。

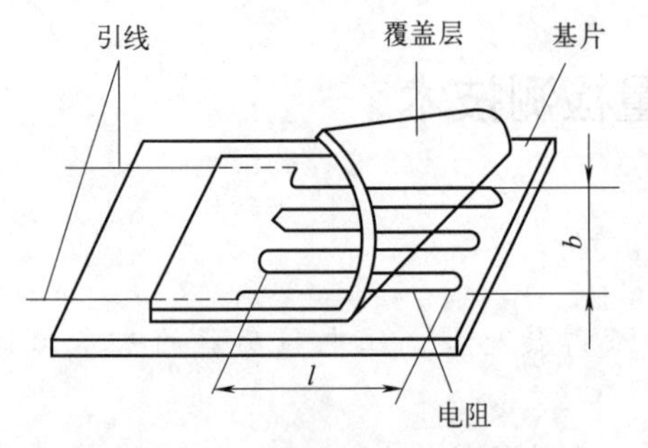

图 3-99 电阻应变片结构

将应变片粘贴在弹性元件上，将弹性变形转换成应变片电阻丝的变形。金属导体阻值是反映导体内部阻碍自由电子向同一个方向运动的变量能力。不考虑温度因素的情况下，金属导体阻值 R 为

$$R=\rho L/S$$

式中，ρ 为该金属电阻率；L 为电阻丝长度；S 为金属截面积。

当金属应变片粘贴方向与弹性元件变形方向一致时，电阻丝变长、变细，阻值增加。实训表明，在电阻丝拉伸极限内，阻值的相对变化与应力成正比。用电阻变化值表示力的大小。

笔记

（2）电阻应变片的种类

电阻应变片按照材料分成金属材料和半导体材料两种。而前者又可以做成丝式、箔式和薄膜式，如图 3-100 所示。

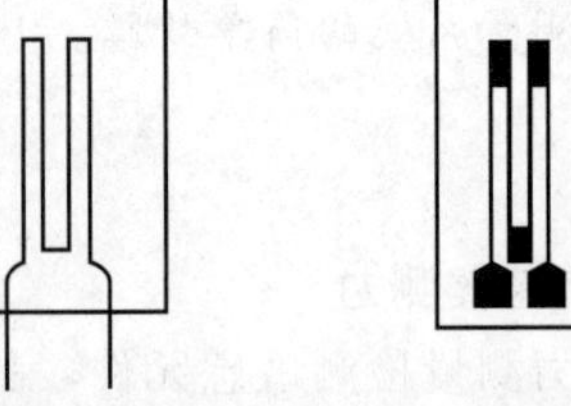

(a) 金属丝式

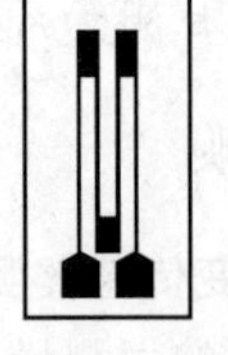

(b) 金属箔式

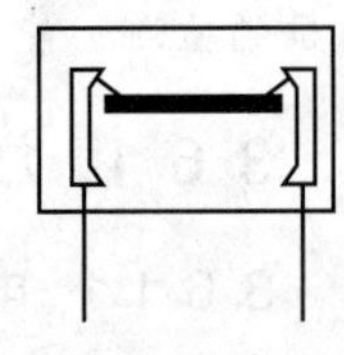

(c) 薄膜式

图 3-100 电阻应变片类型

（3）变换力的弹性敏感元件

在力的检测过程中，要利用弹性元件将力转换成应变，再利用应变片转换成电阻变化值。常用的变换力的弹性敏感元件如图 3-101 所示。采用等截面圆柱形、圆环形，等截面薄板、悬臂梁及轴状等结构。将应变片粘贴在弹性敏感元件上，可以完成不同形式力的检测。

图 3-101（a）、（b）分别为实心等截面柱形和空心等截面柱形。这种弹性敏感元件结构简单，可承受较大负荷，便于加工。

图 3-101（c）、（d）为圆环形。这类弹性元件较柱形输出位移量大，因而具有较高的灵敏度，适宜检测较小的力。但其加工工艺性差，精度不高，且弹性变形不均匀，因此，敏感

元件应粘贴在其应变大的位置。

图 3-101（e）为等截面薄板，其一端固定，另外一端受力产生弯曲变形；图 3-101（f）为等截面悬臂梁；图 3-101（g）为等强度悬臂梁；图 3-101（h）为扭转轴。

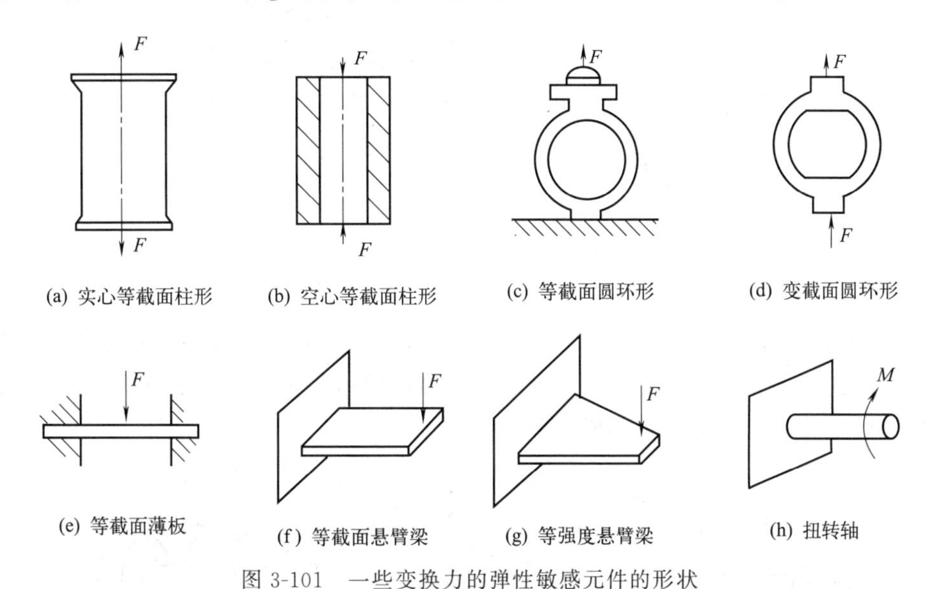

图 3-101 一些变换力的弹性敏感元件的形状

（4）测量转换电路

电阻变化信号一般要通过一定的电路转换成电流或电压信号，通常采用桥式测量转换电路实现。

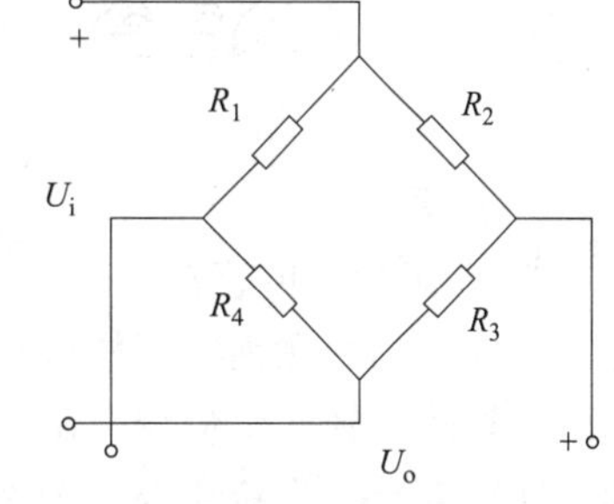

图 3-102 桥式测量转换电路

图 3-102 所示为电阻-电压转化桥路。根据桥路输入电压 U_i 性质分成交流电桥和直流电桥。

实际电路中要增加调零和调量程电路。

当四个桥臂电阻值相等时，输出指示为 0V。只有一个变化电阻（接一个应变片，其余为固定电阻）的桥路为单臂半桥转换电路；有两个变化电阻（接两个应变片，另两个为固定电阻）的为双臂半桥；四个变化电阻（接四个应变片）的为全桥转换电路。全桥电路的输出是双臂半桥输出的两倍，是单臂半桥输出的四倍。全桥转换电路的灵敏度最高。

但在使用时一定注意应变片接入桥路的位置。为了提高灵敏度，使用两个以上的应变片，当应变片阻值同时增加，一定接在同一桥臂或相对桥臂上，阻值变化相反的应变片接到相邻桥臂。

在实际使用过程中，金属电阻应变片的阻值还与温度有关，电阻值一般随着温度的增加而增加。为了克服温度变化带来的影响，一般采用双臂半桥或全桥电路，实现温度补偿，且提高检测的灵敏度。

（5）电阻应变片传感器应用举例

利用不同的弹性敏感元件与电阻应变片结合，可以用于不同变量的检测。

① 应变测力传感器。图 3-103（a）、（b）为应变测力传感器的几种形式，分别为图 3-97（a）、（c）两个传感器的示意图。

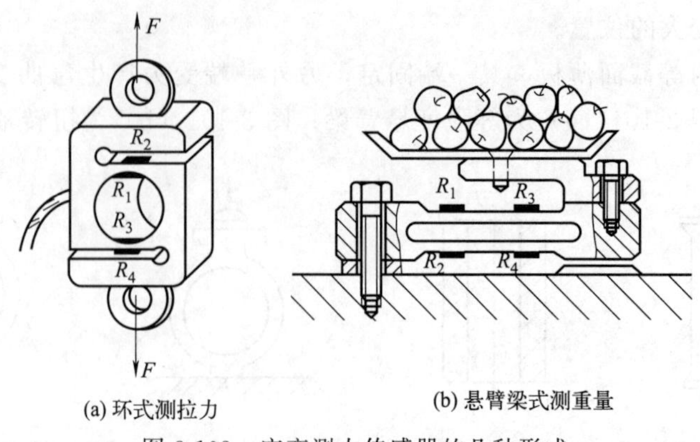

图 3-103 应变测力传感器的几种形式

② 应变扭矩传感器。图 3-104 为应变扭矩传感器，一般是将应变片粘贴在传动轴的表面。使机械部件产生转动的力矩称为转动力矩，简称扭矩。在扭矩的作用下，转动部件必然产生变形，应变片将这种变形转换成电阻变化。

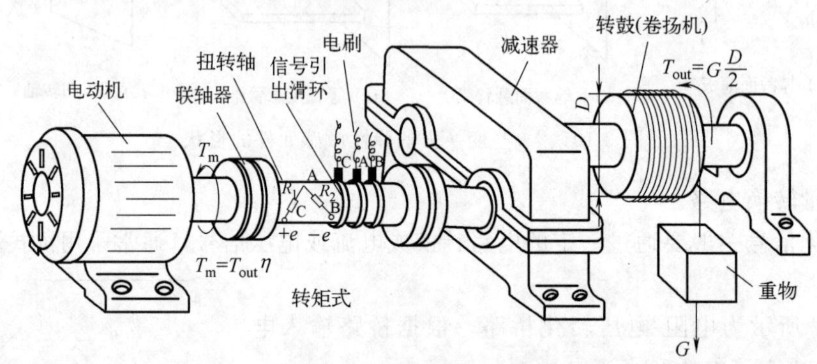

图 3-104 应变扭矩传感器

③ 应变荷重传感器。图 3-105 为荷重传感器的结构示意图。外形照片与图 3-100（b）相近。应变片粘贴在钢制圆柱（称为等截面轴，可以是实心，也可是空心）表面上。在力的作用下，等截面轴产生应变，R_1、R_3 顺着轴的方向粘贴，为压应变；R_2、R_4 的粘贴方向与轴的轴线垂直，为拉应变。图 3-105 中，R_1、R_3 相对，R_2、R_4 相邻。

笔记

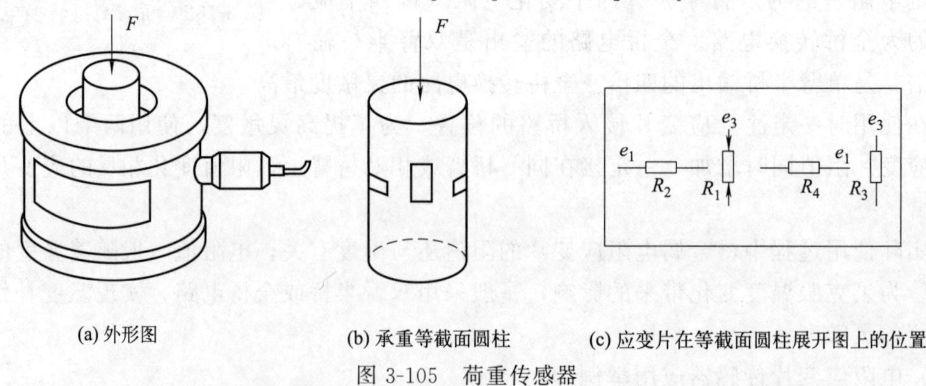

图 3-105 荷重传感器

3.6.1.2 压电传感器测动态力

(1) 压电传感器测量原理

压电传感器是由一种特殊材料组成的自发电式传感器。压电材料受到外力的作用，在电介质表面产生电荷，在外力消除后，电荷消失，这种现象称之为压电效应，如图 3-106 所示。压电传感器就是建立在这个基础上的力检测传感器。

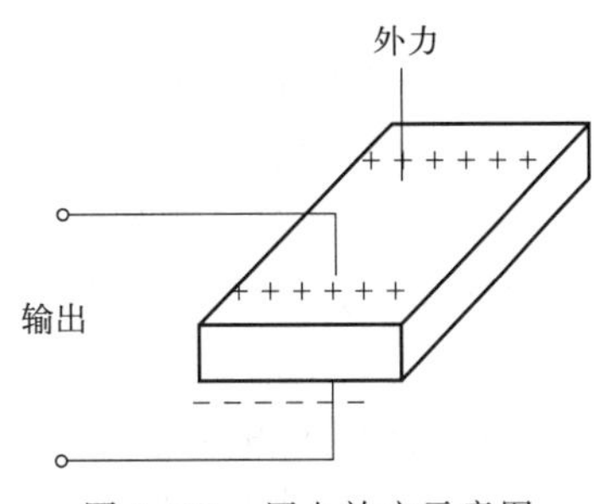

图 3-106　压电效应示意图

反之，在电介质的极化方向上施加交变电场或电压，它就会产生机械变形，当去掉外加电场时，电介质变形随之消失，这种现象称之为逆压电效应。

（2）压电传感器的种类

压电传感器按照采用压电材料的不同，可以分成压电晶体、压电陶瓷和压电高分子材料。

① 石英晶体是一种性能良好的压电晶体，具有机械强度高、绝缘性能好、动态响应好、迟滞小、重复性好、线性范围宽等优点。但具有机械加工难度大、输出信号小等缺点。一般应用在标准传感器和高精度传感器中作为压电元件。

② 压电陶瓷是经过极化处理的特殊陶瓷材料，如锆钛酸铅系列压电陶瓷（PZT）和铌镁酸铅系列压电陶瓷（PMN）。压电陶瓷具有良好的工艺性，可以加工成各种形状，压电系数较压电晶体高许多，制造成本较低，是采用最多的一种。

③ 压电高分子材料是近几年发展起来的一种新型材料。典型的有聚偏二氟乙烯（PVF_2 或 PVDF）、聚氟乙烯（PVF）、改性聚氯乙烯（PVC）等。其中 PVF_2 和 PVDF 的压电系数最高，应用也最广。高分子材料是一种柔软的压电材料，可以根据需要制成各种形状。它的优点为不易破碎，具有防水性，成本较低，信号响应大等。但工作温度一般不能超过 100℃。温度过高，灵敏度下降，性能变差。缺点是机械强度不高，耐紫外线能力差，不宜暴晒等。

（3）测量转换电路

压电元件是自发电式传感器，压电元件相当于一个电荷发生器，当压电元件表面聚集电荷时，它又相当于一个以压电材料为介质的电容器。因此，压电元件等效成为一个电荷源与一个电容并联的等效电路，如图 3-107 所示。

压电传感元件产生的电荷只有在无泄漏的情况下才能保存，即需要测量转换电路有无限大的输入阻抗，这实际是不可能的，因此，压电式传感器不能用于静态测量。压电元件只有在交变力的作用下，才可以不断产生电荷供给测量转换桥路，故压电传感器只能用于动态力的检测。另外，其产生的电荷量较小，实际使用中，必须经过电荷放大器将电荷放大后，用显示仪表进行指示。

（4）压电传感器应用举例

① 玻璃打碎报警装置。玻璃打碎时会发出几千赫兹的振动，将高分子压电薄膜粘贴在玻璃上，可以感受到这一振动，并将电压信号传送给集中报警装置。图 3-108 为某公司生产

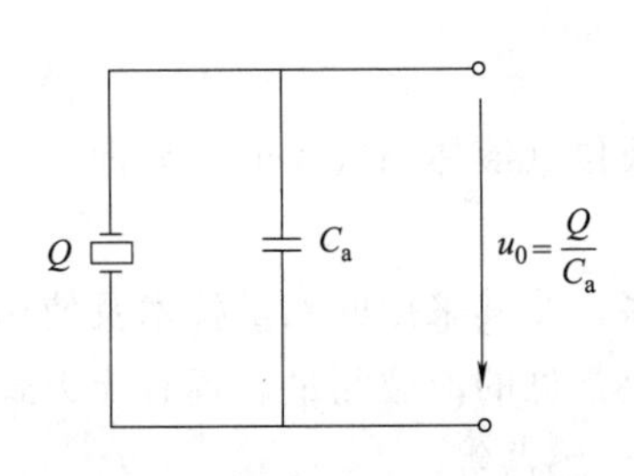

图 3-107　压电元件的等效电路

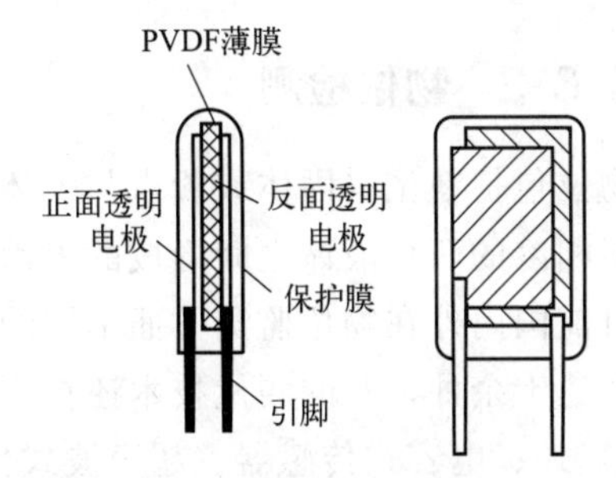

图 3-108　高分子压电薄膜振动感应片

的高分子压电薄膜振动感应片示意图。

感应片很小（10mm×20mm×0.2mm），且透明、不易察觉，可以安装在贵重物品的柜台、展橱等玻璃角落处。

② 压电陶瓷用于动态力的检测。图 3-109 为压电式单向动态力传感器外形图与结构图。利用单向动态力传感器测量刀具切削力，将压电动态传感器安装于车刀前端的下方，如图 3-110 所示。切削前，虽然车刀压紧在传感器上，压电晶片在压紧的瞬间也曾产生很大的电荷，但在几秒后，电荷泄漏掉了。当开始切削时，车刀在切削力的作用下，上下振动，将脉动力传递给单向动态力传感器，经电荷放大装置转换成电压信号，在记录仪上记录下切削力的变化。

(a) 压电式单向动态力传感器外形图

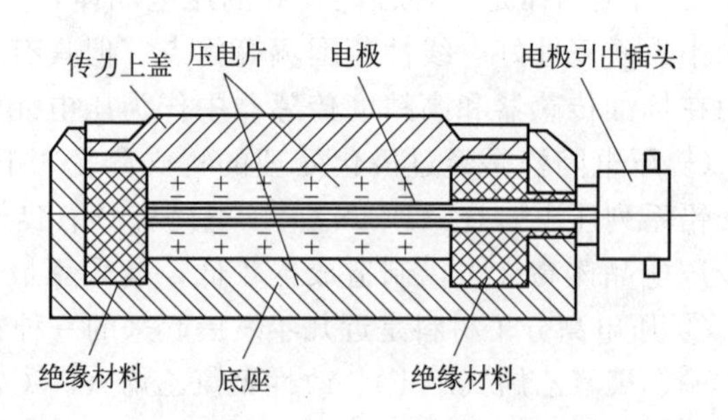

(b) 压电式单向动态传感器结构

图 3-109　压电式单向动态力传感器

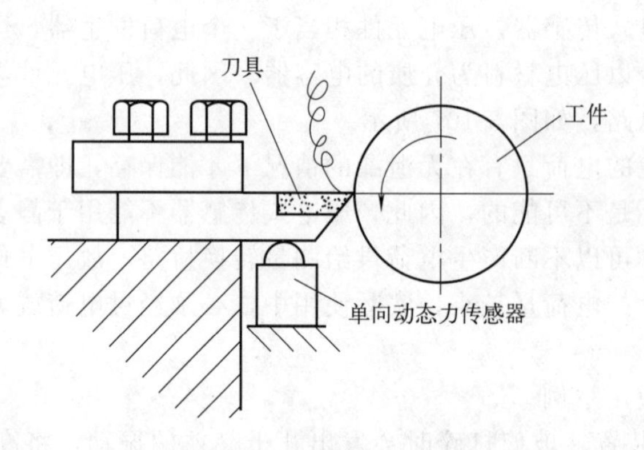

图 3-110　刀具切削力测量示意图

3.6.2　物位检测

物位包括料位（固体或粉末与气体的分界面）和液位（液体与气体的分界面、密度不同且互不相溶的两种液体之间形成的界面位置）。

目前国内外在物位监测方面采用的技术和产品很多，按其采用的测量技术及使用方法分类已多达十余种，新的测量技术还在不断涌现。工业上常见的液位测量装置有浮力式、压力（静压）式、电容式传感器、超声波式传感器、电导式传感器等。

表 3-13 给出了几种常见的物位检测方法及其特性。

表 3-13 常见物位检测技术及其主要性能

检测方式	浮力式	静压式	电容式	重锤式	超声波式	雷达式
测量范围/m	20	20	2.5～30	40	60	60
检测精度	±1.5%	±1%	±2%	±0.1%	±0.1%	±0.1%
是否与介质接触	接触	接触	接触	接触	非接触	非接触、接触
所测物位	液、界	液、界	料、液、界	料、界	料、液、界	料、液、界
工作压力/MPa	<40	常压	32	<0.2	<0.3	<6.4
工作温度/℃	<150	−40～200	−200～400		<150	<400
防爆要求	本安、隔爆	本安、隔爆	本安、隔爆	粉尘防爆	本安、隔爆	本安、隔爆
对多泡沫沸腾介质	适用	适用	适用		不适用	适用

电容传感器及其物位检测。电容物位传感器是利用被测物质的不同介电常数，或者使电容极板相对面积变化，将物位变化转换成电容变化来进行测量的一种液位计。与其他物位传感器相比，电容液位传感器具有灵敏性好、输出电压高、误差小、动态响应好、无发热现象、对恶劣环境的适用性强等优点。

(1) 电容传感器结构形式和基本工作原理

以贮存电荷为目的制成的元件称为电容器。根据电学知识，两个面对面放置的金属极板构成电容器，它具有存储电荷的作用。

平行板电容器的电容量为：

$$C=\varepsilon S/d$$

式中 S——极板面积；

ε——极板间物质的介电常数；

d——两极板间距离。

由电容量关系式可知，当 S、d 和 ε 中的某一项或某几项发生变化时，就改变了电容量 C。实际应用时常使三个参数 S、d 和 ε 中的两个保持不变，而改变其中一个参数来使电容发生变化。所以电容式传感器可以分为三种类型：变介电常数式、变面积式、变极距式。

图 3-111、图 3-112、图 3-113 所示分别为三种结构形式的电容传感器。

笔记

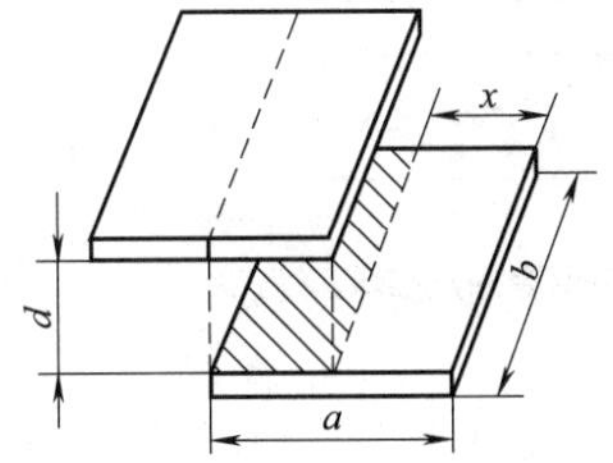

图 3-111 变面积式电容传感器

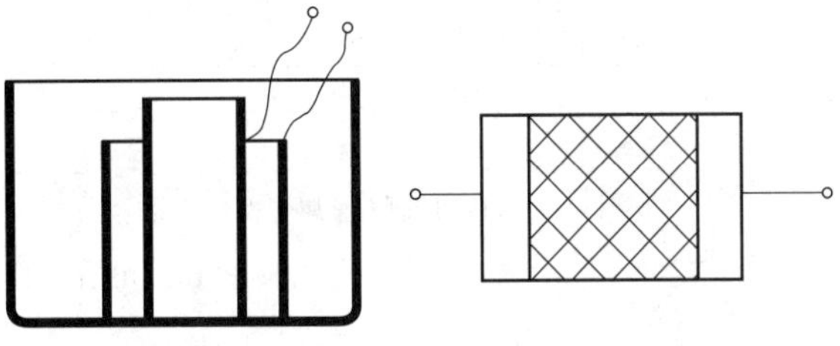

图 3-112 变介电常数式电容传感器

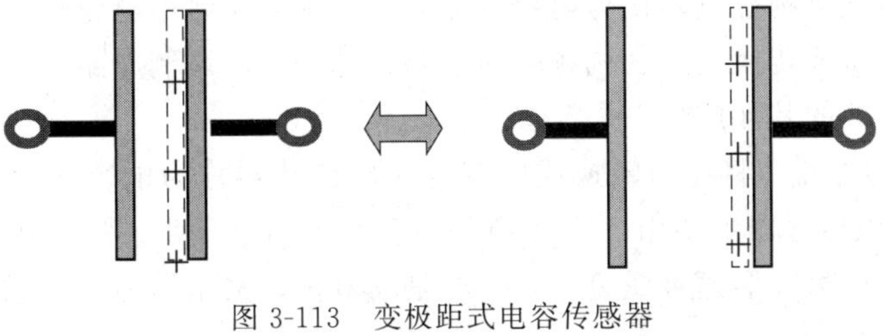

图 3-113 变极距式电容传感器

变极距式电容传感器一般用来测量微小线位移（零点一微米至零点几毫米）；变面积式电容传感器一般用于测量角位移或较大的线位移；变介电常数式电容传感器主要用于液体或

固体的物位测量以及各种介质的湿度、密度的测定。

若将两个极板浸入液体或颗粒中，物位高度变化，电容的介电常数 ε 随之变化，这种属于变介电常数或变面积的结构形式。

（2）电容液位传感器的测量方式及特性

图 3-114 所示为几种常见的液位检测传感器外形。

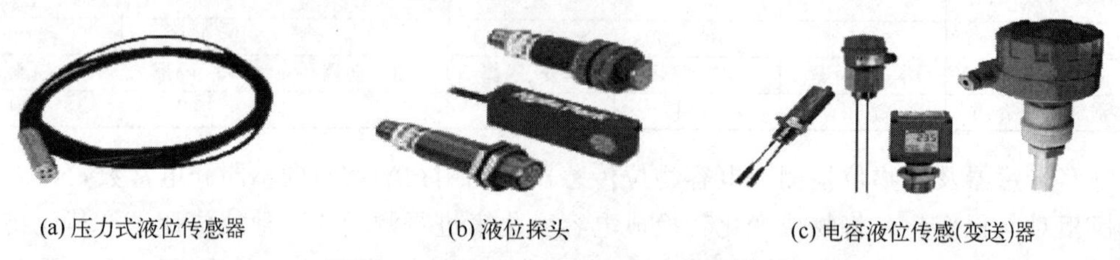

(a) 压力式液位传感器　(b) 液位探头　(c) 电容液位传感(变送)器

图 3-114　几种常见的液位检测传感器

图 3-115 是电容液位传感器的原理图。其中图 3-115（a）是测量非导电液体液位的电容传感器示意图，当被测绝缘液体的液面在两个电极间上下变化时，引起两极间不同介电常数介质（上面为空气，下面为液体）的高度变化，从而导致总电容量的变化。图 3-115（b）是测量导电液体液位的电容传感器示意图，当被测介质是导电的液体时，内电极应采用金属管外套聚四氟乙烯套管式电极，外电极就是容器内的导电介质本身，这时内外电极的极距只是聚四氟乙烯套管的壁厚。

笔记

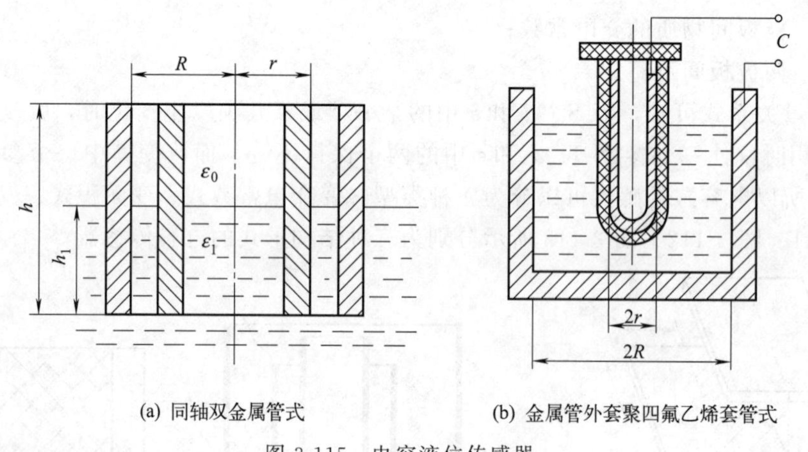

(a) 同轴双金属管式　(b) 金属管外套聚四氟乙烯套管式

图 3-115　电容液位传感器

（3）电容传感器的转换电路

电容传感器将被测物理量转换为电容变化后，必须采用测量电路将其转换为电压、电流或频率信号。常用桥式转换电路、调频转换电路、脉冲宽度调制电路。

（4）电容传感器的其他应用

① 电容压力传感器。将压力转换成电容变化的传感器称为电容压力传感器，其结构示意图见图 3-116。该传感器主要由一个动电极（弹性膜片）、两个固定电极和这三个电极的引出线组成。动电极为圆形薄金属膜片，它既是动电极，又是压力的敏感元件，固定电极为中凹的镀金玻璃圆片。

作用原理有改变极板间距离 d 或改变面积 S 这两种方法，但一般都是采用改变极板距离来改变电容量。因为差动式灵敏度高，非线性误差小，所以常采用差动式。

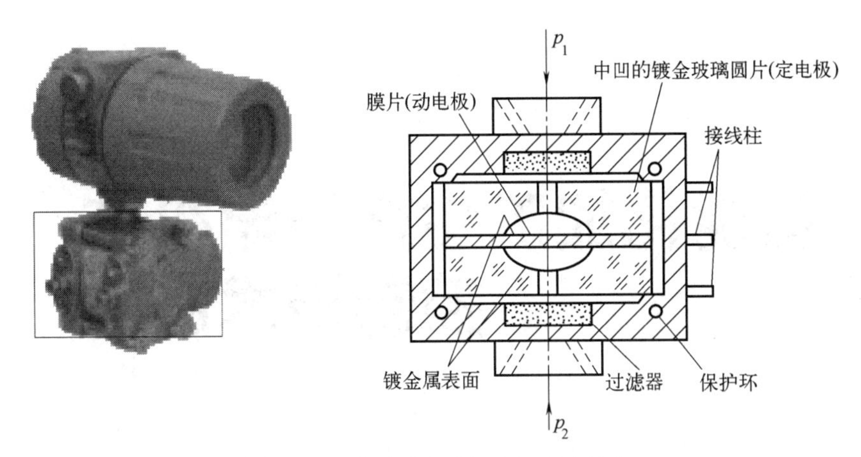

图 3-116 差动式电容压力传感器结构

当被测压力（或压差）通过过滤器进入空腔时，弹性膜片两侧的压力差使膜片凸向一侧。这一位移使两个镀金玻璃圆片与膜片之间的电容量发生变化，经过测量电路再转换成相应的电压或电流变化。当两极板之间的距离很小时，压力和电容之间为线性关系。

电容式压力传感器的优点是灵敏高、寿命长、动态响应快，可以测量快变压力，所需的测量力（能量）很小，因此可以测量微压。其主要缺点是传感器与连接线路的寄生电容影响大，非线性较严重。

② 电容测厚仪。图 3-117 为测量厚度的电容测厚仪原理图。在被测金属带材的上下两侧各放置一块面积相等、与带材距离相等的极板，这样极板与带材就形成了两个电容器。把两块极板用导线连接起来就成为一个极板，而金属带材就是电容的另一个极板，其总电容 $C_x=C_1+C_2=2C$。如果带材厚度发生变化，则引起电容量的变化。用交流电桥将电容的变化检测出来，经过放大，即可由电容测厚仪显示出带材厚度的变化。

③ 电容式加速度传感器。各种电容式加速度传感器均采用弹簧-质量块系统，将被测加速度变换成力或位移量，然后再通过传感器换成相应的电参量。图 3-118 中的电容式加速度传感器就是基于这一原理制成的。该传感器两极板之间有一用弹簧支撑的质量块，此质量块的两个端平面经磨平抛光后作为可动极板。当传感器的壳体测量垂直方向的振动时，由于质量块的惯性作用，使两固定电极板相对质量块产生位移。此时，上下两个固定电极与质量块端面之间的电容量产生变化，使传感器有一个差动的电容变化量输出。

笔记

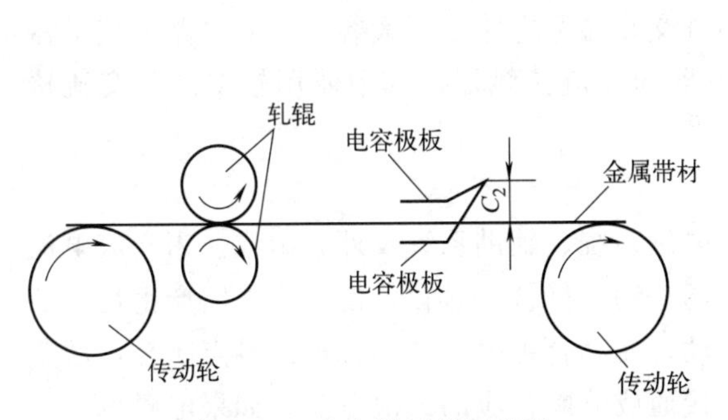

图 3-117 电容测厚仪原理图

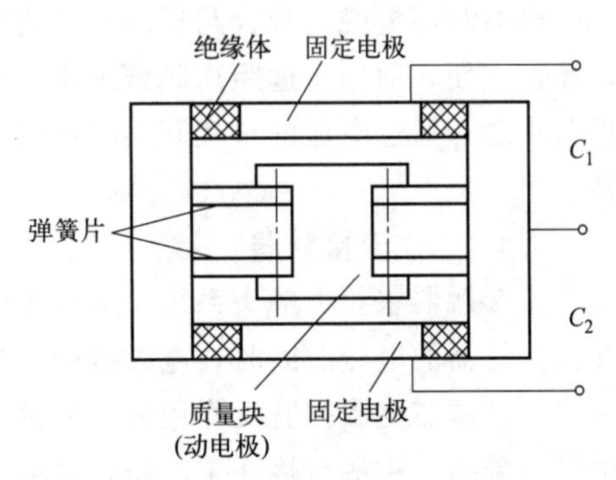

图 3-118 电容式加速度传感器

项目4

智能化加工生产线电机与控制技术应用

任务 4.1 常用低压电器技术

知识与能力目标

(1) 掌握接触器的结构、特点及用途。

(2) 能根据实际工作条件对接触器进行选择、安装和检修。

(3) 熟悉各种继电器，掌握热继电器、中间继电器和时间继电器等几种常见继电器的选用、拆装及检修方法。

(4) 掌握低压熔断器的结构、型号，并根据线路需要正确选择熔断器。

(5) 掌握低压断路器的结构、型号，并根据线路需要正确选择断路器。

(6) 掌握刀开关的结构、特点及用途。

(7) 能根据实际情况进行选择、安装和使用。

(8) 掌握组合开关的结构、特点及用途。

(9) 能根据实际情况进行选择、安装和维护。

(10) 掌握主令电器的结构、型号及用途。

(11) 能根据实际情况选择主令电器。

4.1.1 接触器

接触器利用电磁力吸合与反向弹簧力使触点闭合和分断，是一种自动控制开关，动作迅速、操作方便，适用于远距离频繁地接通或断开交直流主电路以及大容量控制电路。接触器根据其主触点通过电流的种类可分为交流接触器和直流接触器，其中使用较多的是交流接触器。

4.1.1.1 交流接触器

交流接触器主要由触头系统、灭弧系统、电磁系统、辅助系统及外壳组成。当交流电流过交流接触器的电磁线圈时，电磁线圈产生磁场，动、静铁芯磁化，使二者之间产生足够的吸引力，动铁芯克服弹簧反作用力向静铁芯运动，使动合主触点和动合辅助触点闭合，动断辅助触点分断，主触点接通主电路，辅助触点接通或分断相应的二次电路。如果电磁线圈断电，磁场消失，动、静铁芯之间的引力也消失，动铁芯在反作用弹簧的作用下复位，断开主触点和动合辅助触点，分断主电路和有关的二次电路。

交流接触器的图形符号及文字符号见表 4-1。

表 4-1　交流接触器的图形符号及文字符号

三对主触头	辅助常开触头	辅助常闭触头	线圈
KM	KM	KM	KM

常用交流接触器的技术参数如表 4-2 所示。

表 4-2　常用交流接触器的技术参数

型号	主触点			控制触点			线
	对数	额定电压/V	额定电流/A	对数	额定电压/V	额定电流/A	电压/V
CJ0-10	3	380	10	2-常开 2-常闭	380	5	36 110 127 220 380
CJ0-20			20				
CJ0-40			40				
CJ0-75			75				
CJ10-10			10				
CJ10-20			20				
CJ10-40			40				
CJ10-60			60				

交流接触器的型号含义：

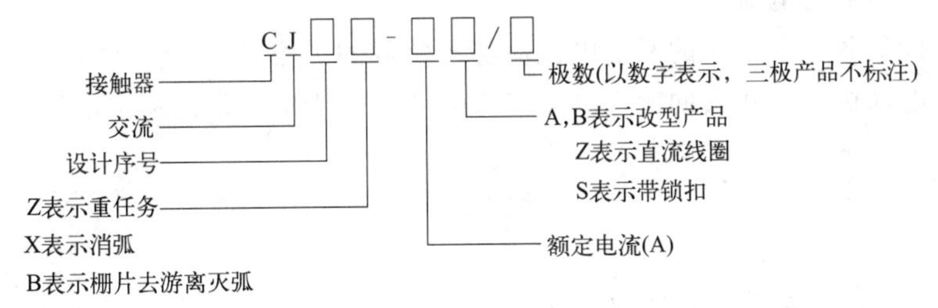

4.1.1.2　直流接触器

直流接触器是用于远距离接通或断开直流电路及频繁地操作和控制直流电动机的一种自动控制电器，主要由电磁系统、触头系统、灭弧装置三部分组成。

直流接触器的型号含义：

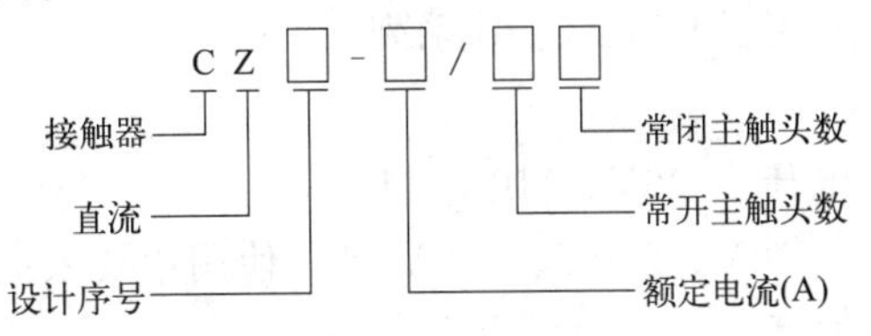

CZ0 系列直流接触器的技术参数如表 4-3 所示。

表 4-3　CZ0 系列直流接触器的技术参数

型号	额定电压值/V	额定电流值/A	额定操作频率/(次/h)	主触点极数		最大分断电流值/A	辅助触头形式及数目		吸引线圈电压值/V	吸引线圈消耗功率值/W
				动合	动断		动合	动断		
CZ0-40/20	440	40	1200	2	—	160	2	2	21.48	22
CZ0-40/02		40	600	—	2	100	2	2	110、220	24

笔记

续表

型号	额定电压值/V	额定电流值/A	额定操作频率/(次/h)	主触点极数		最大分断电流值/A	辅助触头形式及数目		吸引线圈电压值/V	吸引线圈消耗功率值/W
				动合	动断		动合	动断		
DZ0-100/10	440	100	1200	1	—	100	2	2	21.48 110、200	24
CZ0-100/01		100	600	—	1	250	2	1		24
CZ0-100/20		100	1200	2	—	400	2	2		30
CZ0-150/10		150	1200	1	—	600	2	1		30
CZ0-150/01		150	600	—	1	375	2	1		25
CZ0-150/20		150	1200	2	—	600	2	2		40
CZ0-250/10		250	600	1	—	1000	5 (其中1对动合,另4对可任意组合成动合或动断)			31
CZ0-250/20		250	600	2	—	1000				40
CZ0-400/10		400	600	1	—	1600				28
CZ0-400/20		400	600	2	—	1600				43
CZ0-600/10		600	600	1	—	2400				50

4.1.1.3 接触器的选择

(1) 接触器类型

根据接触器控制的电动机及负载类别来选择相应的接触器类型，即交流负载应使用交流接触器，直流负载应使用直流接触器；如果控制系统中主要是交流电动机，而直流电动机或直流负载的容量较小，可选用交流接触器进行控制，但触头的额定电流应适当选择大些。

(2) 主触头额定电压

主触头的额定电压应大于等于负载回路的额定电压。

(3) 主触头的额定电流

对于电阻性负载，主触头的额定电流应等于负载的工作电流。

对于控制电动机，主触头的额定电流应大于或稍大于电动机的额定电流。可根据经验公式计算选择：

$$I_C=\frac{P_N}{KU_N}\times 10^3 \tag{4-1}$$

笔记

式中 K——经验系数，一般取1～1.4；

P_N——被控电动机的额定功率，kW；

U_N——电动机的额定电压，V；

I_C——接触器主触头的额定电流，A。

注意：此经验公式仅适用于CJ0、CJ10系列。

(4) 线圈的额定电压

交流接触器线圈额定电压有36V、110V、127V、220V、380V等几种；直流接触器线圈额定电压有24V、48V、110V、220V、440V等，使用中要根据实际电压进行选用。

(5) 触头数量及触头类型

通常接触器的触头数量应满足控制支路数的要求；触头的类型应满足控制线路的功能要求。

【技能训练】 交流接触器的检修

(1) 训练目的

掌握交流接触器的拆装和检修方法。

（2）器材设施

工具：测电笔、螺钉旋具、尖嘴钳、斜口钳、剥线钳、电工刀等。

仪表：万用表、电流表、电压表。

器材：控制板、连接导线、调压变压器、交流接触器、三极开关、二极开关、指示灯。

（3）训练步骤

① 拆卸。

② 检查。接触器主要部件拆卸后，要对其进行检查。检查的主要内容有：检查灭弧罩有无破裂或烧损；检查触头的磨损程度；检查触头压力弹簧及反作用弹簧是否变形或弹力不足；检查铁芯有无变形及端面接触是否平整；检查电磁线圈是否有短路、断路及发热变色现象。

③ 整体检测。装配好后，要对接触器进行整体检测，检测方法为：用万用表欧姆挡检查线圈及各触头是否良好；用兆欧表测量各触头间及主触头对地电阻是否符合要求；用手按动主触头检查运动部分是否灵活，以防产生接触不良、振动和噪声。

④ 校验。

接触器经整体检测后要对其进行校验，主要步骤如下。

（a）装配好的接触器接入校验电路，如图 4-1 所示。

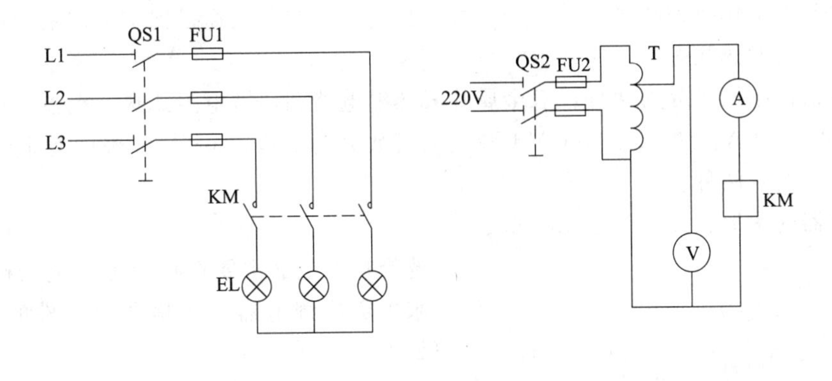

(a) 电路图　　(b) 校验电路

图 4-1　接触器动作值校验电路

笔记

（b）选择电流表、电压表量程并调零，将调压变压器输出置于零位。

（c）合上 QS1 和 QS2，均匀调节调压变压器，使电压上升到接触器铁芯吸合为止，此时电压表的指示值即为接触器的动作电压值。该电压应小于或等于吸引线圈额定电压的 0.85 倍。

（d）保持吸合电压值，通断开关 QS2，做两次冲击闭合试验，以校验动作的可靠性。

（e）均匀地降低调压变压器的输出电压直至衔铁分离，此时电压表的指示值即为接触器的释放电压值，释放电压值应大于吸引线圈额定电压的 0.5 倍。

（f）将调压变压器输出电压调至接触器吸引线圈的额定电压，观察铁芯有无振动和噪声，从指示灯的明暗可判别主触头的接触情况。

（4）注意事项

① 拆卸过程中，应备有盛放零件的容器，以免丢失零件。

② 拆卸过程中不允许硬撬，以免损坏电器。

③ 装配辅助静触头时，要防止卡住动触头。

④ 通电校验过程中，要均匀、缓慢地改变调压变压器的输出电压，以使测量结果尽量准确。

4.1.2 继电器

继电器是一种根据输入信号（电量或非电量）的变化，接通或断开小电流电路，实现电动机或线路的保护及各种生产机械的自动控制。继电器一般不直接控制电流较大的主电路，而是通过接触器或其他电器对主电路进行控制。同接触器相比，其触头分断能力小、结构简单、体积小、质量轻、反应灵敏、动作准确、工作可靠。

继电器主要由感测机构、中间机构和执行机构三部分组成。感测机构把感测到的电量或非电量传递给中间机构，并将它与预定值相比较，当达到预定值（过量或欠量）时，中间机构便执行机构动作，从而接通或断开电路。

按输入信号的性质可将继电器分为：中间继电器、热继电器、时间继电器、电流继电器、电压继电器、速度继电器、压力继电器、固态继电器、功率继电器。

4.1.2.1 热继电器

热继电器是依靠负载电流通过发热元件时即产生热量，当负载电流超过允许值，所产生的热量增大到使动作机构随之而动作的一种保护电器，主要用途是保护电动机的过载及对其他发热电气设备发热状态的控制。

热继电器按结构可分为两种：双金属片式热继电器和热敏电阻式热继电器。按额定电流等级分为 10A、40A、100A 和 160A 4 种。按极数分为 2 极、3 极（3 极中有带断相保护和不带断相保护的）两种。

热继电器的图形、文字符号见图 4-2。

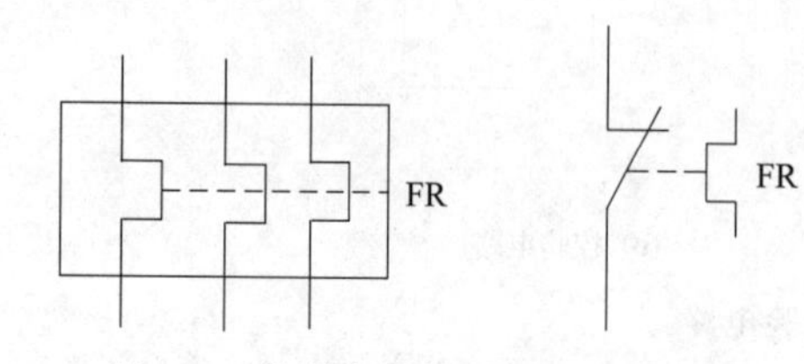

图 4-2　热继电器的图形、文字符号

选择热继电器主要根据所保护电动机的额定电流，来确定热继电器的规格和热元件的电流等级，步骤如下：

① 根据电动机额定电流选择热继电器的规格。热继电器的额定电流应略大于电动机的额定电流。

② 根据需要的整定电流值选择热元件的电流等级。一般情况下，热元件的整定电流为电动机额定电流的 0.95～1.05 倍。如电动机驱动的是冲击性负载或启动时间较长及拖动的设备不允许停电的场合，热继电器的整定电流值可取电动机额定电流的 1.1～1.5 倍。如电动机的过载能力较差，热继电器的整定电流可取电动机的额定电流的 0.6～0.8 倍。同时，整定电流应留有一定的上下调整范围。

③ 根据电动机定子绕组的连接方式选择热继电器的结构形式，对 Y 接法一般使用普通（不带断相保护装置）的两相或三相热继电器；而对△接法，必须选用带断相保护装置的热继电器。

④ 选用热继电器时，还要充分考虑安秒特性。当过载的电流与额定电流的比值越大时，相应的热继电器动作时间越短，而在动作时间内，被保护电动机的过载不应超过允许值。为了充分利用电动机的过载能力，热继电器的动作时间不应远小于电动机允许发热的过载时间，这样还能够使电动机直接启动而不受短时过载电流的影响，避免造成误动作。

热继电器的安装与使用见表 4-4。

表 4-4 热继电器的安装与使用

项目		要求
安装	按说明书规定的方式安装	安装处的环境温度应与电动机处的环境温度基本相同。与其他电器安装在一起时，应注意将热继电器安装在其他电器的下方，以免其动作特性受影响
	清除尘污	安装时要清除触头表面尘污，以免因接触电阻过大或电路不通而影响动作性能
	接线	热继电器额定电流分别为 10A、20A 和 60A 时，连接导线应分别为截面积是 $2.5mm^2$ 和 $4mm^2$ 的单股铜芯塑料线和截面积是 $16mm^2$ 的多股铜芯橡胶线 热继电器的发热元件要串接在主电路中，并将电源从高些的接线端子引入，从低些的接线端子上引出（简称高进低出），其常闭触头一般串接在控制电路中
使用	定期通电校验	发生短路后，应检查热元件是否发生永久变形，如已变形，则需要通电校验。因热元件变形，或其他原因致使动作不准确时，只能调整部分，严禁弯折热元件
	确定复位方式	热继电器出厂时均调整为手动复位方式，如需自动复位，将复位螺钉顺时针方向旋转 3～4 周，并稍加拧紧即可
	保养	定期用布擦净尘埃或污垢，若发现双金属片上有锈斑，应用清洁棉布蘸汽油轻轻擦拭，严禁用砂纸打磨

4.1.2.2 时间继电器

时间继电器是利用电磁原理或机械动作原理实现触点延迟闭合或延迟断开的自动控制电器，广泛用于需要按时间顺序进行控制的电气控制线路中。

时间继电器的种类很多，常用的有电磁式、电动式、空气阻尼式、半导体式等。

电磁式：通过电磁力使继电器动作，再加阻尼机构进行延时。结构简单、价格低廉，但体积和质量较大，延时较短，且只能用于直流断电延时。

电动式：通过电动力使继电器动作，再加阻尼机构进行延时。延时精度高，延时可调范围大（由几分钟到几小时），但结构复杂，价格贵。

空气阻尼式：通过电磁力使继电器动作，利用气囊中的空气通过小孔节流原理获得延时动作，可做成通电或断电两种延时形式，目前在电力拖动线路中应用较多。具有结构简单、寿命长、价格低、延时范围大、不受电压和频率波动的影响等优点，但延时误差大、难以精确整定延时时间、易受环境影响。

半导体式：又称半导体时间继电器或电子式时间继电器，具有机械结构简单、延时范围广、精度高、功耗小、调整方便、使用寿命长等优点，所以发展迅速，应用越来越广泛。

时间继电器的文字符号为 KT，图形符号见图 4-3。

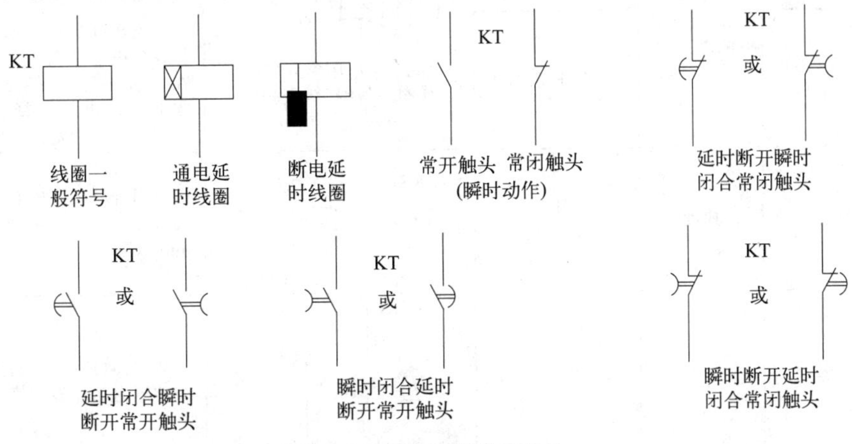

图 4-3 时间继电器的符号

选用时间继电器时，可按如下步骤进行。

① 根据系统的延时范围和精度选择时间继电器的类型和系列。在延时精度要求不高的场合，一般可选用价格较低的JS-7系列空气阻尼时间继电器；反之，对精度要求较高的场合可选用半导体式时间继电器。

② 根据控制电路要求选择时间继电器的延时方式（通电延时和断电延时），同时还应当考虑线路对瞬时动作触头的要求。

③ 根据控制线路的额定电压选择时间继电器吸引线圈的额定电压。

时间继电器的安装与使用见表4-5。

表4-5 时间继电器的安装与使用

项目		要求
安装	按说明书规定的方式安装	无论是通电延时型还是断电延时型，都必须使继电器在断电释放时，衔铁的运动方向垂直向下，其倾斜度不超过5°
	接线	除按要求连接好线圈和触头的接线外，其金属板上的接地螺钉必须与接地线可靠连接，确保使用安全
使用	整定延时时间	在不通电时预先整定好，并在试车时校验
	保养	要经常清除灰尘及油污，否则，延时误差将更大

4.1.2.3 其他继电器

其他继电器见表4-6。

表4-6 其他继电器

继电器		输入	常见型号	符号	说明
电流继电器	过电流	电流（线圈串接在被测电路中）	JT4系列 JL12系列 JL14系列	I< 欠电流线圈；I> 过电流线圈；常开触头；常闭触头	当继电器中的电流超过预定值时，引起开关电器有延时或无延时动作，对电动机和主电路实施过载和短路保护，主要用于频繁启动和重载启动的场合
	欠电流		JL14-Q等系列		当通过继电器的电流减小到低于其整定值时动作。其动作电流一般为线圈额定电流的30%～65%，释放电流为线圈额定电流的10%～20%
电压继电器	过电压	电压（线圈并接在被测电路中）	JT4-A系列	KV U< 欠电压线圈；KV U> 过电压线圈；KV 常开触头；KV 常闭触头	当电压大于其整定值时动作，动作电压可在105%～120%额定电压范围内调整，用于对电路或设备做过压保护
	欠（零）电压		JT4-P系列		当电压降至某一规定范围时动作。欠电压继电器的释放电压可在40%～70%额定范围内整定，零电压继电器的释放电压可在10%～35%额定范围内调节
速度继电器		速度	JY1型 JFZ0型	KS n 常开触头；KS n 常闭触头	动作转速一般不低于100～300r/min，复位转速约在100r/min以下
压力继电器		压力	YJ、YT126系列	KP p 常开触头；KP p 常闭触头	装在油（或气、水）路中，当管路中的压力超过整定值时动作

【技能训练】 常用继电器的识别

（1）训练目的

熟悉常用继电器的型号及外形特点，正确识别不同类型的继电器。

（2）器材设施

仪表：万用表。

元件：中间继电器、热继电器、时间继电器、电流继电器、电压继电器、速度继电器。

（3）训练步骤

① 熟悉各种类型继电器的型号含义，根据其铭牌上所标明的型号判别继电器的类型。

② 初步判定继电器的类别后，仔细观察不同系列、不同规格继电器的外形和结构特点，注意比较各类继电器外形和结构的不同之处。

③ 由指导教师或同学任意选出各种类型的继电器 7 件，用胶布盖住铭牌。

④ 将遮盖铭牌的继电器的名称、型号规格、动作值（或释放值）及整定范围填入表中。

⑤ 用万用表检测各继电器触头的通断情况，判断触头的类型，常开或各种继电器的触头数（常开和常闭）。

（4）注意事项

① 训练过程中注意不得损坏继电器。

② JT4 系列电压继电器与电流继电器的外形和结构相似，但线圈不同，应注意它们的区别。

4.1.3 熔断器

熔断器俗称保险丝，是借助于熔体在电流超出限定值时熔化、分断电流的一种用于过载和短路保护的电器。熔断器结构简单，体积小，重量轻，使用、维护方便，故无论在强电系统或弱电系统中都得到了广泛应用。

熔断器一般由熔体、熔管和熔座等几部分组成。熔体是熔断器的主要组成部分，常做成丝状、片状或栅状；熔管是熔体的保护外壳，在熔体熔断时具有灭弧作用，一般用耐热绝缘材料做成；熔座是熔断器的底座，用来固定熔管和外接引线。

笔记

4.1.3.1 常用低压熔断器

（1）瓷插式熔断器

瓷插式熔断器又称瓷插保险，如图 4-4 所示。它是 RCIA 型熔断器，由瓷底座、瓷盖、静触头、动触头及熔丝 5 部分组成。熔丝装在瓷盖上两个动触头之间，电源和负载线可分别

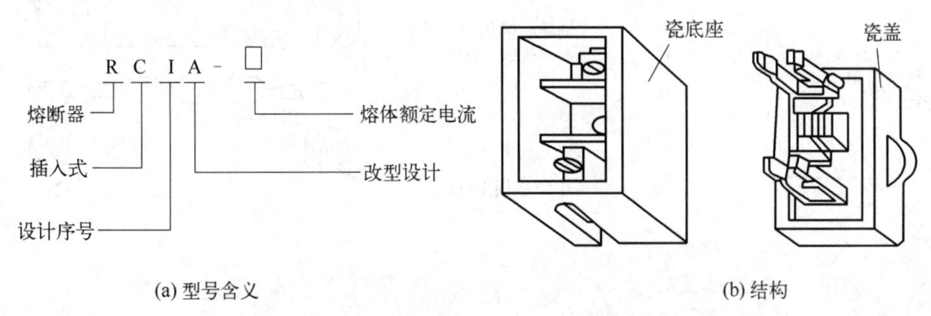

(a) 型号含义　　(b) 结构

图 4-4 RCIA 系列瓷插式熔断器

接在瓷底座两端的静触头上，瓷底座中有一个空腔，与瓷盖突出部分构成灭弧室。RCIA 型熔断器的断流能力小，适用于 500V、60A 以下的线路中，作为电气设备的短路保护及一定程度的过载保护。

（2）螺旋式熔断器

图 4-5 所示是螺旋式熔断器，主要由瓷帽、熔断管、瓷套、上接线座、下接线座及瓷座组成。熔丝焊接在瓷管两端的金属盖上，其中一端有一个标有不同颜色的熔断指示器，当熔丝熔断时，熔断指示器自动脱落，此时只需更换同规格的熔断管即可。熔断管中除装有熔丝外，熔丝周围还填满了石英砂，作灭弧用。螺旋式熔断器断流能力强、安装面积小、更换熔管方便、安全可靠，它主要用于工作电压 500V、电流 200A 以下的交流电路中。

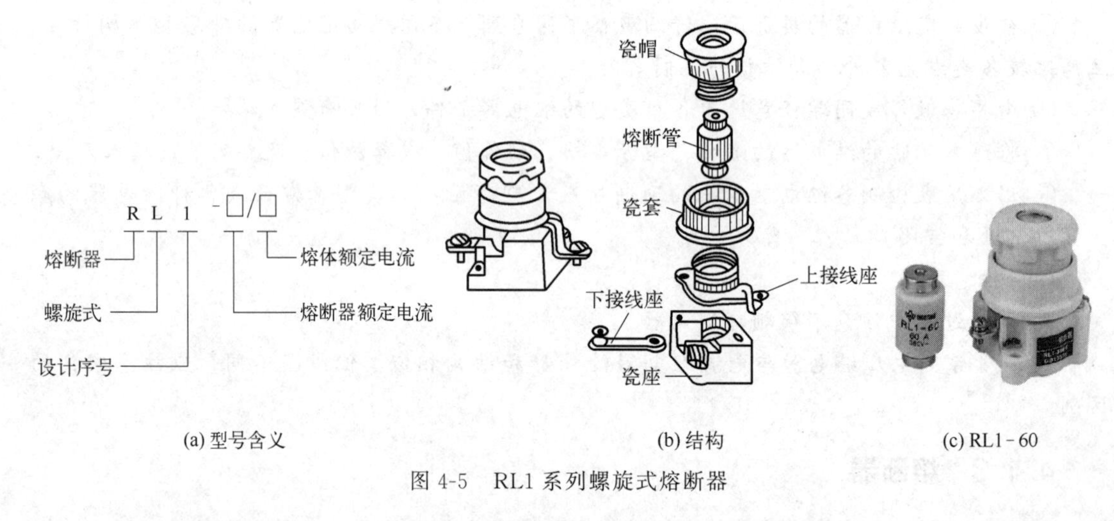

图 4-5　RL1 系列螺旋式熔断器

（3）管式熔断器

管式熔断器有两种：一种是无填料封闭管式熔断器，有 RM2、RM3 和 RM10 等系列；另一种是有填充料封闭管式熔断器，有 RT0 系列。图 4-6 所示为无填充料封闭管式熔断器。图 4-7 所示为有填充料封闭管式熔断器。

笔记

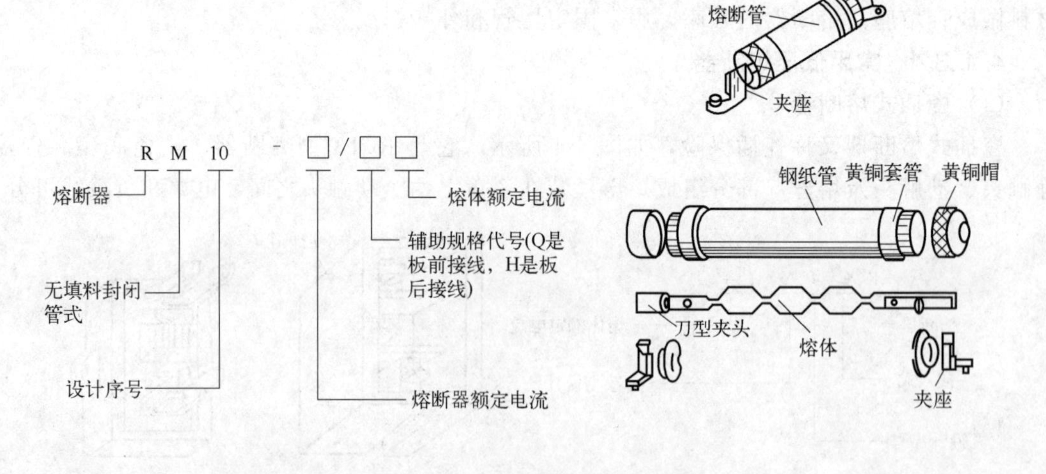

图 4-6　RM10 系列无填充料封闭管式熔断器

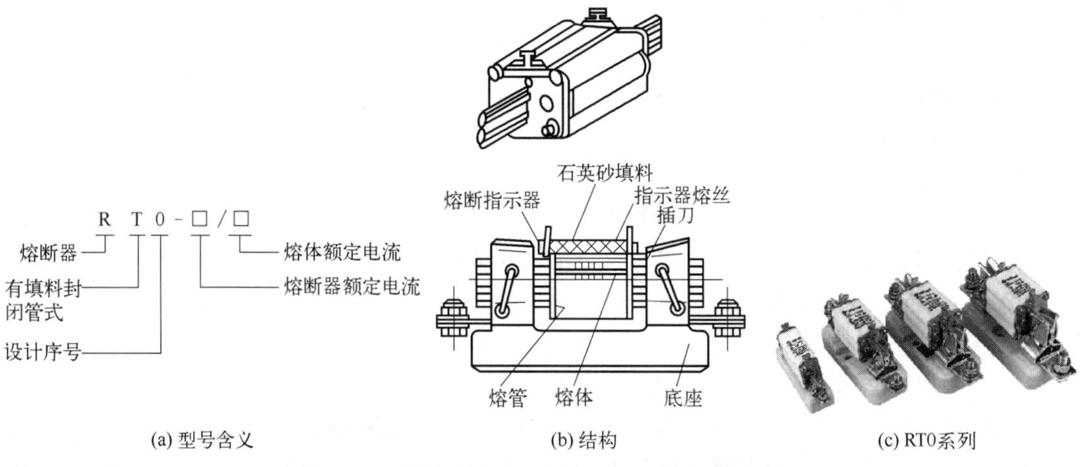

(a) 型号含义　　(b) 结构　　(c) RT0系列

图 4-7　有填充料封闭管式（RT0 系列）熔断器

无填充料封闭管式熔断器由熔断管、熔体夹头和夹座等部分组成，断流能力大，保护性好，主要用于交流电压 500V、直流电压 400V 以内的电力网和成套配电设备中，作为短路保护和防止连续过载使用。

有填充料封闭管式熔断器由熔管、底座、夹头及夹座等部分组成，比无填充料封闭管式熔断器断流能力大，可达 50kA，主要用于具有较大短路电流的低压配电网。

（4）快速熔断器

快速熔断器又称半导体器件保护用熔断器，具有快速熔断的特性，主要用于半导体功率元件或变流装置的短路保护，熔断时间可在十几毫秒以内。常用的快速熔断器有 RS 和 RLS 系列。

（5）自复式熔断器

自复式熔断器的熔体由非线性电阻元件（如金属钠等）制成，在特大短路电流产生的高温下，熔体汽化，阻值剧增，即瞬间呈现高阻状态，从而能将故障电流限制在较小的数值范围内。当温度恢复正常后，自复熔断器又恢复为低阻状态。

笔记

4.1.3.2　主要技术参数

额定电压：熔断器长期工作时和分断后能够承受的电压，其电压值一般等于或大于电气设备的额定电压。熔断器的额定电压值有 220V、380V、500V、600V、1140V 等规格。

额定电流：熔断器能长期通过的电流，即在规定的条件下可以连续工作而不会发生运行变化的电流，它取决于熔断器各部分长期工作时的允许温升。使用中，熔体的额定电流不能大于熔断器的额定电流。熔断器额定电流值有 2A、4A、6A、8A、10A、12A、16A、20A、25A、32A、40A、50A、63A、80A、100A、125A、160A、200A、215A、315A、400A、500A、630A、800A、1000A、1250A 等规格。

额定功率损耗：熔断器通过额定电流时的功率损耗，不同类型的熔断器都规定了最大功率损耗值。

分断能力：通常是指熔断器在额定电压及一定的功率因数下切断的最大短路电流。

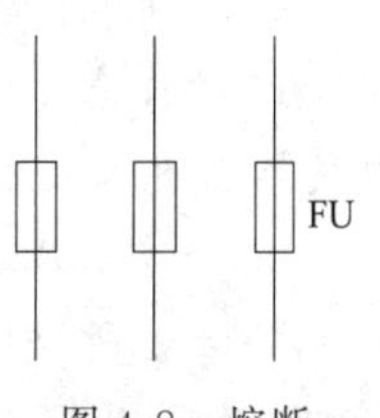

图 4-8　熔断器的符号

4.1.3.3　熔断器的符号

熔断器的符号如图 4-8 所示。

4.1.3.4 熔断器的选择

(1) 选择类型

根据使用场合选择合适的熔断器类型。

(2) 选择熔体的额定电流

按下列原则选择熔体的额定电流。

阻性负载：大于或等于负载电流的1.1倍。

单台电动机：大于或等于电动机额定电流的1.5～2.5倍。

多台电动机：大于或等于容量最大的一台电动机的额定电流的1.5～2.5倍，并加上其他各台电动机额定电流的总和。

(3) 选择熔断器的额定电压和额定电流

熔断器的额定电压必须大于或等于线路的额定电压；熔断器的额定电流必须大于或等于所装熔体的额定电流；采用多级熔断器保护时，要注意各级间的协调，保证下一级比上一级先熔断，避免出现越级熔断。

4.1.3.5 熔断器的安装与使用

① 插入式熔断器应垂直安装。螺旋式熔断器的电源线应接在瓷底座的下接线座上，负载线接在螺纹壳上的接线座上，简称低进高出。

② 熔断器内要安装合格的熔体，不能用小规格的熔体并联代替大规格的熔体。

③ 安装熔断器时，各级熔断器要相互配合，做到下一级熔体规格比上一级规格小。

④ 安装熔丝时，熔丝应在螺栓上沿顺时针方向缠绕，压在垫圈下。

⑤ 更换熔体或熔管时，要切断电源，绝不允许带负荷操作。

⑥ RM10系列熔断器，切断过三次相当于分断能力的电流后，须更换熔断管。

⑦ 熔断器兼作隔离器件使用时，应安装在控制开关的电源进线端；若仅作短路保护用，应装在控制开关的出线端。

【技能训练】 熔断器的检修

笔记

(1) 训练目的

熟悉常用低压熔断器的外形、结构，掌握其常见故障的处理方法。

(2) 器材设施

仪表：万用表。

工具：螺钉旋具、尖嘴钳等。

元件：低压熔断器。

(3) 训练步骤

① 识别熔断器。

a. 仔细观察各种类型规格的熔断器的外形和结构特点。

b. 对任意10只用胶布盖住并编号的低压熔断器进行识别，将其名称、型号规格及主要组成部分填入表中。

② 检修低压熔断器。

a. 检查所给熔断器的熔体是否完好。对RCIA型，可拔下瓷盖进行检查；对RL1型，应首先查看其熔断指示器。

b. 若熔体已熔断，按原规格选配熔体。

c. 更换熔体。对 RCIA 系列熔断器，安装熔丝时熔丝缠绕方向要正确，安装过程中不得损伤熔丝。对 RL1 系列熔断器，熔断管不能倒装。

d. 用万用表检查更换熔体后的熔断器各部分接触是否良好。

(4) 注意事项

① 对于 RCIA 型熔断器，在更换熔体时，螺钉不能旋得太紧，否则会将熔丝挤压变形，从而改变熔断器的性能指标。

② 安装 RL1 系列熔断器的熔体时，要注意将熔断管放置正确，以免接触不良。

③ 安装完熔体后，要养成用万用表或其他可靠方式检验熔断器是否导通的习惯。在训练中，首先要仔细观察各种不同类型、规格的熔断器的外形及结构特点，然后再用万用表的电阻挡检查熔断器各部分是否接触良好。

4.1.4　低压断路器

低压断路器又叫自动空气断路器，简称断路器，是低压配电网络和电气传动系统中常用的一种配电电器。断路器集控制和多种保护功能于一体，在正常情况下可用于不频繁地接通和断开电路，以及控制电动机的运行；当电路中发生短路、过载和失电等故障时，能自动切断故障电路，保护线路和电气设备。

4.1.4.1　分类

常用低压断路器因结构不同分为塑壳（装置）式和万能式两类。在电气传动控制系统中常用的低压断路器是 DZ 系列塑壳式断路器。

4.1.4.2　技术参数

常用低压断路器的参数如表 4-7 所示。

表 4-7　常用低压断路器的参数

型　号		额定电压/V	分断能/A	厂商	备　注
小型家用塑壳型	DZ47-60C C45-C6/1P	230/400 230/400	6000 600	国产 梅兰日兰公司	每种自动空气开关具有多种极数和多种等级，其分断电流的能力不同，用途也不同
普通塑壳型	DZ10，T0，TG 系列 H 系列	交流 380/直流 220 660 直流 250/交流 380	≤42000 600 ≤3000	国产 日本寺崎公司 美国西屋公司	
万能型	DW10 DW16	交流 380/直流 440 660	≤4000 630	国产 国产	

4.1.4.3　低压断路器的选择

① 低压断路器的额定电压及其主触头的额定电流，应不小于电路的正常工作电压和工作电流。

② 热脱扣器的整定电流应与其所控制的电动机或其他负载的额定电流一致。

③ 电磁脱扣器的瞬时脱扣整定电流应大于负载电路正常工作时的峰值电流。

4.1.4.4　低压断路器的安装与使用

(1) 安装

① 应垂直于配电板安装。

② 使用前应将脱扣器工作面的防锈油脂擦干净。

③ 电源引线应接到上端，负载引线应接到下端。

④ 用作电源总开关或电动机的控制开关时，在电源进线侧必须加装刀开关或熔断器等，以形成明显的断开点。

(2) 使用

① 各脱扣器动作值一经调整好，不允许随意变动，以免影响其动作。

② 定期清除低压断路器上的积尘。

③ 定期检查各脱扣器动作值，给操作机构添加润滑剂。

④ 若遇分断短路电流，应及时检查触头系统，若发现电灼烧痕，应及时修理或更换。

【技能训练】 低压断路器的检修

(1) 训练目的

熟悉常用低压断路器的外形和基本结构，并能进行正确拆卸、组装及排除常见故障。

(2) 器材设施

工具：尖嘴钳、螺钉旋具、活络扳手、镊子等。

仪表：兆欧表、万用表。

器件：低压断路器。

(3) 训练步骤

① 识别低压断路器，写出型号含义。

② 拆开低压断路器的外壳，观察低压断路器的内部结构。

③ 模拟操作低压断路器，分析其主要部件的作用，理解其动作过程。

(4) 注意事项

① 拆卸时，应备有盛放零件的容器，以防零件丢失。

② 在不熟悉的情况下拆卸，可按顺序放置零件，然后按逆序装配。

③ 拆卸过程中，不允许硬撬，以防损坏电器。

4.1.5 刀开关

刀开关按极数分有单极、双极和三极，它由操作手柄、刀片、触头座和底板等组成。刀开关在低压电路中作为不频繁接通和分断电路用，或用来将电路与电源隔离。刀开关的种类很多，在电气传动控制线路中最常用的是由刀开关和熔断器组合而成的负荷开关。负荷开关分为开启式负荷开关和封闭式负荷开关两种。

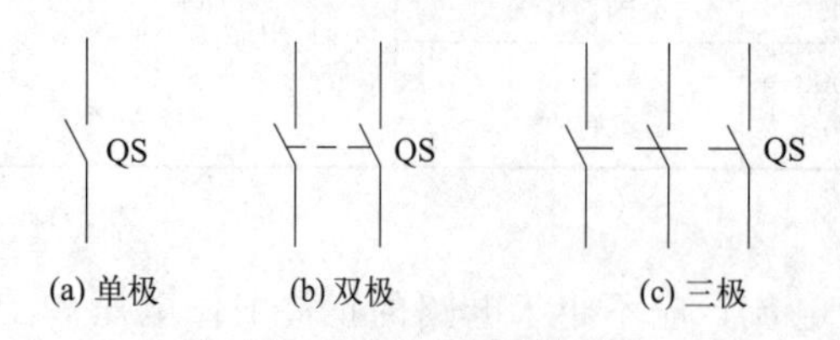

图 4-9 刀开关的符号

刀开关的符号如图 4-9 所示。

常用刀开关的型号、结构、安装及使用见表 4-8。

刀开关在长期的使用过程中，由于电蚀和过热，会使刀片与刀座失去弹性，产生接触不良，使设备不能工作，严重时会烧毁电动机。在日常维护中，应注意刀开关的温度，刀开关进出线的连接螺钉应拧紧。

【技能训练】 刀开关的检修

(1) 训练目的

熟悉常用刀开关的外形和基本结构，并能进行正确拆卸、组装及排除常见故障。

表 4-8 常用刀开关的型号、结构、安装及使用

种类	型号及含义	结构	选用	安装与使用
开启式负荷开关	HK□-□ 额定电流 设计序号 开启式负荷开关	由刀开关和熔断器组成	①用于照明和电热负载时，选用额定电压220V或250V，额定电流不小于电路所有负载额定电流之和的两极开关 ②用于控制电动机的直接启动和停止时，选用额定电压380V或500V，额定电流不小于电动机额定电流3倍的三极开关	①必须垂直安装，且合闸状态时手柄朝上 ②控制照明和电热负载使用时，要装接熔断器作短路和过载保护 ③更换熔体时，必须在刀开关断开的情况下，按原规格更换 ④在断开和闭合操作时，应动作迅速，使电弧尽快熄灭
封闭式负荷开关	HH4-□/□ 极数 额定电流 设计序号 封闭式负荷开关	由刀开关、熔断器、操作机构和外壳组成，操作机构有机械联锁装置，保证壳盖打开时不能合闸。另外，在操作机构中有速动弹簧，使刀开关能快速接通和切断电路	①额定电压应不小于线路工作电压 ②用于控制照明、电热负载时，开关的额定电流应不小于所有负载额定电流之和；用于控制电动机时，开关的额定电流应不小于电动机额定电流的3倍	①必须垂直安装；高度一般离地不低于1.3～1.5m ②外壳必须可靠接地 ③进出线都必须穿过开关的进出线孔 ④通断操作时，人应站在开关的手柄侧，不准面对开关，以免因意外故障电流使开关爆炸，铁壳飞出伤人

(2) 器材设施

工具：尖嘴钳、螺钉旋具、活络扳手、镊子等。

仪表：兆欧表、万用表。

器件：刀开关。

(3) 训练步骤

① 识别刀开关，写出型号含义。

② 拆开刀开关的外壳，观察刀开关的内部结构。

③ 模拟操作刀开关，分析其主要部件的作用，理解其动作过程。

(4) 注意事项

① 拆卸时，应备有盛放零件的容器，以防零件丢失。

② 在不熟悉的情况下拆卸，可按顺序放置零件，然后按逆序装配。

③ 拆卸过程中，不允许硬撬，以防损坏电器。

笔记

4.1.6 组合开关

组合开关又称转换开关，是供两种或两种以上电源或负载转换用的电器，常用于交流50Hz、380V以下及直流220V以下的电气线路中，供手动不频繁地接通和断开电路、换接电源和负载，以及控制5kW以下小容量异步电动机的启动、停止和正反转。

组合开关由动触头、静触头、方形转轴、手柄、定位机构及外壳等组成。它的动触头分别叠装于数层绝缘壳内，当转动手柄时，每层的动触片随方形转轴一起转动，并使静触片插入相应的动触片中，使电路接通。

组合开关的优点是体积小、结构简单、操作方便、灭弧性能较好，使控制回路或测量回

路线路简化，并避免操作上的失误和差错。

组合开关的符号如图 4-10 所示。

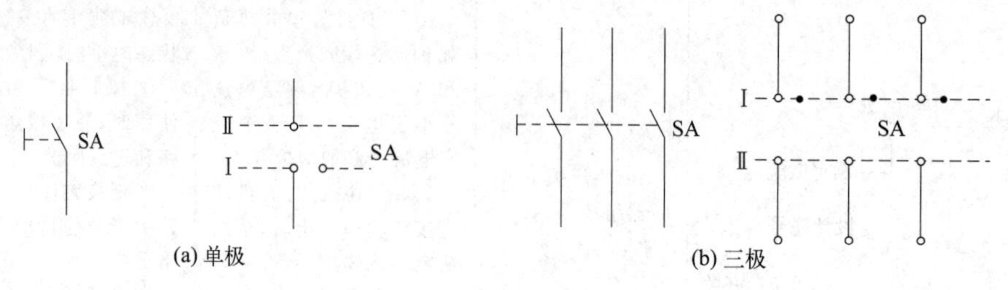

图 4-10 组合开关的符号

4.1.6.1 组合开关的选择

选用组合开关时，应根据用电设备的耐压等级、容量和极数等综合考虑，用于控制小型电动机不频繁全压启动时，容量应大于电动机额定电流的 2.5 倍，切换次数不宜超过 20 次/h；用于控制电动机正反转，在从正转切换到反转的过程中，必须先经过停止位置，待电动机停止后，再切换到反转位置；用于控制照明或电热设备时，其额定电流应等于或大于被控制电路中各负载电流之和。

4.1.6.2 组合开关的安装和维护

① 选择组合开关时，应注意检查转换各挡是否灵活、可靠，有无转换不良的现象。

② 各触点容易受电弧损坏，要经常检查。如果触点氧化，可用砂纸打磨，去除氧化层。

③ 按产品使用说明书规定的分断负载能力使用，避免过载、损坏电器或危及人身安全。

【技能训练】 组合开关的识别

(1) 训练目的

熟悉常用组合开关的外形和基本结构，并能进行正确拆卸、组装及排除常见故障。

(2) 器材设施

工具：尖嘴钳、螺钉旋具、活络扳手、镊子等。

仪表：兆欧表、万用表。

器件：组合开关。

(3) 训练步骤

① 识别组合开关，写出型号含义。

② 拆开组合开关的外壳，观察组合开关的内部结构。

③ 模拟操作组合开关，分析其主要部件的作用，理解其动作过程。

(4) 注意事项

① 拆卸时，应备有盛放零件的容器，以防零件丢失。

② 在不熟悉的情况下拆卸，可按顺序放置零件，然后按逆序装配。

③ 拆卸过程中，不允许硬撬，以防损坏电器。

4.1.7 主令电器

主令电器主要用于切换控制电路，通过它来发出指令或信号，以便控制电力拖动系统及其他控制对象的启动、运转、停止或状态的改变。根据被控线路的多少和电流的大小，主令电器可以直接控制，也可以通过中间继电器进行间接控制。

主令电器按其功能分为五类：控制按钮、行程开关、万能转换开关、接近开关、主令控制器。

4.1.7.1　控制按钮

控制按钮有时也称为按钮，主要用于远距离操作接触器、启动器、继电器等具有控制线圈的电器，或用于发出信号及电气联锁的线路中。控制按钮一般由按钮帽、复位弹簧、触点、接线柱及外壳组成，其结构与图形符号见表 4-9。控制按钮的触点一般允许通过的电流较小，最多不超过 5A。

表 4-9　控制按钮的结构与图形符号

名称	常闭按钮(停止按钮)	常开按钮(启动按钮)	复 合 按 钮
符号	SB	SB	SB
结构			按钮帽 复位弹簧 支柱连杆 常闭静触头 桥式动触头 常开静触头 外壳

（1）按钮的选用步骤

① 根据使用场合，选择按钮的种类，如开启式、保护式和防水式。

② 根据具体用途选择按钮的形式，如一般式、旋钮式和紧急式。

③ 根据控制回路的需要，确定不同的按钮数。

④ 根据工作状态和工作情况要求选择按钮或指示灯的颜色。为了便于操作人员识别，避免发生误操作，生产中用不同的颜色和符号标志来区分按钮的功能及作用。按钮颜色的含义见表 4-10。

表 4-10　按钮颜色的含义

颜　色	含　义	说　明
红	紧急	危险或紧急情况时操作
黄	异常	异常情况时操作
绿	安全	安全情况或正常情况时操作
蓝	强制性的	要求强制动作情况时操作
白	未赋予特定含义	除急停以外的一般功能的启动
灰		
黑		

（2）按钮的安装与使用

① 控制按钮安装在面板上时，应根据电动机启动的先后顺序，按从上到下或从左到右的顺序排列，布置整齐，排列合理。

② 同一设备运动部件有几种不同的工作状态时，应使每一对相反状态的按钮安装在一起。

③ 按钮的安装应牢固，金属外壳应可靠接地。由于按钮的触头间距较小，所以应注意保持触头间的清洁。

4.1.7.2 行程开关

行程开关又称限位开关或位置开关，它是利用生产机械的某些运动部件与其传动部位发生碰撞，令其内部触点动作，分断或闭合电路，从而限制生产机械的行程、位置或改变其运动状态，指令生产机械停车、反转、变速运动或自行往返运动等。

行程开关一般是由微动开关、操作机构及外壳等部分组成。为适应生产机械对行程开关的碰撞，行程开关与生产机械的碰撞部分有不同的结构形式。常见的碰撞部分有直动式（按钮式）和滚轮式（旋转式）。其中滚轮式又有单滚轮式和双滚轮式。其结构与符号如表 4-11 所示。

表 4-11 行程开关的结构与符号

项目	直动式(按钮式)	单滚轮式(旋转式)	双滚轮式
文字符号	SQ	SQ	SQ
图形符号	SQ 常开触点	SQ 常闭触点	SQ 复合触点
结构			

(1) 行程开关的选用

① 根据应用场合及控制对象选择种类。

② 根据安装环境选择防护形式。

③ 根据控制回路的额定电压和电流选择系列。

④ 根据机械与行程开关的传力与位移关系选择合适的操作触头形式（如直动式、单滚轮式或双滚轮式等）。

(2) 行程开关的安装与使用

① 安装行程开关时，安装位置要准确，安装要牢固；滚轮的方向不能装反，挡铁与其碰撞的位置应符合控制线路的要求，并确保能可靠地与挡铁碰撞。

② 行程开关在使用时，要定期检查和保养，经常检查其动作是否灵活、可靠，及时排除故障。

4.1.7.3 万能转换开关

万能转换开关是多种配电设备的远距离控制开关。它的挡位多、触点多，所以可控制多个电路，更适用于控制复杂线路，故有“万能”之称。一般用于小容量电动机的启动、正反转、制动、调速和停车的控制，也可用作电压表、电流表的换向开关。

（1）万能转换开关的型号及含义

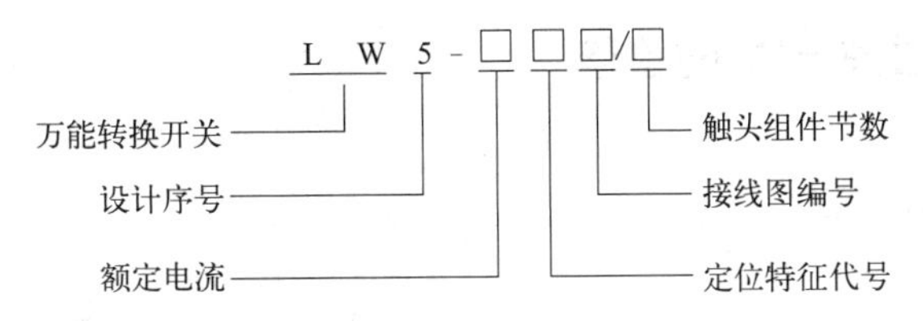

（2）万能转换开关的结构和符号

常用的万能转换开关有 LW5 和 LW6 两个系列。图 4-11 为 LW5 万能转换开关的外形图，工作有 3 挡，可分别接通不同的触点。图 4-12 为万能转换开关的符号。

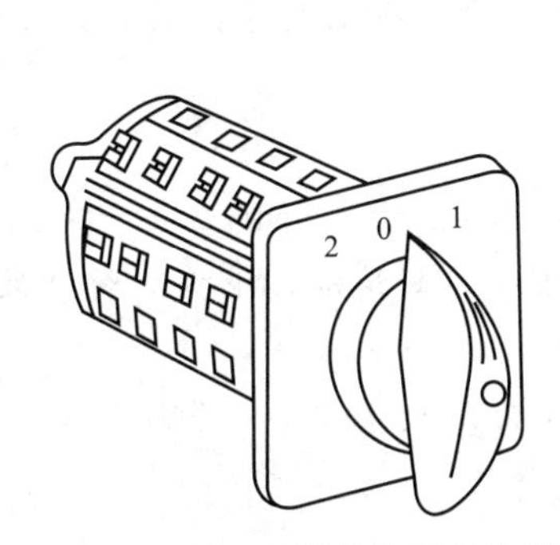

图 4-11　LW5 万能转换开关外形

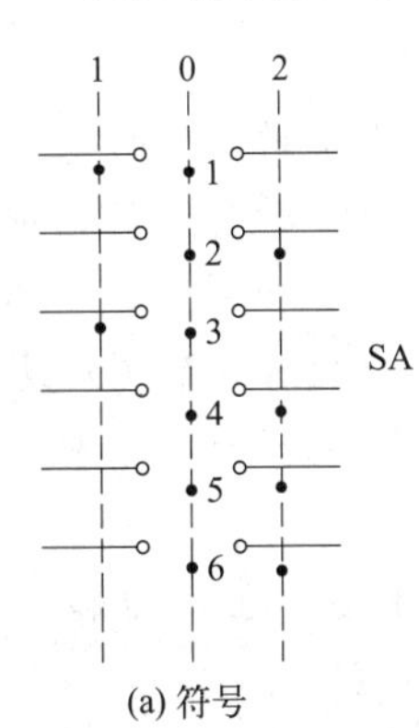

(a) 符号

触点号	1	0	2
1	×	×	
2		×	×
3	×	×	
4		×	×
5		×	×
6		×	×

(b) 触头分合表

图 4-12　万能转换开关的符号

（3）万能转换开关的使用

① 万能转换开关的安装位置应与其他电气元件或机床的金属部件有一定间隙，以免在通断过程中因电弧喷出而发生短路。

② 万能转换开关本身不带保护，使用时必须与其他电器配合。

③ 万能转换开关一般水平安装在屏板上，但也可以倾斜或垂直安装。

4.1.7.4　主令控制器

主令控制器（也叫主令开关）是用于频繁地按照预定程序操纵多个控制电路的主令电器，用它通过接触器来实现控制电动机的启动、制动、调速及反转，其触头的工作电流不大。

主令控制器的选择及使用注意事项如下。

① 主令控制器主要根据使用环境、所需控制的电路数、触头闭合顺序进行选择。

② 主令控制器投入运行前，应使用 500V 或 1000V 兆欧表测量其绝缘电阻，绝缘电阻一般应大于 0.5MΩ，同时根据接线图检查接线是否正确。

③ 主令控制器外壳上的接地螺栓应与接地网可靠连接。

④ 主令控制器不使用时手柄应停在零位。

4.1.7.5　接近开关

接近开关又称晶体管无触头位置开关，是一种近代发展的与有触点相对应的“无触点行程开关”，主要用于机床及自动生产线的定位计数及信号输出。它具有精度高、操作频率高、寿命长、耐冲击振动、耐潮湿、体积小等优点。

接近开关的结构种类较多，通常可分为高频振荡型、电磁感应型、电容型、永磁型、光电型、超声波型等，其形式有插接式、螺纹式、感应头外接式等，主要根据不同使用场合和安装方式来确定。

【技能训练】 主令电器的检修

(1) 训练目的

认识常用主令电器，并对它们进行正确的拆装和检修。

(2) 器材设施

工具：测电笔、螺钉旋具、尖嘴钳、电工刀、活络扳手等。

仪表：兆欧表、万用表。

器件：按钮、行程开关、万能转换开关、主令控制器。

(3) 训练步骤

① 熟悉各种类型主令电器的型号含义，根据其铭牌上所标明的型号判别电器的类型。

② 仔细观察各类主令电器的外形及内部结构。

③ 主令控制器的测量。

a. 用兆欧表测量主令控制器各触头对地电阻，其值应不小于0.5MΩ。

b. 用万用表依次测量手柄置于不同位置时各对触头的通断情况，根据测量结果作出主令控制器的触头分合表。

④ 检修按钮和行程开关。在按钮和行程开关上人为地设置2～3个故障点，并排除故障。

(4) 注意事项

① 按钮和行程开关在拆卸时，应备有盛放零件的容器，以防零件丢失。

② 打开万能转换开关和主令控制器外壳后，应仔细观察其结构和动作过程，但不能任意拆卸。

③ 拆卸、检修过程中，严禁硬撬，以免损坏元器件。

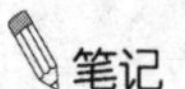

任务4.2 电动机与控制技术

知识与能力目标

(1) 熟悉电气控制线路的文字符号。

(2) 掌握电气控制线路图的识读方法。

(3) 掌握电动机的结构、型号及用途，能正确选择、控制和维护电动机。

(4) 掌握变频调速的原理，熟悉变频器的分类和使用方法。

(5) 能根据实际情况进行选择、安装和检修。

4.2.1 电气控制线路的文字符号及识读

4.2.1.1 文字符号

电气线路常用辅助文字符号如表4-12所示。

4.2.1.2 电气控制线路图的识读

电气图的种类较多，对各类电气图的读图要求和目的各有侧重，因此，各类图的识读方法和步骤也不尽相同。

表 4-12　电气线路常用辅助文字符号

名称	新符号	旧符号		名称	新符号	旧符号	
		单符号	多符号			单符号	多符号
高	H	G	G	直流	DC	ZL	Z
低	L	D	D	交流	AC	JL	Y
升	U	S	S	电流	A	L	L
降	D	J	J	时间	T	S	S
主	M	Z	Z	闭合	ON	BH	B
辅	AUX	F	F	断开	OFF	DK	D
中	M	Z	Z	附加	ADD	F	F
正	FW	Z	Z	异步	ASY	Y	Y
反	R	F	F	同步	SYN	T	T
红	RD	H	H	自动	AUT	Z	Z
绿	GN	L	L	手动	MAN	S	S
黄	YF	U	U	启动	ST	Q	Q
白	WH	B	B	停止	STP	T	T
蓝	BL	A	A	控制	C	K	K
				信号	S	X	X

（1）电气图识读的一般方法

① 阅读图样说明。图样说明包括图纸目录、技术说明、器材（元件）明细表及施工说明书等。识图时，先看图样说明，了解工程的整体轮廓、设计内容及施工的基本要求，这有助于了解图样大体情况，抓住识图重点。

② 系统模块分解。对原理图、逻辑图、流程图等按功能模块分解，对接线图按安装制作位置模块分解，化大为小，通过模块的组成和特点的分析，有助于理解系统的工作原理、功能特点和安装方式要求。

③ 导线和元器件识别。分清电气图中的动力线、电源线、信号控制线、负载线等导线的线型、规格和走向，识别元器件及设备的型号、规格参数及在图中的作用，必要时可查阅元器件或设备手册。这种细化的识读方式，是对系统全面地分析理解所必需的，也是安装、调试和维修的基础。

④ 整理识读结果。电气图识读结束后应整理出必要的文字说明，指出电气图的功能特点、工作原理、主要元器件和设备、安装要求、注意事项等。这种文字说明对简单的电气图可十分扼要，甚至没有，但对于复杂的电气图则必须要有，而且是技术资料的组成部分。

（2）识读电气原理图的方法

电气控制原理图是根据电气控制系统的工作原理，采用电气元件展开的形式给出的，形式上概括了所有电气元件的导电部分和接线端子。电气控制原理图并非按电气元件的实际外形和位置来绘制，而是按其在控制中的作用画出的。

① 根据电工基本原理，在图纸上首先分出主电路和辅助电路。主电路是给用电器（电动机、电弧炉等）供电的电路，是受辅助电路控制的电路。主电路习惯用粗实线画在图纸的左边或上部。辅助电路是给控制元件供电的电路，是控制主电路动作的电路。辅助电路习惯用细实线画在图纸的右边或下部。实际电气原理图中主电路一般比较简单，用电器数量较少；而辅助电路比主电路要复杂，控制元件也较多。

② 识读电气原理图的步骤和方法。先看主电路，后看辅助电路。

a. 识读主电路的具体步骤。

第一步：看用电器。首先看清楚主电路中有几个用电器，它们的类别、用途、接线方式以及一些不同的要求等。

第二步：看清楚主电路中用电器，用几个控制元件控制。

第三步：看清楚主电路除用电器以外还有哪些元器件以及这些元器件的作用。

第四步：看电源。要了解电源的种类和电压等级，分清是直流电源还是交流电源。直流电源有的是直流发电机，有的是整流设备，电压等级有660V、220V、110V、24V、12V、6V等；交流电源多由三相交流电网供电，有时也由交流发电机供电，电压等级有380V、220V等。

b. 识读辅助电路的具体步骤和方法。

第一步：看辅助电路的电源，分清辅助电路电源种类和电压等级。辅助电路的电源有两种，一种是交流电源，一种是直流电源。

若同一个电路中主电路电源为交流电源，而辅助电路电源为直流电源，一般情况下，辅助电路是通过整流装置供电的。若在同一个电路中主电路和辅助电路的电源都为交流电源，则辅助电路的电源一般引自主电路。

辅助电路中的控制元件所需的电源种类和电压等级必须与辅助电路电源种类和电压等级相一致，绝不允许将交流控制元件用于直流电路，否则控制元件通电会烧毁交流线圈；也不允许将直流控制元件用于交流电路，否则控制元件通电也不会正常工作。

第二步：弄清辅助电路中每个控制元件的作用，弄清辅助电路中控制元件对主电路用电器的控制关系。

辅助电路是一个大回路，而在大回路中经常包含若干个小回路，每个小回路中有一个或多个控制元件。主电路的电器越多，则辅助电路的小回路和控制元件也越多。

第三步：研究辅助电路中各个控制元件之间的制约关系。在电路中电气设备、装置、控制元件不是孤立存在的，而相互之间有密切联系，有的元器件之间是控制与被控制的关系，有的是相互制约关系，有的是联动关系。

笔记

c. 识读原理展开图。原理展开图通常属于电气原理图中的控制电路部分。识读时必须参照整个电路原理图对展开图从左向右或自上而下分析。首先应按列或行一个支路、一个支路地依照顺序读通，有时性质不同的支路是交错画在一起的，就要跳过无关的支路，找到有关的支路，在整张展开图中，把与这个支路有联系的所有支路都找到。在读具体支路时，要先找到继电器线圈的启动支路，然后寻找该继电器的触点支路。一个继电器往往有几对触点，所有与该继电器有关的触点支路都要找到。要注意的是，这种图中同一元件的不同部分不一定在同一个地方，元件的触点和线圈可能接在不同回路中，看图时不要遗漏。

(3) 识读电气接线图的方法和步骤

识读电气接线图，要弄清电气原理图，结合电气原理图看电气接线图是看懂电气接线图最好的方法。

第一步：分析清楚电气原理图中主电路和辅助电路所含有的元器件，弄清楚每个元器件动作原理；要特别弄清辅助电路控制元件之间的关系，弄清辅助电路中控制元件与主电路的关系。

第二步：弄清电气原理图和接线图中元器件的对应关系。同一个元器件在两种电路图中的绘制方法可能不同，在原理图中同一元件的线圈和触点画在不同位置，而在接线图中同一元件的线圈和触点是画在一起的。

第三步：弄清电气接线图中接线导线的根数和所用导线的具体规格。在接线图中每两个接线柱之间需要一根导线，在有些接线图中并不标明导线的具体型号和规格，而是将所有元器件和导线型号规格列入元件明细表中。

第四步：根据电气接线图中的线号研究主电路的线路走向。分析主电路时从电源引入线开始，根据电流流向，依次找出接主电路用电器所经过的元器件。电路引入线规定用文字符号 L1、L2、L3 或 U、V、W 表示三相交流电源的三根相线。

第五步：根据线号研究辅助电路的走向。在实际接线中，主电路和辅助电路是按先后顺序接线的，另外，主电路和辅助电路所用导线型号规格也不相同。分析辅助电路时从辅助电路的电源引入端开始，根据假定电流方向，依次研究每条支路的线路走向。

4.2.2　电动机与控制

目前，电力拖动系统中拖动生产机械运行的原动机包括直流电动机和交流电动机两大类。其中交流电动机又包括异步电动机和同步电动机两种。电动机主要类型如表 4-13 所示。

表 4-13　电动机主要类型

<table>
<tr><td rowspan="4">交流电动机</td><td rowspan="3">异步电动机</td><td rowspan="2">三相异步电动机</td><td>笼型异步电动机</td></tr>
<tr><td>绕线型异步电动机</td></tr>
<tr><td colspan="2">单相异步电动机</td></tr>
<tr><td>同步电动机</td><td colspan="2">凸极式、隐极式</td></tr>
<tr><td>直流电动机</td><td colspan="3">他励直流电动机、并励直流电动机、串励直流电动机、复励直流电动机</td></tr>
</table>

4.2.2.1　直流电动机及其控制

与交流电动机比较起来，直流电动机具有良好的调速性能、较大的启动转矩和过载能力，比较容易控制，广泛地应用于对启动和调速性能要求较高的生产机械。但同时直流电动机也存在制造工艺复杂、生产成本较高、维修不便、有换向问题等不足。

直流电动机的工作原理是基于电磁力定律，即绕组电流在磁场中受力而产生电磁转矩。

（1）铭牌

直流电动机铭牌上的数据主要有：电动机型号、电动机额定功率、额定电压、额定电流、额定转速和额定励磁电流及励磁方式等。

电机的产品型号表示电机的结构和使用特点，国产电机的型号由汉语拼音字母和阿拉伯数字组成，其格式为：第一部分用大写的汉语拼音表示产品代号，第二部分用阿拉伯数字表示设计序号，第三部分用阿拉伯数字表示机座代号，第四部分用阿拉伯数字表示电枢铁芯长度代号。

电机铭牌上所标的数据称为额定数据，主要有下列几项：

额定功率 P_N：在额定条件下电机所能供给的功率。对于电动机，额定功率是指电动机轴上输出的机械功率；对于发电机，是指电枢出线端输出的电功率，单位为千瓦（kW）。

额定电压 U_N：电机电枢绕组能够安全工作的最大外加电压或输出电压，单位为伏（V）。

额定电流 I_N：电机在额定电压情况下，运行于额定功率时所对应的电流值，单位为安（A）。

额定转速 n_N：电机在额定电压、额定电流和输出额定功率的情况下运行时，电机的旋转速度，单位为转/分（r/min）。

笔记

额定励磁电流 I_{fN}：对应于额定电压、额定电流、额定转速及额定功率时的励磁电流，单位为安（A）。

励磁方式：指直流电动机的励磁线圈与其电枢线圈的连接方式。根据二者连接方式不同，直流电动机励磁有并励、串励和复励等方式。

直流电动机运行时，若各个物理量均为额定值，则称电动机运行于额定状态，也称为满载运行。若电动机的运行电流小于额定电流，称为欠载运行；若电动机的运行电流大于额定电流，则称为过载运行。

（2）直流电动机的结构

直流电动机主要由定子、转子、电刷装置、端盖、轴承、通风冷却系统等部件组成。

定子：定子由机座、主磁极、换向极、电刷装置和端盖等组成。它的主要作用是产生主磁场和作电动机的机械支架。

转子：又称电枢，主要由电枢铁芯、电枢绕组、换向器、转轴和风扇等组成。它的作用是产生电磁转矩或感应电动势，实现机电能量的转换。

（3）直流电动机的控制

① 他励直流电动机的启动。电动机接通电源后，转速由零上升到稳定转速的过程，称为启动过程，简称启动。他励直流电动机主要有直接启动、降压启动、电枢回路串电阻启动等启动方法。

直接启动：是将他励直流电动机的电枢绕组直接接到额定电压的电源上，这种方法启动电流很大，主要适用于容量为几百瓦以下的小容量电动机。

降压启动：直流电动机的电枢由可调直流电源供电。降压启动在启动过程中能量损耗小，启动平稳，多用于需要经常启动的场合和大中型直流电动机的启动。

电枢回路串电阻启动：启动时在电枢回路中串入电阻，串接的电阻越大，启动电流越小，串接适当的电阻，可将启动电流限制在允许的范围内。一般串接多段电阻，在启动过程中将电阻逐段切除，最后在所需的转速上稳定运行。

笔记

② 他励直流电动机的调速。改变电枢回路电阻、电源电压和气隙磁通三者中的任一个参数，都可以改变电动机的机械特性，实现转速调节。三种调速方法的性能评价如表 4-14 所示。

表 4-14　他励直流电动机三种调速方法的性能评价

调速指标	调速方法		
	电枢串电阻调速	降低电压调速	减弱磁通调速
调速过程	保持电源电压 $U=U_N$ 和气隙磁通 $\Phi=\Phi_N$ 不变，在电枢回路中串入不同阻值的电阻，外串电阻的阻值越大，机械特性的斜率越大，电动机的转速就越低	保持磁通 $\Phi=\Phi_N$，外加电阻 $R_{ad}=0$，降低电枢电压 U，调节电动机的转速	保持 $U=U_N$，$R_{ad}=0$，调节励磁回路附加电阻 R_{fad}，可以减小励磁电流 I_f，使磁通 Φ 减弱，调节电动机的转速
调速方向	从额定转速向下调速	从额定转速向下调速	从额定转速向上调速
静差率 μ（调速的相对稳定性）	μ 大（相对稳定性不好）	μ 小（相对稳定性好）	μ 大（相对稳定性不好）
调速范围 D（在一般静差率要求下）	小（无静差率要求时 2～3）	大（4～8）	小（一般为 1.2～2，特殊电动机为 3～4）
调速的平滑性	差（有级调速）	好（无级调速）	好（无级调速）

续表

调速指标		调速方法		
		电枢串电阻调速	降低电压调速	减弱磁通调速
调速时电动机的允许输出		恒转矩调速	恒转矩调速	恒功率调速
调速的经济性	初投资	小	大	小
	运行费用	多	少	少

③ 他励直流电动机的制动。他励直流电动机的制动方法有三类四种：能耗制动、反接制动（又分电源反接制动和倒拉反接制动）、回馈制动。四种制动方法的比较如表 4-15 所示。

表 4-15 他励直流电动机四种制动方法的性能评价

制动方法	能耗制动	电源反接制动	倒拉反接制动	回馈制动
制动过程	将正在运转的直流电动机切断电源，电枢接于附加电阻上	改变电枢电压的极性，电枢串入附加电阻	提升重物时串入较大电阻	在外部条件作用下使电动机加速至 $n>n_0$ 实现制动
特点	对反抗性负载，$n=0$ 时，$T=0$，可实现准确停车； 制动过程中不从电网输入电能，电动机储存的动能转换成电能消耗在电枢总电阻上； 设备简单、操作方便； 制动转矩随转速下降而减小，低速时制动效果较差	制动效果好，制动转矩比能耗制动的制动转矩要大，停车时间缩短，生产效率高； 对于要求频繁正反转的生产机械，可使正向停车和反向启动连续进行，缩短了从正转到反转的过渡时间； 制动过程中能量损耗较大； 对于要求制动停车的生产机械，在 $n=0$ 时，必须及时切断电源，否则电动机可能反向启动	设备简单，操作方便； 制动时电动机接在电源上，从电源吸取电能，同时下放重物时负载的位能也转换成电能，两部分电能都消耗在电枢回路总电阻上，制动过程中能量损耗大，经济性差； 电枢回路串电阻较大，机械特性软，转速稳定性差	不需改变接线，只要 $n>n_0$ 时，电动机就可以从电动状态自然转入回馈制动状态，线路简单，实现容易； 制动时电动机轴上的位能或动能转换成电能，只有小部分消耗在电枢电阻上，大部分回馈给电网，节省电能，经济性好
适合场合	适用于惯性不大、要求准确停车的拖动系统和低速匀速下放重物的提升系统	适用于频繁正反转，或系统惯性较大、要求迅速停车的生产机械	适用于提升系统低速匀速下放重物	适用于高速匀速下放重物的提升系统

4.2.2.2 交流电动机及其控制

交流异步电动机的定子绕组接上电源以后，依靠电磁感应作用，产生转子电流，因而也称为感应电动机。交流异步电动机结构简单，制造、使用和维护方便，运行可靠，重量轻，成本较低，是各种电动机中应用最广、需要量最大的一种电动机。

交流异步电动机按电源相数分为单相和三相两类；按电动机尺寸分为大型、中型、小型 3 种；按防护形式分为开启式、防护式、封闭式 3 种；按通风冷却方式分为自冷式、自扇冷式、他扇冷式、管道通风式 4 种；按安装结构形式分为卧式、立式、带底脚式、带凸缘式 4 种；按绝缘等级分为 A 级、E 级、B 级、F 级、H 级；按工作定额分为连续、断续、短时 3 种；按转子绕组形式分为笼型转子和绕线转子两类。

(1) 三相异步电动机的铭牌

在异步电动机机座上的铭牌标有电动机的型号、绕组的接法、功率、电压、电流和转速等额定数据，表 4-16 是一台三相异步电动机的铭牌数据。

表 4-16 三相异步电动机的铭牌数据

型号	Y90L-4	电压	380V	接法	Y
功率	3kW	电流	6.4A	工作方式	连续
转速	1460r/min	功率因数	0.85	温升	75℃
频率	50Hz	绝缘等级	B	出厂年月	×年×月
×××电机厂		产品编号		重量	×× kg

① 型号。电动机的型号是表示电动机品种、性能、防护形式、转子类型等引用的产品代号。电动机的型号一般由大写印刷体的汉语拼音字母与阿拉伯数字组成。

② 电动机的额定值。

额定功率 P_N：在额定负载状态下运行时，电动机轴上输出的机械功率，又叫额定容量，单位为 kW。

额定电压 U_N：额定运行时加于定子绕组的线电压，单位为 V 或 kV。如果电动机的铭牌上标有电压 220/380V，D/Y 接法，表示电源电压为 220V 时定子绕组采用三角形接法，电源电压为 380V 时，定子绕组采用 Y 接法。

额定电流 I_N：额定运行时定子绕组的线电流，单位为 A。如定子绕组可有 D/Y 接法时，则标明相应的两种额定电流值，如 10.4/5.9 就是对应于定子绕组采用 D/Y 连接时的线电流值。

额定频率 f_N：定子上外加电压的频率，我国的电网频率为 50Hz。

额定转速 n_N：电动机额定运行状态下的转速，单位为 r/min。

额定效率 η_N：电动机额定运行状态下的效率。通常在铭牌上不标明，但可按式（4-2）算出

$$\eta_N=\frac{P_N}{\sqrt{3}U_N I_N\cos\varphi} \tag{4-2}$$

③ 连接。将三相绕组的首端分别接电源、尾端的接法，称为星形（Y）联结。若将电动机的 3 个首尾端串接，再在串接点上接电源的接法，称为三角形（△）联结。

④ 异步电动机的其他指标。

温升：电动机运行后会发热，电动机允许的最高温度与环境温度之差称为温升。

定额：电动机的工作方式有 3 种，即连续、短时和断续。连续是指电动机连续不断地输出额定功率而温升不超过铭牌允许值；短时表示电动机不能连续使用，只能在规定的较短时间内输出额定功率；断续表示电动机只能短时输出额定功率，但可多次断续重复启动和运行。

绝缘等级：指电动机绕组所用绝缘材料按其允许耐热程度规定的等级，这些级别为：A 级，105℃；E 级，120℃；B 级，130℃；F 级，155℃；H 级，180℃。

功率因数：指电动机从电网所吸收的有功功率与视在功率的比值。视在功率一定时，功率因数越高，电动机对电源的利用率越高。

（2）三相异步电动机的结构

三相异步电动机主要有两个基本组成部分，即定子和转子。转子是电动机的旋转部分，主要由转子铁芯、转子绕组和转轴 3 部分组成，其作用是在旋转磁场作用下获得一个转动力矩，以带动转子输出机械能量。定子由定子铁芯、定子绕组和机座等组成，其作用是产生一个旋转磁场。定子三相绕组是对称的，根据需要可接成星形或三角形，转子绕组有笼型和绕

线型两种结构形式。

（3）三相异步电动机的工作原理

在对称三相绕组中通入对称三相交流电便产生旋转磁场，转子导体切割旋转磁场产生感应电动势和感应电流，转子载流导体在磁场中受电磁力形成电磁转矩，使转子沿旋转磁场的方向转动起来。转子转速永远小于旋转磁场的转速，转子与旋转磁场的转差用转差率 s 来描述。

旋转磁场的转速（n）决定于电流频率（f）和磁极对数（p），即 $n=60f/p$，其方向决定于三相电流的相序。欲改变电动机的转向，需将三相电源的任意两根对调。

（4）三相异步电动机的控制

电动机的控制主要包括启动、调速、制动。

① 三相异步电动机的启动。笼型电动机的启动方法见表 4-17，绕线式异步电动机的启动方法见表 4-18。

表 4-17　笼型电动机的启动方法

方法	直接启动	降压启动	
		Y-D 降压启动	自耦变压器降压启动
启动过程	通过开关或接触器将额定电压直接加到电动机上启动	启动时将定子绕组接成星形（Y 接），待转速上升至一定数值时，恢复定子绕组为三角形（D）联结，使电动机在全压下运行	通过自耦变压器把电压降低后再加到电动机定子绕组上，以达到减小启动电流的目的
电路	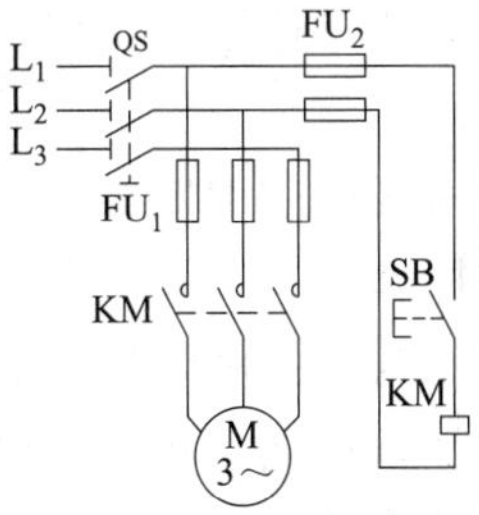	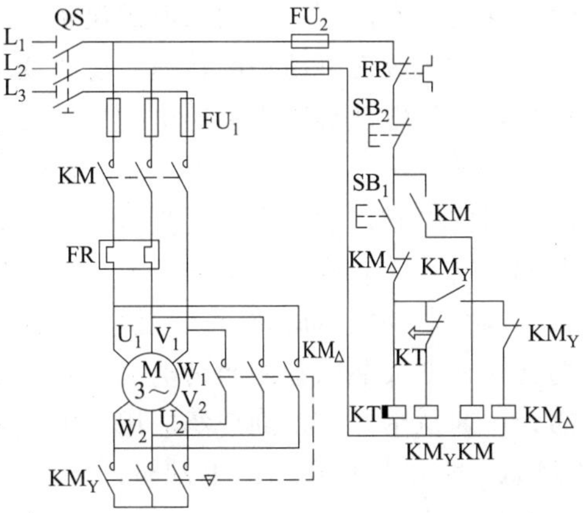	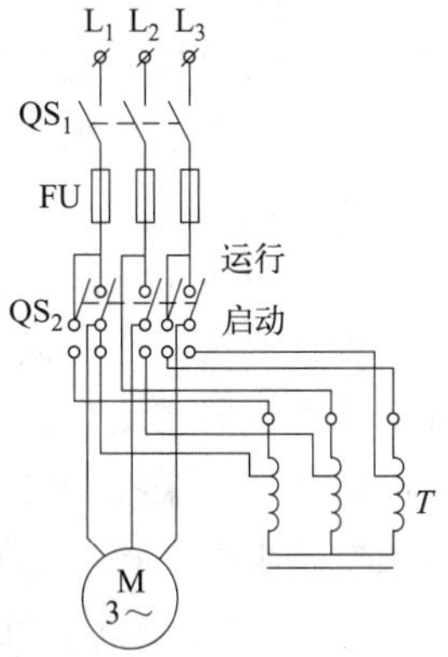
特点	启动设备简单，启动时间短	操作方便，启动设备简单	可获得较大的启动转矩，且自耦变压器二次侧一般有三个抽头，可以根据需要选用
适用	当电源容量足够大时，应尽量采用直接启动。一般规定对于不经常启动的电动机，若功率不超过变压器容量的 30%，可以直接启动。对于启动频繁的电动机，若功率不超过变压器容量的 20%，可以直接启动	适用于正常运行时定子绕组为三角形联结的电动机	较广泛应用在大、中型电动机上

笔记

表 4-18 绕线式异步电动机的启动方法

方法	转子串电阻启动	转子串接频敏变阻器启动
启动过程	在转子回路中串入多级对称电阻。启动时，随着转速的升高，逐段切除启动电阻	在转子回路中串入频敏电阻。启动结束时，切除频敏电阻
电路	KM M 3~ KM1 KM2 KM3 R_{ad1} R_{ad2} R_{ad3}	KM1 KM2 M 3~
特点	限制启动电流，增大启动转矩	结构简单，运行可靠，使用维护方便
适用	适用于大、中容量异步电动机重载启动	

② 三相异步电动机的调速。实现电动机转速变化的过程称为电动机的调速。调速方法通常有变频调速、变极调速和电磁调速。

变频调速是通过改变电源的频率来改变电动机转速。电源频率越高，转矩越大，转动就越快。但改变电源频率时，需要保持电源电压与电源频率的比值恒定。它的特点是具有较大的调速范围、调速平滑，但必须使用专门的三相调频电源设备。

变极调速是通过改变磁极对数来改变电动机的转速。要改变电动机的极数，通常是利用改变定子绕组接法来改变极数，这种电动机称为多速电动机，变极调速只适用于笼型转子异步电动机。

电磁调速是利用滑差离合器的电磁作用，实现异步电动机的调速。电磁调速异步电动机由异步电动机、滑差离合器和晶闸管控制线路 3 部分组成。其工作原理如下：异步电动机通过滑差离合器带动生产机械，离合器的电枢旋转时产生涡流，此涡流与由晶闸管控制的转子磁极相互作用来控制转子的转速，增大晶闸管的激励电流，转速增加；反之，转速减慢。电磁调速异步电动机工作可靠，调速范围广，得到广泛应用，缺点是效率较低。

③ 三相异步电动机的制动。能耗制动在切断电动机的三相电源的同时，给任意两相定子绕组中输入直流电流，以获得大小、方向不变的磁场，从而产生一个与原转矩方向相反的电磁转矩以实现制动。能耗制动广泛应用于要求平稳准确停车的场合，也可用于起重机一类带位能性负载的机械上。

机械制动是在电动机断电以后，立即采用机械方式进行制动的方法。目前常用的机械制动主要是采用抱闸式制动方式。这种方式普遍用于卷扬机等设备的制动，可防止突然停电而使重物落下发生危险。

电力制动是利用改变电动机定子绕组的三相电源的相序，即产生反向旋转磁场产生反向力矩，抵消电动机的惯性，进行制动。

④ 三相异步电动机的可逆控制。电动机在用作电力拖动时，常常需要控制一些机械正反转、往复运动，如卷扬机、车床等。通常的方法是通过改变三相异步电动机的定子绕组的相序来实现。

a. 辅助按钮联锁正反转控制电路如图 4-13 所示，当按下 SB_1 后，KM_1 接通，假设电动机连续正转，SB_1 常闭触点打开，将反转控制回路断开；同理，控制电路中如按下 SB_2，KM_2 接通，三相异步电动机的定子绕组换序，则电动机连续反转。

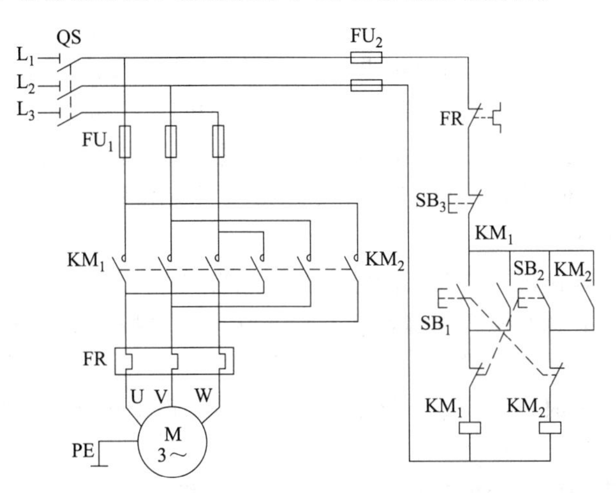

图 4-13　辅助按钮联锁正反转控制电路

b. 自动往返控制电路如图 4-14 所示，由行车限位开关自动去控制能正反启动的电动机。当按下 SB_1，KM_1 线圈得电，电动机启动且正常运转；行车移至限定位置，挡铁 1 碰撞位置开关 SQ_1，使 SQ_1 常闭触点分断，KM_1 线圈失电，KM_1 自锁触头分断，解除自锁。主触头分断，联锁触头恢复闭合，解除联锁，行车停止前移。此时，即使按下 SB_1，由于 SQ_1 常闭触头已分断，接触器线圈 KM_1 不会得电，保证了行车不会超过 SQ_1 所在位置。行车向后运动原理与向前运动原理相同，停车只需按下按钮即可。自动往返控制电路适合于控制小容量电动机，且往返次数不能太频繁，否则电动机可能会温度过高影响工作。

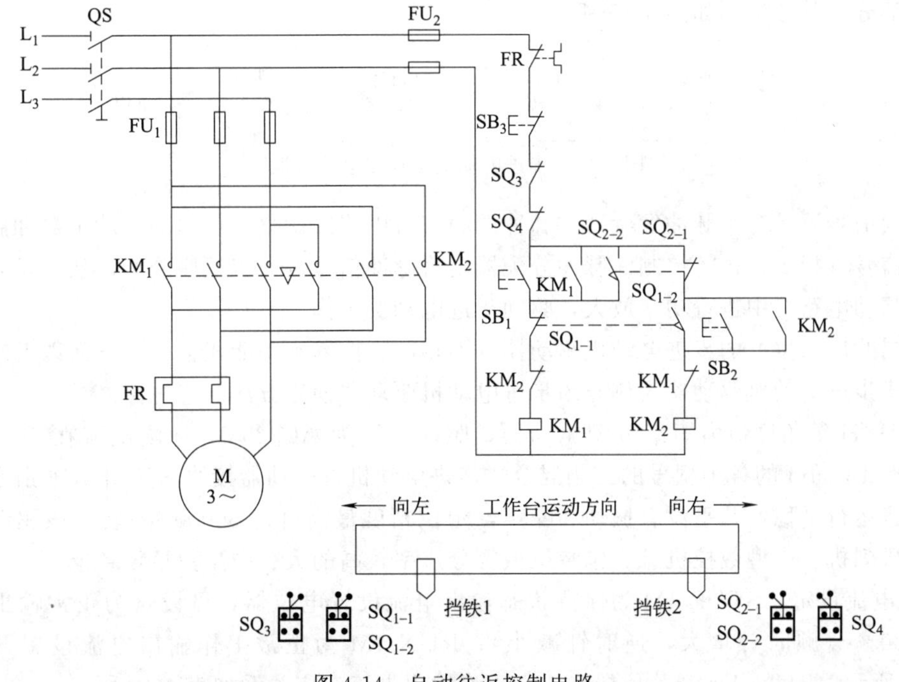

图 4-14　自动往返控制电路

笔记

4.2.2.3 步进电动机及其控制

步进电动机是一种将电脉冲信号转换成机械角位移的电磁机械装置。由于所用电源是脉冲电源，所以也称为脉冲马达。

步进电动机是一种特殊的电动机，一般电动机通电后连续旋转，而步进电动机则跟随输入脉冲按节拍一步一步地转动。对步进电动机施加一个电脉冲信号时，步进电动机就旋转一个固定的角度，称为一步。每一步所转过的角度叫作步距角。步进电动机的角位移量和输入脉冲的个数严格地成正比例，在时间上与输入脉冲同步。只需控制输入脉冲的数量、频率及电动机绕组通电相序，便可获得所需的转角、转速及旋转方向。

(1) 步进电动机的特点

① 步进电动机的输出转角与输入的脉冲个数严格成正比。

② 步进电动机的转速与输入的脉冲频率成正比，只要控制脉冲频率就能调节步进电动机的转速。

③ 当停止送入脉冲时，只要维持绕组内电流不变，电动机轴可以保持在某固定位置上，不需要机械制动装置。

④ 改变通电相序即可改变电动机转向；步进电动机存在齿间相邻误差，但是不会产生累积误差；步进电动机转动惯量小，启动、停止迅速。

(2) 分类

步进电动机种类很多，按步进电动机输出转矩的大小，可分为快速步进电动机和功率步进电动机；按励磁组数可分为三相、四相、五相、六相和八相步进电动机；按转矩产生的工作原理可分为电磁式、反应式以及混合式步进电动机。

(3) 步进电动机驱动器

步进电动机的控制绕组中需要一系列的有一定规律的电脉冲信号，产生电脉冲信号的装置称为步进电动机驱动器。步进电动机驱动器主要包括变频信号源、脉冲分配器和脉冲放大器三个部分，其方框图如图 4-15 所示。

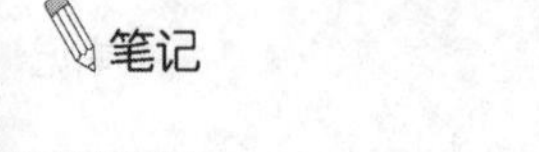

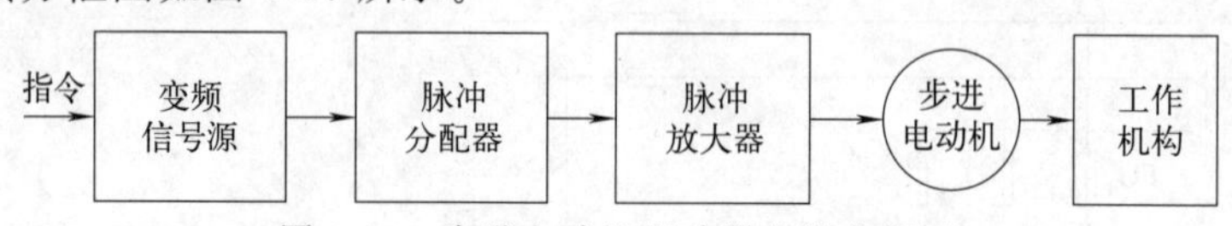

图 4-15 步进电动机驱动器电源方框图

变频信号源是一个脉冲发生器，脉冲的频率可以连续调整，送出的脉冲个数和脉冲频率由控制信号（指令）进行控制。脉冲分配器是将脉冲信号按一定顺序分配，然后送到脉冲放大器（驱动电路）中进行功率放大，驱动步进电动机工作。

不同的厂家生产的步进电动机驱动器各不相同，但基本功能相类似。下面以 DM16H 三相混合式步进电动机驱动器为例介绍步进电动机驱动器使用方法。

DM16H 等角度恒力矩细分型驱动器，驱动电压为 AC220V，适配电流在 5.2A 以下、外径 86～130mm 的各种型号的三相混合式步进电动机，驱动器接线图如图 4-16 所示。该驱动器低速运行平稳，几乎没有振动和噪声，定位精度最高可达 60000 步/转。该驱动器广泛应用于雕刻机、中型数控机床、包装机械等分辨率较高的大、中型数控设备上。

① 电流设定。STOP/IM 为保持状态输出电流设置电位器，可设置为正常输出电流的 20%～80%（顺时针增大，逆时针减小）；RUN/IM 为正常工作输出电流设置开关，如图 4-17 所示。RUN/IM 开关位置与正常工作输出电流对应关系如表 4-19 所示。

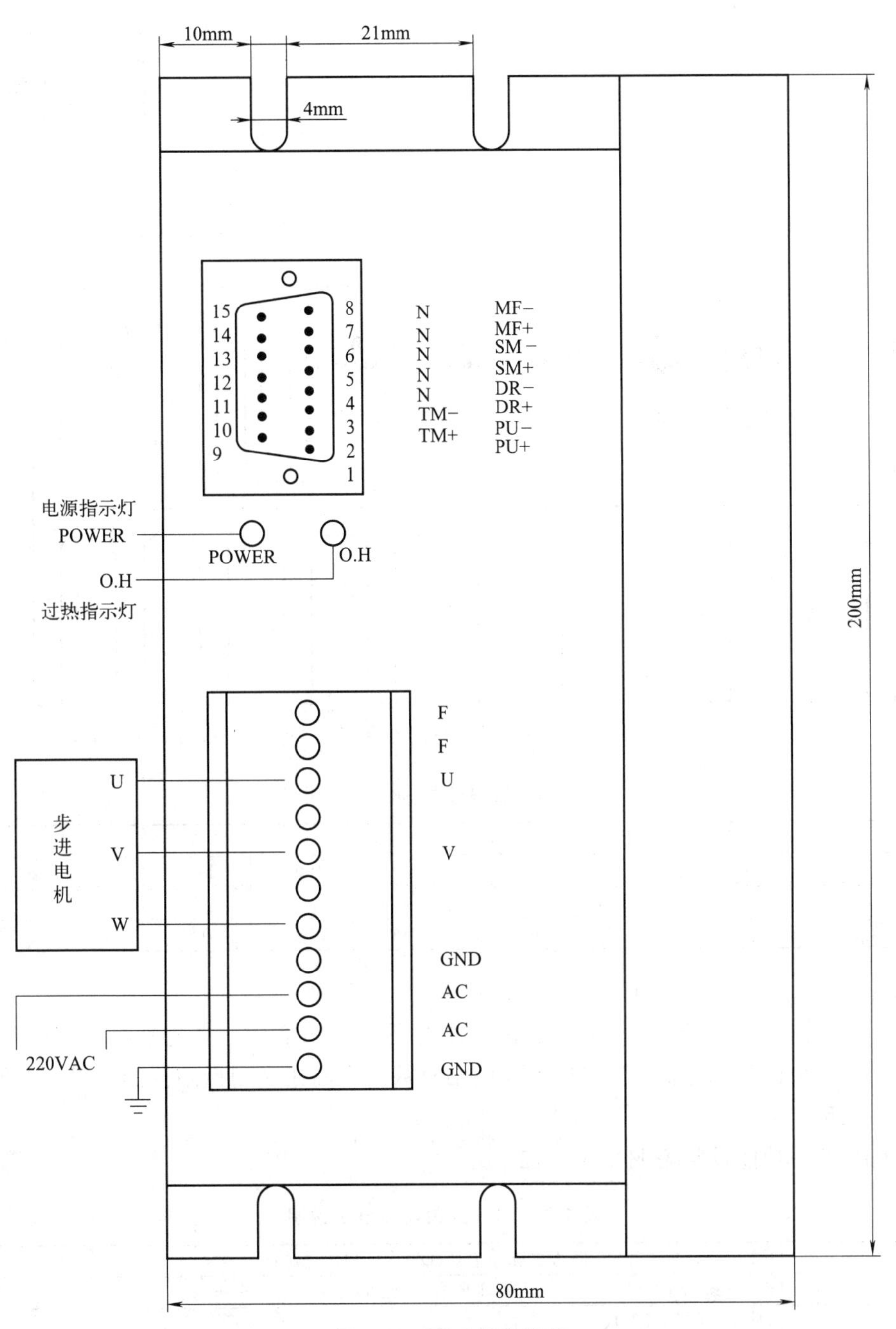

图 4-16　驱动器接线图

表 4-19　RUN/IM 设置开关正常工作输出电流

RUN/IM	0	1	2	3	4	5	6	7	8	9	A	B	C	D	E	F
I_m/A	0.3	0.7	1.0	1.3	1.7	2.0	2.3	2.6	3.0	3.3	3.6	4.0	4.3	4.6	4.9	5.2

② 细分设定。所谓细分，就是把步进电动机的一步再分得细一些。如采用 5 细分电路，则需输出 5 个脉冲信号，电动机才转过一个步距角。驱动器设有两组细分，每组 16 挡，由 16 位拔码开关 SK1/SK2 分别设定。以 SK1 细分设定为例，如表 4-20 所示。

笔记

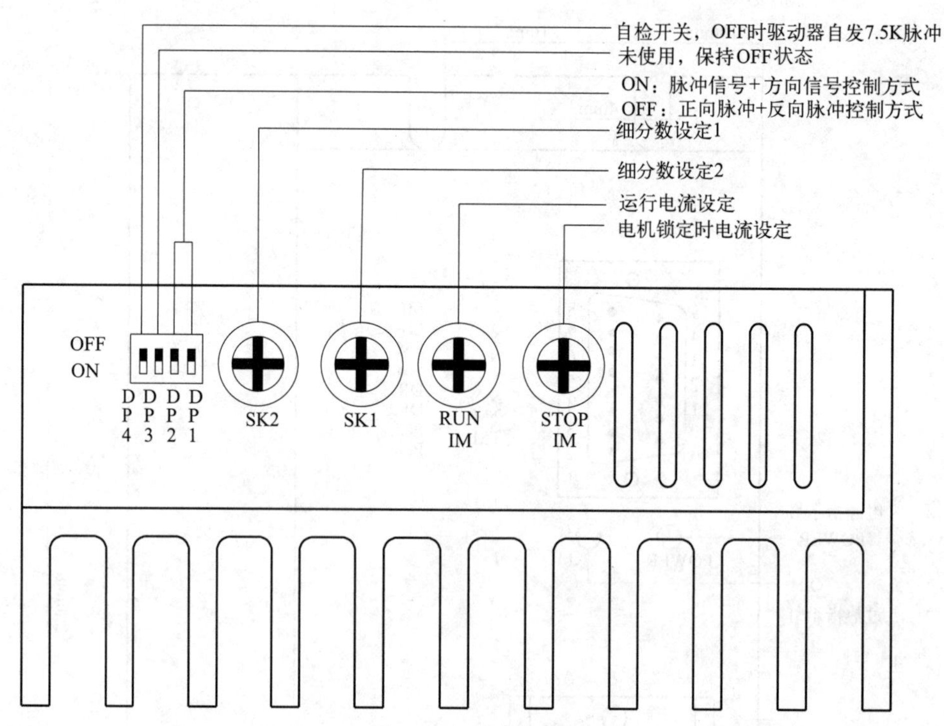

图 4-17 驱动器设定

表 4-20 拔码开关 SK1 细分设定

SK1	F	E	D	C	B	A	9	8
脉冲数/转	400	500	600	800	1000	1200	2000	3000
SK1	7	6	5	4	3	2	1	0
脉冲数/转	4000	5000	6000	10000	12000	20000	30000	60000

SK2 为第二组，与第一组的细分设定相同。

SM 细分选择信号为低电平时选定由 SK1 组所设定的细分，高电平时选定由 SK2 设定的细分，用户可把这两组细分设置成不同的细分数。在高速时用低细分的一组，在低速时用高细分的一组。

③ DIP 开关功能设定说明见表 4-21。

表 4-21 DIP 开关功能设定说明

DP1	OFF,双脉冲:PU 为正向步进脉冲信号,DR 为反向步进脉冲信号
DP2	ON,单脉冲:PU 为步进脉冲信号,DR 为方向控制信号
DP3	未使用,保持 OFF 状态
DP4	自检开关。OFF 时驱动器发出 7.5K 脉冲

④ 引脚功能说明见表 4-22。

表 4-22 引脚功能说明

标记符号	功 能	注 释
MF+	输入信号光电隔离正端	接+5V 供电电源,+5～+24V 均可驱动,高于+5V 需接限流电阻
MF−	电动机释放信号	有效(低电平)时关断电动机线圈电流,驱动器停止工作,电动机处于自由状态

续表

标记符号	功　能	注　释
BM+	输入信号光电隔离正端	
BM−	细分选择信号	低电平时选定由 SK1 所设定的细分数；高电平时选定由 SK2 所设定的细分数，输入电阻 220Ω
DR+	输入信号光电隔离正端	
DR−	DP1、DP2=ON，DR 为方向控制信号	用于改变电动机转向。输入电阻 220Ω，要求：低电平 0～0.5V，高电平 4～5V，脉冲宽度>2.5μs
	DP1、DP2=OFF，DR 为反向步进脉冲信号	
PW+	输入信号光电隔离正端	
PW−	DP1、DP2=ON，PU 为步进脉冲信号	下降沿有效，每当脉冲由高变低时电动机走一步。输入电阻 220Ω，要求：低电平 0～0.5V，高电平 4～5V，脉冲宽度>2.5μs
	DP1、DP2=OFF，PU 为正向步进脉冲信号	
TM+	原点输出光电隔离正端	电动机线圈通电位于原点置为有效（B，−A 通电）；光电隔离输出（高电平）
TM−	原点输出信号光电隔离正端	TM+接输出信号限流电阻，TM−接输出地。最大驱动电流 50mA，最高电压 50V
～AC	电源	AC200～220V
U	电动机接线	U W V
V		
W		

注意：1. 输入电压不能超过交流 250V。

2. 输入控制信号电平为 5V，当高于 5V 时需要接限流电阻。

3. 驱动器温度超过 70℃时驱动器停止工作，故障 OH 指示灯亮，直到驱动器温度降到 50℃，驱动器自动恢复工作。出现过热保护请加装散热器。

4. 过流（负载短路）故障指示灯 OH 亮，请检查电动机接线及其他短路故障，排除需要重新上电恢复。

5. 欠压（电压小于 AC160V），故障指示灯 OH 亮。

6. POWER 电源指示灯，当驱动器通电时此灯亮。

笔记

4.2.2.4　伺服电动机及其控制

伺服电动机又称执行电动机，它是控制电动机的一种。伺服电动机可以把输入的电压信号变换成为电动机轴上的角位移和角速度等机械信号输出，改变输入电压的大小和方向就可以改变转轴的转速和转向。

伺服电动机可分为直流伺服电动机和交流伺服电动机两大类。直流伺服电动机的输出功率通常为 1～600W，有的甚至可达上千瓦，用于功率较大的控制系统；交流伺服电动机的输出功率较小，一般为 0.1～100W，用于功率较小的控制系统。

（1）直流伺服电动机

直流伺服电动机的优点是启动转矩大、机械特性和调节特性的线性度好、调速范围大。缺点是电刷和换向器之间的火花会产生无线电干扰信号，维修比较困难。

直流伺服电动机控制方式有两种：电枢控制方式和磁场控制方式。电枢控制方式，励磁绕组接在电压恒定的励磁电源上，电枢绕组接控制电压，控制电动机的转速和方向；磁场控制方式，电枢绕组接在电压恒定的电源上，而励磁绕组接控制电压。磁场控制方式性能较差，一般采用电枢控制方式。

（2）交流伺服电动机

交流伺服电动机实际上是一台小型或微型的两相异步电动机，它与普通异步电动机相比具有如下特点：无“自转”现象，即控制电压为零时，电动机自行停转；快速响应，即随控制电压改变反应很灵敏；调速范围宽；具有线性的机械特性。

交流伺服电动机的定子槽中装有两个在空间相差90°电角度的绕组，即励磁绕组和控制绕组。转子通常有笼型和杯型两种结构，转子的电阻做得比较大，其目的是使转子在转动时产生制动转矩，使它在控制绕组不加电压时，能及时制动，防止自转。

改变交流伺服电动机控制电压的大小和相位，可以使旋转磁场的椭圆度发生变化，从而达到控制电动机的转速和转向的目的。交流伺服电动机的控制方式有三种：幅值控制、相位控制、幅值-相位控制。

4.2.2.5 电动机的主要技术参数和选择

(1) 电动机种类的选择

不同的生产机械具有不同的转速、转矩关系，要求电动机的特性与之相适应。

对于启动、调速和制动性能要求不高的生产机械，优先选用笼型异步电动机。此类电动机广泛应用于切削机床、水泵、通风机等机械。

对于启动、制动频繁，制动转矩要求较大的生产机械，如起重机、矿井提升机、不可逆轧钢机等，选用绕线型异步电动机。

对于无调速要求，需要转速恒定或要求改善功率因数的情况下，例如中、大容量的空气压缩机等，选择同步电动机。

对于要求调速范围大、需连续平滑调速的生产机械，选用他励直流电动机或变频调速的笼型异步电动机。

(2) 电动机结构形式的选择

① 安装方式。按照安装位置的不同，电动机可以分为卧式与立式两种。卧式电动机的转轴处于水平位置，立式电动机的转轴则与地面垂直，二者的轴承是不同的，不能混用。一般情况选用卧式电动机，立式电动机的价格较贵，只有为了简化传动装置，又必须垂直运转时才会采用立式电动机，如立式钻床等。

② 轴伸个数。电动机的转轴伸出到端盖外面与负载连接的部分称为轴伸。按照轴伸的个数分，电动机有单轴伸和双轴伸两种，通常情况下用单轴伸。

③ 防护方式。电动机的外壳防护方式有开启式、防护式、封闭式和防爆式几种。

开启式：定子两侧与端盖上都有很大的通风口。旋转和带电部分都没有防止铁屑、尘埃等杂物侵入的防护。其优点是散热条件好，价格便宜。但灰尘、水滴、铁屑等杂物容易从通风口进入电动机内部，因此只适用于清洁、干燥的工作环境。

防护式：在机座下面有通风口，散热较好，并且可以防止水滴、砂粒、铁屑等杂物从上方落入电动机内部，但不能防止潮气和灰尘的入侵。因此适用于比较干燥、少尘、无腐蚀性、无爆炸性气体的工作环境。

封闭式：机座和端盖上均无通风孔，是完全封闭的。此类电动机仅靠机座表面散热，散热条件不好。封闭式电动机可分为密封式、自冷式、自扇冷式、他扇冷式和管道通风式。密封式电动机能防止外部的气体或液体进入其内部，因此适用于在液体中工作的生产机械，如潜水泵。

防爆式：防爆式电动机是在封闭式结构的基础上制成隔爆形式，机壳有足够的强度。适用于有易燃、易爆气体的工作环境，如矿井、油库、煤气站等场合。

（3）电动机参数的选择

① 额定电压的选择。电动机的额定电压的选择应与供电电网的电压一致。我国的交流供电电源，低压通常为 380V，高压通常为 3kV、6kV 和 10kV。中等功率以下的交流电动机多采用低电压 380V；大功率交流电动机，额定电压一般为 3kV、6kV；额定功率在 1000kW 以上的电动机，其额定电压是 10kV。直流电动机的额定电压有 110V、220V、440V、660V 和 1000V 几种，常用的是 220V。

② 额定转速的选择。电动机的转速等于或略大于生产机械所需要的转速，尽量不用减速装置或采用低转速比的减速装置。

③ 额定功率的选择。电动机铭牌上所标的额定功率是指环境温度为 40℃，电动机带额定负载连续工作，温升达到绝缘材料的最高允许温升时，向生产机械输出的功率。

选择电动机额定功率的一般步骤为：

计算负载功率 P_L；

预选电动机的额定功率 P_N；

对预选的电动机进行发热校核、过载能力校核，必要时进行启动能力校核，直至合适为止。

（4）电动机的绝缘等级

电动机允许最高温度主要决定于电动机所用绝缘材料的耐热等级。根据耐热程度的不同，电动机常用绝缘材料分为 A、E、B、F 和 H 五个等级。

A 级绝缘，允许最高温度为 105℃，此类材料包括经过绝缘浸渍处理的棉纱、丝、纸等，普通漆包线的绝缘漆。

E 级绝缘，允许最高温度为 120℃，此类材料包括高强度漆包线的绝缘漆、环氧树脂、三醋酸纤维薄膜、聚酯薄膜及青壳纸、纤维填料塑料等。

B 级绝缘，允许的最高温度为 130℃，此类材料包括云母、玻璃纤维、石棉等制成品用有机材料黏合或浸渍，矿物填料塑料。

F 级绝缘，允许的最高温度为 155℃，此类材料与 B 级绝缘材料相同，但用合成胶黏合或浸渍。

H 级绝缘，允许的最高温度为 180℃，此类材料包括与 B 级绝缘相同的材料，但用 180℃的硅有机树脂黏合或浸渍，硅有机橡胶和无机填料塑料。

（5）电动机的工作制

电动机运行时，其温升不仅取决于负载的大小，而且与负载持续的时间有关。同一台电动机，若运行时间很短，电动机的温升就低；若运行时间长，电动机的温升就高。按照电动机发热的不同情况，根据国家标准规定，把电动机的工作制分为 S_1～S_9 共 9 类。这里我们学习其中常用的 S_1、S_2、S_3 三种工作制。

连续工作制 S_1：亦称为长期工作制，是指电动机可以按铭牌额定值长期连续运行，而其温升不会超过绝缘材料的允许值。此类电动机的产品数量最多，铭牌上没有标明工作制的电动机都属于这一类。

短时工作制 S_2：是指电动机拖动恒定负载运行时间很短，电动机的温升在未达到稳定值时便长时间停机，从而使电动机温升下降到零。

断续周期工作制 S_3：又称为重复短时工作制，是指电动机按照一系列相同的工作周期运行。一个周期包括一段恒定负载运行时间 t_g 和一段断电停机时间 t_0，但 t_g 和 t_0 都比较短，它们均不能使电动机的温升达到稳定值。按照国家标准规定，每个工作周期 $t_z=t_0+t_g\leqslant10\text{min}$。在断续周期工作制下，每个工作周期内负载运行时间 t_g 与工作周期 t_z 之比称为负载持续率 FS，负载的持续率有 15%、25%、40%和 60%四种。

【技能训练一】 三相异步电动机点动控制线路

(1) 训练目的

熟练掌握三相异步电动机点动控制线路的安装方法。

(2) 器材设施

工具：尖嘴钳、螺钉旋具、活络扳手、镊子等。

仪表：兆欧表、万用表。

器件：三相异步电动机、熔断器、组合开关、交流接触器、热继电器、按钮、端子板等。

(3) 训练步骤

① 画出点动控制线路图，如图 4-18 所示。

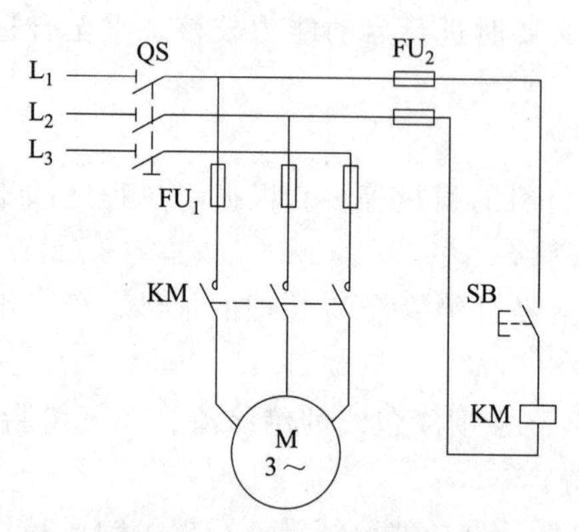

图 4-18 点动控制线路图

② 按元件明细表将所需器材配齐并检验元件质量。

在不通电的情况下，用万用表、蜂鸣器等检查各触点的分、合情况是否良好，检验接触器时，应拆卸灭弧罩，用手同时按下 3 副主触点并用力均匀；若不拆卸灭弧罩检验时，切忌用力过猛，以防触点变形。同时，应检查接触器线圈电压与电源电压是否相符。

③ 按图 4-19 在控制板上安装除电动机以外的所有电气元件，同时应做到组合开关、熔断器的受电端子应安装在控制板的外侧，并使熔断器的受电端为底座的中心端；各元件的安装位置应整齐、匀称、间距合理，便于更换元件；紧固各元件时应用力均匀，紧固程度适当。在紧固熔断器、接触器等易碎裂元件时，应用手按住元件一边轻轻摇动，一边用旋具轮流旋紧对角线的螺钉，直至手感觉摇不动后再适当旋紧一些即可。

笔记

④ 按图 4-18 给出的连接关系进行板前明线布线和套编码套管，并检验控制板布线的正确性。

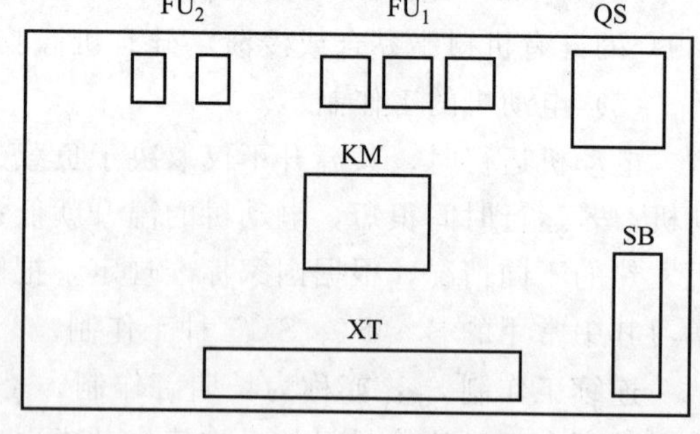

图 4-19 电气元件布置

板前明线布线应符合平直、整齐、紧贴敷设面、走线合理及接点不得松动等要求，其原则是：走线通道应尽可能少，同一通道中的沉底导线，按主、控电路分类集中，单层平行密排，并紧贴敷设面；同一平面的导线应高低一致或前后一致，不能交叉，当必须交叉时，该根导线应在接线端子引出，水平架空跨越，但必须走线合理；布线应横平竖直，变换走向应垂直；导线与接线端子或线桩连接时，应不压迫绝缘层、不反圈及不露铜过长，并做到同一元件、同一回路的不同接点的导线间距离保持一致；一个电气元件接线端子上的连接导线不得超过两根，每节接线端子板上的连接导线一般只允许连接一根；布线时严禁损伤线芯和导线绝缘层；如果线路简单，可不套编码套管。

⑤ 接电源、电动机等控制板外部的导线。

⑥ 通电试车。

⑦ 通电空运转校验。

合上电源开关 QS 后，允许用万用表或试电笔等检查主、控电路的熔体是否完好，但不得对线路接线是否正确进行带电检查。第一次按下按钮时，应短时点动，以观察线路和电动机运行有无异常现象。试车成功率以通电后第一次按下按钮时计算。出现故障后，应独立进行检修，若需带电检查时，必须有教师在场监护，检查完毕再次试车，也应有教师监护。

（4）注意事项

① 电动机及按钮的金属外壳必须可靠接地。接至电动机的导线必须穿在导线通道内加以保护，或采用坚韧的四芯橡胶线或塑料护套线进行临时通电校验。

② 电源进线应接在螺旋式熔断器底座的中心端上，出线应接在螺纹外壳上。

③ 按钮内接线时，用力不能过猛，以防止螺钉打滑。

④ 用万用表进行检查时，应选用电阻挡的适当倍率，并进行校零，以防漏检短路故障。

⑤ 检查控制电路，可将各表笔分别搭在 U_1、V_1 线端上，读数应为“∞”，按下 SB 时读数应为接触器线圈的直流电阻阻值。检查主电路时，可以用手动来代替接触器受电线圈励磁吸合，进行检查。

【技能训练二】 三相异步电动机单向正转控制线路

（1）训练目的

熟练掌握三相异步电动机单向正转控制线路的安装方法。

（2）器材设施

工具：尖嘴钳、螺钉旋具、活络扳手、镊子等。

仪表：兆欧表、万用表。

器件：三相异步电动机、组合开关、螺旋式熔断器、交流接触器、热继电器、按钮、端子板。

笔记

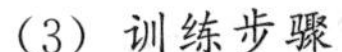

（3）训练步骤

① 画出单向正转控制线路图，如图 4-20 所示。

② 按元件明细表将所需器材配齐并检验元件质量。

③ 按图 4-21 在控制板上安装除电动机以外的所有电气元件。

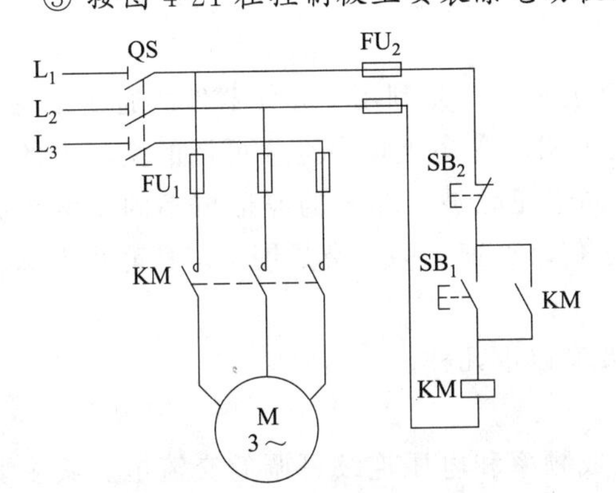

图 4-20 单向正转控制电路

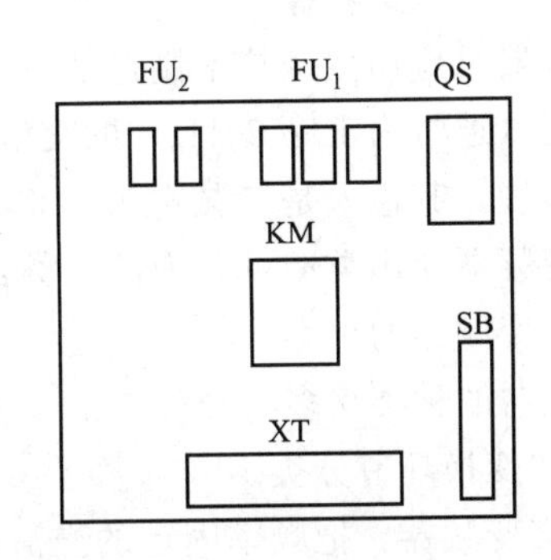

图 4-21 电气元件布置

④ 按图4-20给出的连接关系，进行板前明线布线和套编码套管，检验控制板布线正确性。

⑤ 接电源、电动机等控制板外部的导线。

⑥ 经教师检查后，通电试车。

⑦ 通电空运转校验。

(4) 注意事项

① 自检时用万用表的电阻挡进行检查。

② 热继电器的热元件应串接在主电路中，其常闭触点应串接在控制电路中。

③ 热继电器的整定电流必须按电动机的额定电流自行调整，绝对不允许弯折双金属片。

④ 一般热继电器应置于手动复位的位置上，若需要自动复位，可将复位调节螺钉以顺时针方向向里旋紧。

⑤ 热继电器因电动机过载动作后，若要再次启动电动机，必须待热元件冷却后，才能使热继电器复位。一般复位时间：自动复位需5min；手动复位需2min。

⑥ 接触器的自锁常开触点KM必须与启动按钮SB_1并联。

⑦ 在启动电动机时，必须在按下启动按钮SB_1的同时，还应按住停止按钮SB_2，以保证万一出现故障可立即按下SB_2，防止事故扩大。

4.2.3 变频调速技术

4.2.3.1 变频调速的基本原理

交流异步电动机的转速为：

$$n=n_0(1-s)=\frac{60f_1(1-s)}{p} \tag{4-3}$$

式中 f_1——供电电源频率，Hz；

s——转差率；

p——极对数。

根据式(4-3)可知，当转差率s变化不大时，异步电动机的转速n基本上与电源频率f_1成正比。连续调节电源频率，就可以平滑地改变电动机的转速，电源频率可以向下调，也可以向上调。

通过改变电源频率来实现调速的方法具有较宽的调速范围、较高的精度、较好的动态和静态特性，在工农业生产中得到广泛应用。

4.2.3.2 变频器

变频器是应用变频技术制造的一种静止的频率变换器，是利用半导体器件的通断作用将频率固定（通常为工频50Hz）的交流电（三相或单相）变换成频率连续可调的交流电的电能控制装置，其输入是工频电源，但电流波形不同于正弦波，输出的波形也不同于输入波形。按变频器应用类型可分为两大类：一类是用于传动调速；另一类是用于多种静止电源。

(1) 变频器的种类

变频器的种类很多，分类方法多种多样，主要有以下几种。

① 按变换环节分类。

交-交变频器：把频率固定的交流电直接变换成频率和电压连续可调的交流电。其主要优点是没有中间环节，变换效率高，但连续可调频率范围较窄，通常为额定频率的1/2以下，主要适用于电力牵引等容量较大的低速拖动系统中。

交-直-交变频器：先把频率固定的交流电整流成直流电，再把直流电逆变成频率连续可调的交流电。由于把直流电逆变成交流电的环节较易控制，因此在频率的调节范围以及对改善变频后电动机的特性等方面，都有明显优势，是目前广泛采用的变频方式。

② 按工作原理分类。

U/f 控制变频器：为了实现变频调速，常规通用变频器在变频时使电压与频率的比值 U/f 保持不变而得到所需的转矩特性，控制的基本特点是对变频器输出的电压和频率同时进行控制。因为在 U/f 系统中，由于电动机绕组及连线的电压降引起有效电压的衰落而使电动机的转矩不足，尤其在低速运行时更为明显。一般采用的方法是预估电压降并增加电压，以补偿低速时转矩的不足。采用 U/f 控制的变频器控制电路结构简单、成本低，大多用于对精度要求不高的通用变频器。

转差频率控制变频器：转差频率控制方式是对 U/f 控制的一种改进，这种控制需要由安装在电动机上的速度传感器检测出电动机的转速，构成速度闭环，速度调节器的输出为转差频率，而变频器的输出频率则由电动机的实际转速与所需转差频率之和决定。由于通过控制转差频率来控制转矩和电流，与 U/f 控制相比，其加减速特性和限制过电流的能力得到提高。

矢量控制变频器：矢量控制是一种高性能异步电动机控制方式。它的基本思路是：将异步电动机的定子电流分为产生磁场的电流分量（励磁电流）和与其垂直的产生转矩的电流分量（转矩电流），并分别加以控制。由于在这种控制方式中必须同时控制异步电动机定子电流的幅值和相位，即定子电流的矢量，因此这种控制方式被称为矢量控制方式。

③ 按用途分类。

通用变频器：指能与普通的笼型异步电动机配套使用，能适应各种不同性质的负载，并具有多种可供选择功能的变频器。

高性能专用变频器：主要应用于对电动机的控制要求较高的系统。与通用变频器相比，高性能专用变频器大多采用矢量控制方式，驱动对象通常是变频器生产厂家指定的专用电动机。

笔记

高频变频器：在超精密加工和高性能机械中，常常要用到高速电动机，为了满足这些高速电动机的驱动要求，出现了采用脉冲幅度调制（PAM）控制方式的高频变频器，其输出频率可达到 3kHz。

（2）变频器的构成及接线

通用变频器把工频电流变换成各种频率的交流电流，以实现电动机的变速运行。变频器由主电路和控制电路构成，通用变频器的结构原理如图 4-22 所示。主电路包括整流电路和逆变电路两部分，整流电路是将交流电转换为直流电；逆变电路是把直流电再逆变成交流电。控制电路用来完成对主电路的控制。

下面以 FR-A540 三菱变频器为例进行介绍，其主要端子接线如图 4-23 所示。

在图 4-23 中，常用的主电路及控制电路端子如下。

① 主电路端子。见表 4-23。

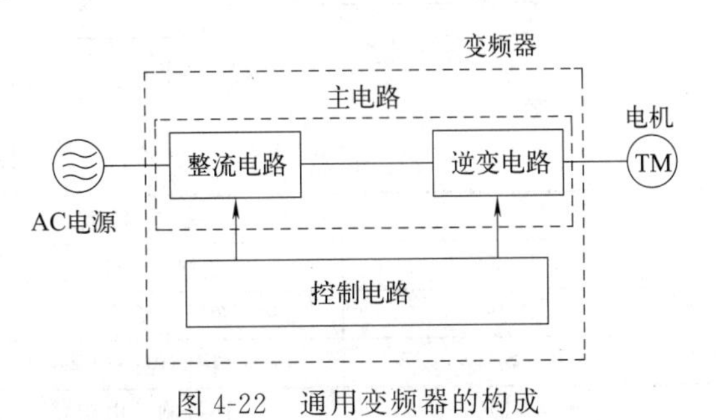

图 4-22　通用变频器的构成

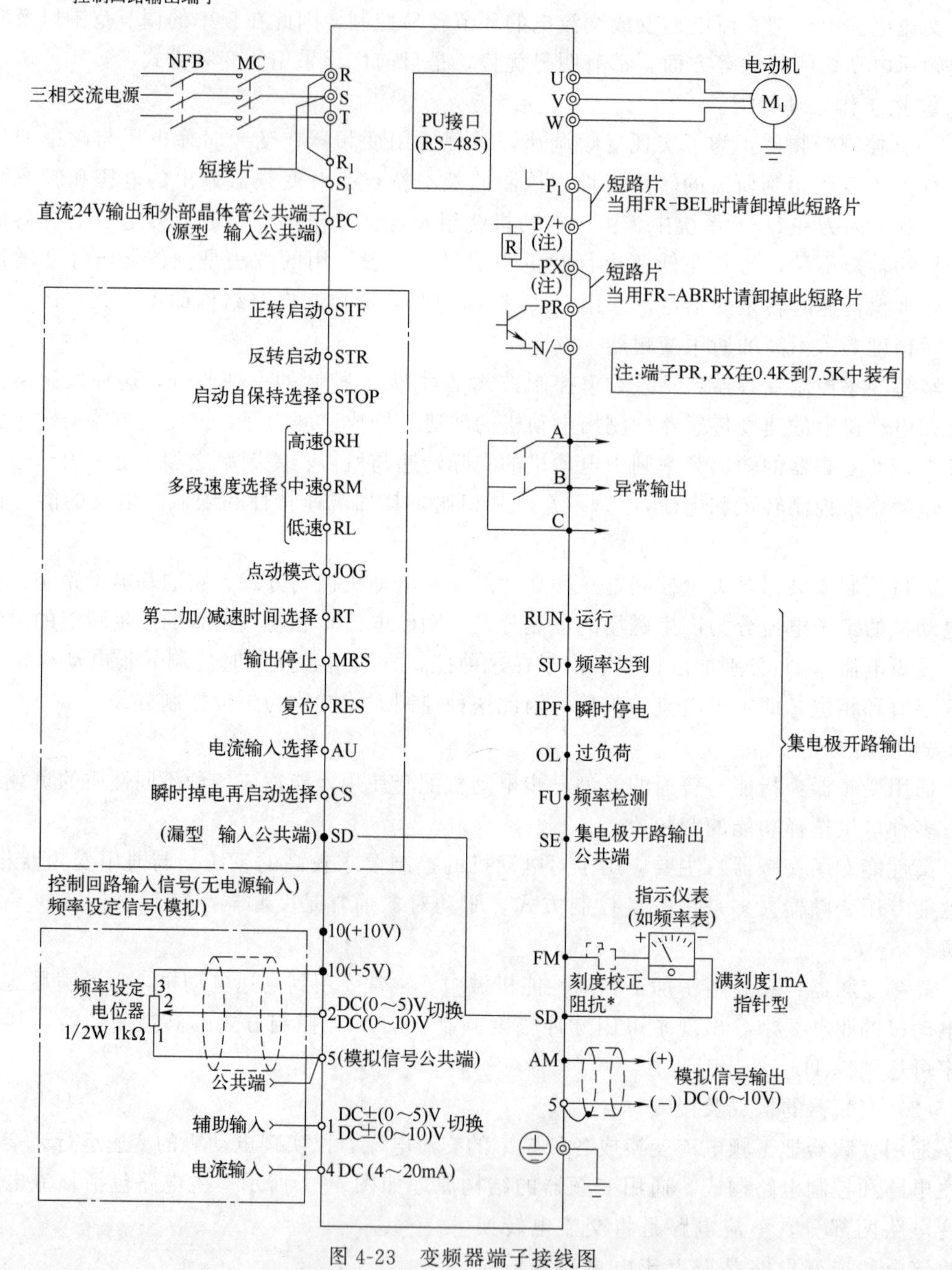

图 4-23 变频器端子接线图

笔记

表 4-23 常用的主电路端子

端子记号	端子名称	说明
R,S,T	交流电源输入	接三相交流电源
U,V,W	变频器输出端子	接三相异步电动机
R_1,S_1	控制电路电源	与交流电源端子 R、S 相连
P/+,PR	连接制动电阻器	在 PR-PX 之间连接选件制动电阻器

续表

端子记号	端子名称	说明
PR,PX	连接内部制动电路	出厂时用短路片短接,内部制动生效
⏚	接地	变频器外壳必须接地

② 控制电路端子见表 4-24。

表 4-24 常用的控制电路端子

类型		端子记号	端子名称	说明	
输入信号	启动接点和功能设定	STF	正转启动	ON 正转 OFF 停止	STF、STR 同时 ON 相当于停止信号
		STR	反转启动	ON 反转 OFF 停止	
		STOP	启动自保持	STOP 处于 ON 选择启动信号自保持	
		RH,RM,RL	多段速度选择	3 个端子组合实现多段速度控制	
		JOG	点动模式选择	JOG 配合 STF/STR 实现点动	
		SD	公共输入端子	接点输入端子	
		RES	复位	解除保护电路保持状态	
		MRS	输出停止	为 ON 时变频器输出停止	
		AU	电流输入选择	为 ON 时采用直流作为设定信号	
		PC	外部电源公共端	连接 PLC,连接此端子	
模拟量输入端子	频率设定	10	频率设定用电源	5VDC 允许负载电流 10mA	
		2	频率设定电压	在 0～5VDC 范围内对应输出频率	
		5	频率设定公共段	频率设定信号,模拟输出端子公共端	

③ 操作面板的名称和功能。图 4-24 所示为 FR-DU04 型变频器操作面板，三菱变频器的参数单元型号为 FR-PU04，参数单元部件上的操作面板型号为 FR-DU04，把用参数单元控制变频器运行的方法称为 PU 操作，PU 操作不需外部操作信号，通过 FR-DU04 操作面板上的按键即可开始运行及停止。

a. 按键。

MODE：用于选择操作模式或设定模式。

SET：用于确定频率和参数的设定。

▲/▼：用于改变运行频率和参数。

FWD/REV：用于给出正/反转指令。

STOP/RESET：用于停止运行/故障时复位变频器。

b. 单位显示。

Hz/A/V：显示频率/电流/电压。

MON：监视显示模式。

PU/EXT：PU/EXT 操作模式。

c. 显示。

监视器显示运转中的指令。

(a) EXT 指示灯亮：表示外部操作。

(b) PU 指示灯亮：表示 PU 操作。

(c) EXT 和 PU 灯同时亮：表示 PU 和外部操作组合方式。

d. 变频器的基本功能参数及意义。变频器基本功能参数见表 4-25。

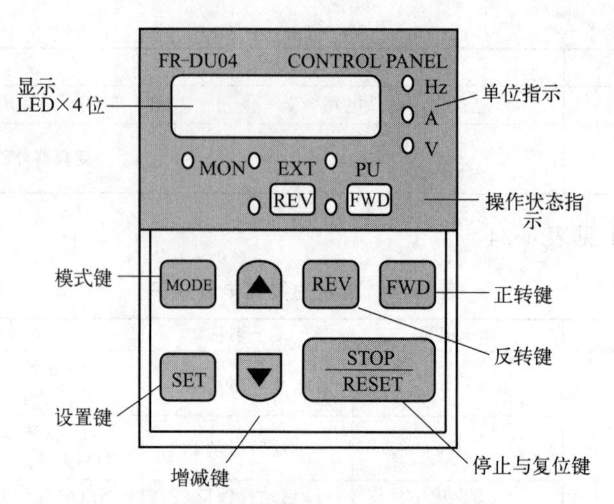

图 4-24 FR-DU04 型变频器操作面板示意图

表 4-25 变频器基本功能参数表

参数号	参数名称	设定范围	出厂设定值
0	转矩提升	0%~30%	3%或 2%
1	上限频率	0~120Hz	120Hz
2	下限频率	0~120Hz	0Hz
3	基底频率	0~400Hz	50Hz
4	多段速度(高速)	0~400Hz	60Hz
5	多段速度(中速)	0~400Hz	30Hz
6	多段速度(低速)	0~400Hz	10Hz
7	加速时间	0~3600s	5s
8	减速时间	0~3600s	5s
9	电子过电流保护	0~500A	依据额定电流整定
10	直流制动动作频率	0~120Hz	3Hz
11	直流制动动作时间	0~10s	0.5s
12	直流制动电压	0~30%	4%
13	启动频率	0~60Hz	0.5Hz
14	适用负荷选择	0~5	0
15	点动频率	0~400Hz	5Hz
16	点动加减速时间	0~360s	0.5s
17	MRS 端子输入选择	0,2	0
20	加减速参考频率	1~400Hz	50Hz
77	参数禁止写入选择	0,1,2	0
78	逆转防止选择	0,1,2	0
79	操作模式选择	0~8	0

笔记

上限频率（Pr.1）和下限频率（Pr.2）：用于设定电动机运转上限和下限频率的参数，如果运行频率设定值在上限和下限频率设定值范围之外，则变频器输出频率被钳位在上限频率或下限频率上。

基底频率（Pr.3）：用于调整变频器输出到电动机的额定值，当采用标准电动机时，通常设定为电动机的额定频率，当需要电动机运行在工频电源与变频器切换时，设定值与电源频率相同。

多段速度（Pr.4、Pr.5、Pr.6）：用此参数将多段运行速度预先设定，经过输入端子进行切换，与 Pr.24、Pr.25、Pr.26 和 Pr.27 配合，组成 7 种速度的运行。借助 REX 信号，可以进一步扩展多段速度的设定值范围。各输入端子的状态与参数号之间的对应关系见表 4-26。

表 4-26　各输入端子的状态与参数号之间的对应关系

输入端子状态	RH	RM	RL	RM、RL	RH、RL	RH、RM	RH、RM、RL
参数号	Pr. 4	Pr. 5	Pr. 6	Pr. 24	Pr. 25	Pr. 26	Pr. 27

加、减速时间（Pr. 7、Pr. 8）及加、减速基准频率（Pr. 20）：Pr. 7 的值是从 0 加速到 Pr. 20 所设定频率所需要的时间；Pr. 8 的值是从 Pr. 20 所设定的频率减速到 0 所需要的时间。

点动运行频率（Pr. 15）：当变频器在外部操作模式时，用输入端子选择点动功能（接通 SD 与 JOG），用启动信号（STF 或 STR）实现点动操作；当变频器在 PU 操作模式时，用操作单元上的操作键（FWD 或 REV）实现点动操作。

操作模式设置（Pr. 79）：这是一个重要的参数，用于确定变频器在什么模式下运行。Pr. 79 设定值及其相对应的工作模式见表 4-27。

表 4-27　Pr. 79 设定值及其相对应的工作模式

Pr. 79 设定值	工作模式
0	电源接通时为外部操作模式，通过增、减键可以在外部和 PU 键切换
1	PU 操作模式（参数单元操作）
2	外部操作模式（控制端子接线控制运行）
3	组合操作模式 1，用参数单元设定运行频率，外部信号控制电动机启停
4	组合操作模式 2，外部输入运行频率，用参数单元控制电动机启停
5	程序运行

负载类型选择参数（Pr. 14）：用此参数可以选择与负载特性最适宜的输出特性（U/f 特性），如图 4-25 所示。

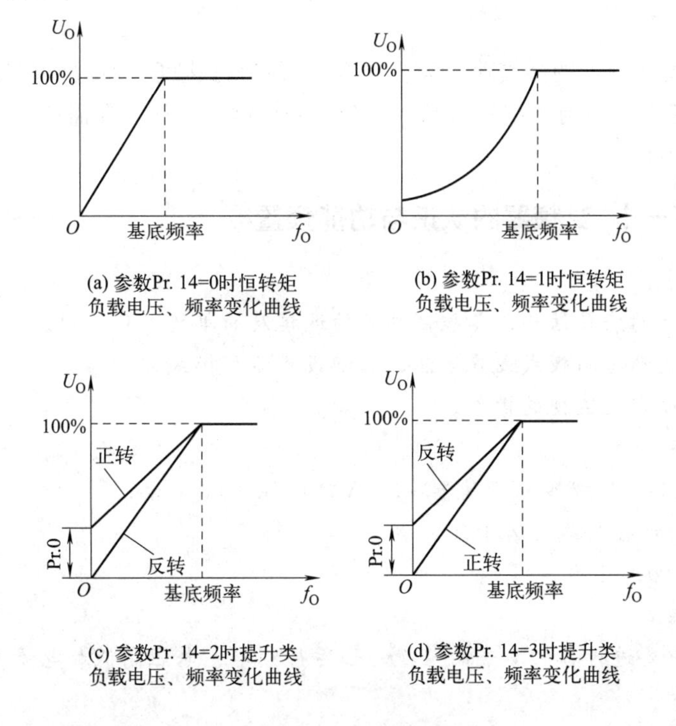

笔记

图 4-25　负载类型选择参数

参数禁止写入选择（Pr. 77）和逆转防止选择（Pr. 78）：Pr. 77 用于参数写入禁止或允许，主要用于防止参数被意外改写；Pr. 78 用于泵类设备，防止反转，具体设定值见表 4-28。

表 4-28　Pr. 77，Pr. 78 的设定值及其相应功能

参数号	设定值	功　　能
Pr. 77	0	在 PU 模式下，仅限于停止时可以写入（出厂设定）
	1	不可写入参数，但 Pr. 75、Pr. 77、Pr. 79 参数可以写入
	2	即使运行时也可以写入
Pr. 78	0	正转和反转均可（出厂设定）
	1	不可反转
	2	不可反转

变频器的参数单元操作就是 PU 操作方式，不需要控制端子的接线，完全用操作面板上的操作按键即可对变频器进行启停控制，它是变频器的基本运行方式之一。变频器在实际使用中经常用于控制各类机械正反转。例如：前进后退、上升下降和进刀回刀等，都需要电动机的正反转运行。

外部操作运行是用变频器控制端子上的外部接线控制电动机启、停和运行频率的一种方法，通过设置 Pr. 79 的值来进行操作模式切换，此时参数单元操作无效，实际应用中外部操作模式使用较多。

组合运行操作是应用参数单元和外部接线共同控制变频器运行的一种方法，一般来说有两种：一种是参数单元控制电动机的启停，外部接线控制电动机的运行频率；另一种是参数单元控制电动机的运行频率，外部接线控制电动机的启停，这是工业控制中使用较多的方法。

FR-A540 三菱变频器的多端速度运行共有 15 种运行速度，通过外部接线端子的控制可以运行在不同的速度上，与可编程控制器联合起来控制更方便，在需要经常改变速度的生产机械上得到广泛应用。

【技能训练一】 变频器的认识与功能预置

（1）训练目的

① 掌握变频器的装置结构，各控制端子的连接及简单的工作原理。

② 初步掌握变频器的模式设置方法，正确设置运行模式。

③ 掌握频率设定及监视的操作。

（2）训练设备

三菱 FR-A5401. 5K 型变频调速器（380V，1. 5kW），1 台。

带香蕉插头的连接导线，若干条。

三相异步电动机，1 台。

（3）训练步骤

变频器运行中要进行各种参数的监视，如运行频率、电压高低和电流大小等，下面介绍具体的操作方法。

① 按 MODE 键改变监视显示：按下参数单元的 MODE 键，可以改变 5 个操作画面，

即监视模式、频率设定模式、参数设定模式、运行模式和帮助模式。

② 频率设定：在 PU 操作模式下设定运行频率。设定频率时，首先操作 MODE 键，将显示画面调整在频率设定画面下，再操作▲/▼键，将数值调整在需要的值上，然后按住 SET 键不放，当 SET 键按下时间大于 1.5s 时，新值即可写入，原值被冲掉。

③ 参数设定：一个参数值的设定既可以用数字键设定，也可以用▲/▼键增减，按下 SET 键 1.5s 写入设定值，并更新。例如把 Pr.79 “运行模式选择” 设定值从 “2” （外部操作模式）变更到 “1”（PU 操作模式）。

④ 操作模式。

a. PU 操作模式（用操作面板运行）。以 50Hz 运行。通电，确认运行状态，设定到外部操作模式（PU）；MODE 键切换，在频率设定模式中设定运行频率为 50Hz；按下 FWD 或 REV 键，电动机启动，进入监视模式，显示输出频率；按下 STOP 键停止。

PU 点动运行。仅在按下 FWD 或 REV 键的期间内运行，松开则停止；设定参数 Pr.15 “点动频率” 和 Pr.16 “点动频率加减速时间” 的值；MODE 键切换，在操作模式中设定 PU 点动运行；按下 FWD 或 REV 键运行。

b. 组合操作模式（外部输入信号与 PU 并用运行）。通电，选择组合操作模式（Pr.79=3），EXT 与 PU 灯均亮；将启动开关设定为 ON，开始运行，用参数单位设定运行频率为 60Hz，在频率设定模式中单步设定；启动开关设定为 OFF，电动机停止运行。

【技能训练二】 变频器外部操作模式设置

（1）训练目的

① 掌握变频器外部接线。

② 掌握变频器外部控制端子的功能。

③ 测量变频器的电压/频率曲线（U/f 曲线）。

④ 掌握组合运行模式下变频器的操作方法。

⑤ 掌握变频器参数单元的操作方法。

（2）训练设备

三菱 FR-A5401.5K 型变频调速器（380V、1.5kW），1 台。

带香蕉插头的连接导线，若干条。

三相异步电动机，1 台。

（3）训练步骤

① 测量变频器 U/f 曲线。

a. 设定 “基底频率” 为 50Hz。

b. 设定运行频率为 60Hz，按下 FWD 或 REV 键，电动机启动，用转速表测出转速，并测量相应电压值，填入表 4-29 中。

表 4-29 U/f 特性测量表

频率/Hz	60	50	40	30	25
转速/(r/min)					
输出电压					

c. 按照表 4-29 的要求改变运行频率、测量转速及相应输出电压值，并填入表中。

d. 画出 U/f 曲线。

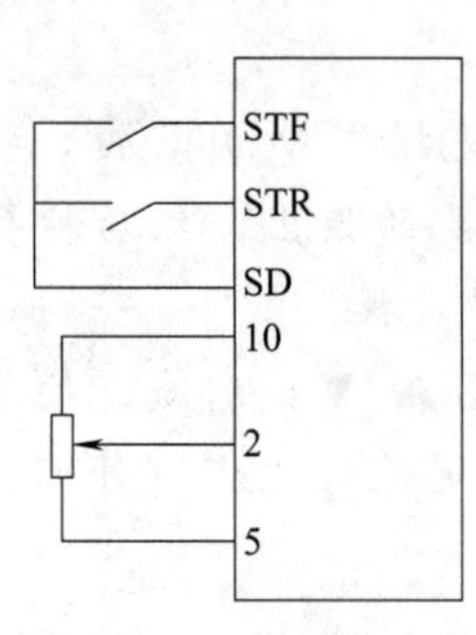

图 4-26 正反转运行外部接线

② 正反转运行的外部操作。

a. 连续运行。

(a) 连接主电路。

(b) 按图 4-26 所示连接控制电路。

(c) 在 PU 模式下设定基本运行参数。见表 4-30。

(d) 设 Pr. 79=2，EXT 灯亮。

(e) 接通 SD 与 STF，转动电位器，电动机正向逐渐加速。

(f) 断开 SD 与 STF，电动机停。

(g) 接通 SD 与 STR，转动电位器，电动机反向逐渐加速。

(h) 断开 SD 与 SIR，电动机停。

表 4-30 基本运行参数

参数名称	参数号	设置数据
上升时间	Pr. 7	4s
下降时间	Pr. 8	3s
加、减速基准频率	Pr. 20	50Hz
基底频率	Pr. 3	50Hz
上限频率	Pr. 1	50Hz
下限频率	Pr. 2	0Hz

b. 点动运行（Pr. 79=2）。

(a) 接通 SD 与 JOG，变频器处于外部点动状态。

(b) 设定参数 Pr. 15=35Hz、Pr. 16=4s。

(c) 接通 SD 与 STF，正向点动运行在 35Hz，断开 SD 与 STF，电动机停止。

(d) 接通 SD 与 STR，反向点动运行在 35Hz，断开 SD 与 SIR，电动机停止。

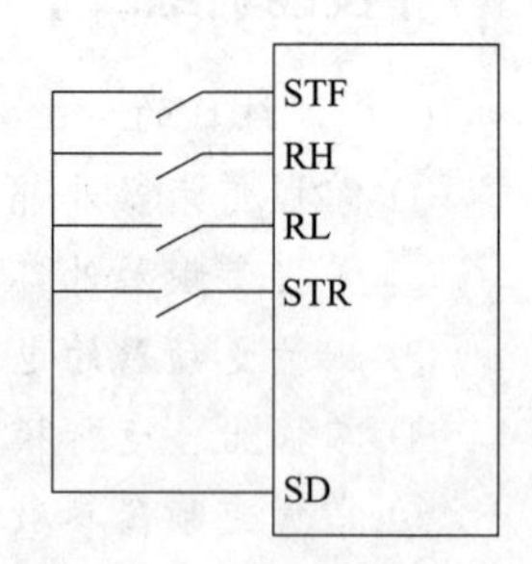

图 4-27 组合运行操作示意图

③ 组合运行操作。

a. 外部信号控制电动机启停，操作面板设定运行频率。

(a) 控制电路按图 4-27 所示接线。

(b) 设 Pr. 79=3，EXT 灯和 PU 灯同时亮。

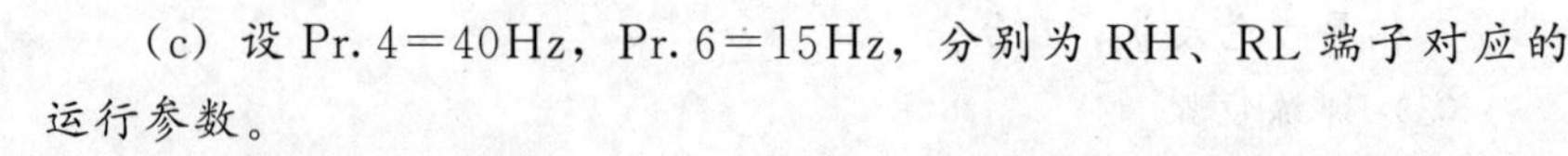

(c) 设 Pr. 4=40Hz，Pr. 6=15Hz，分别为 RH、RL 端子对应的运行参数。

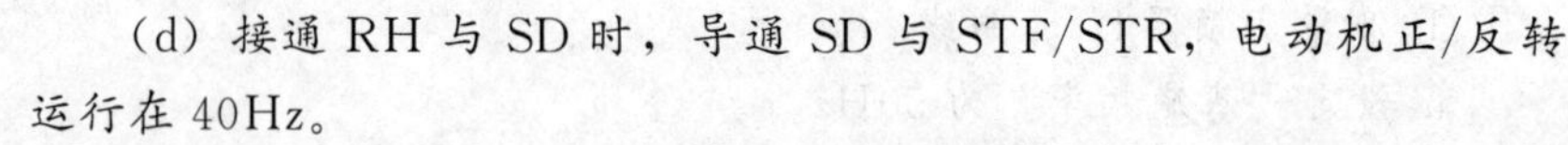

(d) 接通 RH 与 SD 时，导通 SD 与 STF/STR，电动机正/反转运行在 40Hz。

(e) 接通 RL 与 SD 时，导通 SD 与 STF/STR，电动机正/反转运行在 15Hz。

(f) 在“频率设定”画面下，设定频率 $f=30$Hz，仅接通 SD 与 STF/STR，电动机运行在 30Hz。

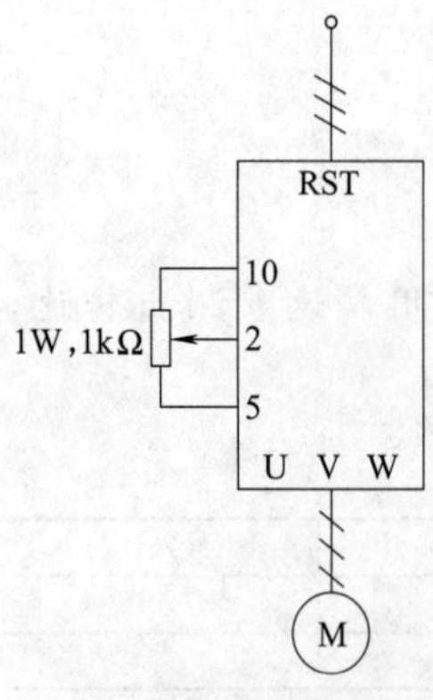

图 4-28 组合运行操作示意图

b. 用外接电位器设定频率，操作面板控制电动机启停。

(a) 控制电路按图 4-28 所示接线。

(b) 设 Pr. 79=4，EXT 灯和 PU 灯同时亮。

(c) 按下操作面板上的［FWD］键，转动电位器，电动机正向加速。

(d) 按下操作面板上的［REV］键，转动电位器，电动机反向加速。

(e) 按下［STOP］键，电动机停。

④ 多段速度。如果不用 REX 信号，则通过 RH、RM、RL 的开关信号，最多可选择七段速度。例如设置表 4-31、表 4-32 中的各段速度参数。

表 4-31 基本运行参数设定表

参数名称	参数号	设定值
提升转矩	Pr. 0	5%
上限频率	Pr. 1	50Hz
下限频率	Pr. 2	3Hz
基底频率	Pr. 3	50Hz
加速时间	Pr. 7	4s
减速时间	Pr. 8	3s
电子过电流保护	Pr. 9	3A(由电动机功率定)
加减速基准时间	Pr. 20	50Hz
操作模式	Pr. 79	3

表 4-32 七段速度运行参数设定表

控制端子	RH	RM	RL	RM、RL	RH、RL	RH、RM	RH、RM、RL
参数号	Pr. 4	Pr. 5	Pr. 6	Pr. 24	Pr. 25	Pr. 26	Pr. 27
设定	15	30	50	20	25	45	10

操作步骤如下

(a) 控制电路按图 4-29 所示接线。

(b) 在 PU 模式（参数单元操作）下，设定基本参数。

(c) 设定 Pr. 4～Pr. 6 和 Pr. 24～Pr. 27 参数。

(d) 设定 Pr. 79＝3，EXT 灯和 PU 灯均亮。

(e) 在接通 RH 与 SD 的情况下，接通 STF 和 SD，电动机正转在 15Hz。

(f) 在接通 RM 与 SD 的情况下，接通 STF 和 SD，电动机正转在 30Hz。

(g) 在接通 RL 与 SD 的情况下，接通 STF 和 SD，电动机正转在 50Hz。

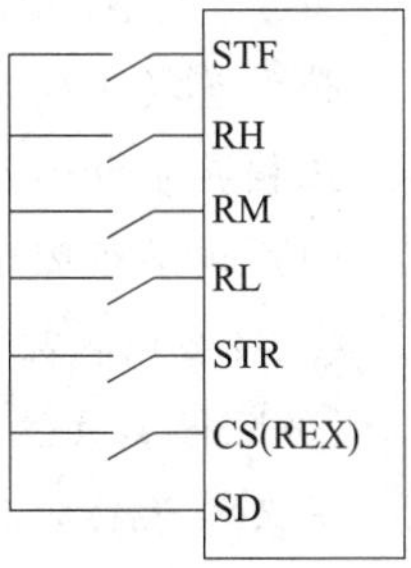

STF
RH
RM
RL
STR
CS(REX)
SD

图 4-29 多段速度端子接线

笔记

(h) 在同时接通 RM、RL 与 SD 的情况下，接通 STF 和 SD，电动机正转在 20Hz。

(i) 在同时接通 RH、RL 与 SD 的情况下，接通 STR 和 SD，电动机反转在 25Hz。

(j) 在同时接通 RM、RM 与 SD 的情况下，接通 STR 和 SD，电动机反转在 45Hz。

(k) 在同时接通 RH、RM、RL 与 SD 的情况下，接通 STR 和 SD，电动机反转在 10Hz。

注意改变 CS 端子功能选择参数 Pr. 186＝8，将 CS 端子的功能变为 REX 功能，同时配合多段速度设定参数 Pr. 232～Pr. 239 的设定频率值，可以实现 15 种速度运行。

⑤ 外部操作模式。

a. 以 50Hz 运行。通电，确认运行状态，设定到外部操作模式（EXT）；将启动开关（STF 或 SIR）置于 ON，相应运转指示灯闪烁；顺时针旋转电位器到满刻度，显示频率逐渐增大至 50Hz；逆时针旋转电位器到底，显示频率逐渐减小至 0Hz，电动机停止；断开启动开关。

b. 外部点动操作。运行时，保持启动开关接通，断开则停止；设定 Pr. 15 “点动频率”和 Pr. 16 “点动加、减速时间”；选择外部操作模式；接通点动信号，保持启动信号接通，进行点动运行。

【技能训练三】 电动机带负载实训

(1) 训练目的

① 掌握变频器 PID 操作的参数设定方法。

② 掌握变频器 PID 控制的接线方法。

③ 理解 PID 控制的意义。

(2) 实训原理

PID 就是比例微积分控制，通过变频器实现 PID 控制有两种情况：一是变频器内置的 PID 控制功能。给定信号通过变频器的端子输入，反馈信号也反馈给变频器的控制端，在变频器内部进行 PID 调节，以改变输出频率；二是外部的 PID 调节器将给定量与反馈量比较后输出给变频器，加到控制端子作为控制信号。总之，变频器的 PID 控制是与传感器构成的一个闭环控制系统，实现对被控制量的自动调节，在温度和压力等参数要求恒定的场合应用十分广泛，是一种常用的方法。

(3) 训练设备

三菱 FR-A5401.5K 型变频调速器（380V，1.5kW），1 台。

带香蕉插头的连接导线，若干条。

三相异步电动机，1 台。

(4) 训练步骤

① 接线图：按图 4-30 所示接线。

② 运行参数设定。

定义端子功能及参数设定。定义端子功能及参数设定见表 4-33。

笔记

表 4-33　定义端子功能及参数设定表

参数号	作用	功能
Pr. 183＝14	将 RT 端子设定为 X14R 功能	RT 端子功能选择
Pr. 192＝16	从 IPF 端子输出正反转信号	IPF 端子功能选择
Pr. 193＝14	从 OL 端子输出信号	OL 端子功能选择
Pr. 194＝15	从 FU 端子输出上限信号	FU 端子功能选择

运行参数设定。运行参数设定见表 4-34。

表 4-34　运行参数设定表

参数号	作用	功能
Pr. 128＝20	检测值从端子 4 输入	选择 PID 对压力信号的控制
Pr. 129＝30	确定 PID 的比例调节范围	PID 的比例范围常数设定
Pr. 130＝10	确定 PID 的积分时间	PID 的积分时间常数设定
Pr. 131＝100%	设定上限调节值	上限值设定参数
Pr. 132＝0%	设定下限调节值	下限值设定参数
Pr. 133＝50%	外部操作时设定值由端子 2 和 5 间的电压确定，在 PU 或组合操作时控制值大小的设定	PU 操作下控制设定值的确定
Pr. 134＝3s	确定 PID 的微分时间	PID 的微分时间常数设定

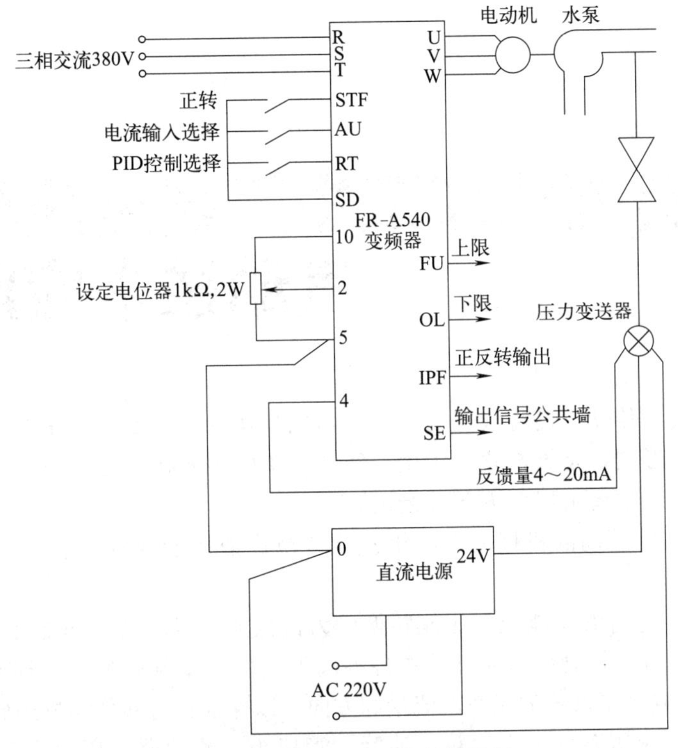

图 4-30　变频器 PID 控制接线图

③ 操作步骤。

a. 按照要求设定参数。

b. 按图 4-30 接线。

c. 调节端子 2 和 5 间的电压到 2.5V，设 Pr. 79＝2，EXT 灯亮。

d. 同时接通 SD 与 AU、SD 与 RT、SD 与 STF，电动机正转。改变端子 2 和 5 间的电压值，电动机转速可随之变化，并始终稳定运行在设定值上。

e. 调节 4～20mA 电流信号。电动机转速也会随之变化，并稳定运行在设定值上。

f. 设 Pr. 79＝1，PU 灯亮，按 FWD 键（或 REV 键和 STOP 键），控制电动机启停，并稳定运行在 Pr. 133 的设定值上。

项目5

智能化加工生产线液压与气动技术应用

液压传动与气压传动（简称液压与气动）是以流体（液压油或压缩空气）为工作介质进行能量传动的一种形式，是智能化加工生产线技术中的主要执行元件。

液压与气动系统主要由以下五部分组成。

① 动力元件。将原动的机械输入的机械能转换成液压能或气压能的装置，如液压泵和空气压缩机。

② 执行元件。它将液压能或气压能转换成为机械能，以驱动工作部件。如缸、马达等。

③ 控制调节元件。控制调节元件是指各种阀类元件，如溢流阀、单向阀、换向阀等。它的作用是控制液压或气压系统的压力、流量和方向，以保证执行元件完成预期的工作运动。

④ 辅助元件。液压系统中指油箱、油管、管接头、滤油器、压力表等；在气压系统中指使压缩空气净化、润滑、消声以及元件连接需要的气管、管接头、过滤器等。

⑤ 工作介质。液压系统中指液压油，多用矿物油；在气动系统中指空气。

任务 5.1 智能化加工生产线中动力源技术

知识与能力目标

（1）认识液压与气动的动力源的构成，明确液压、气动系统中对介质的要求，会选择动力装置所需要的元器件。

（2）认识器件外形和图形符号。

（3）会判断装置出现的常见故障，并能根据系统压力要求，调整压力和流量。

（4）利用动力元件为系统提供具有一定压力、温度、流量的纯净液压油或压缩空气。

5.1.1 液压源

液压源的核心是液压泵，介质是液压油，同时为了保证液压系统的正常工作，液压源还要有一些辅助元件。液压系统的辅助元件包括油箱、液压过滤器、压力表、油管与管接头、蓄能器等。其中，油箱主要用于储存油液，液压过滤器用于清除油液中的杂质，油管是油液流动的管路，压力表用于测量油液的压力。

5.1.1.1 液压油

液压油为液压系统的传动介质，选择时主要考虑两个性质：黏性和可压缩性。

（1）黏性

液体在管子里流动的时候，液体和管道壁发生的摩擦力，称之为外摩擦力；液体内部点的运动速度不等，也会产生摩擦力，称为内摩擦力。黏性既反映内摩擦力的大小，也反映液体的流动性能。液体的黏性大小用黏度表示，常用运动黏度作为黏度的衡量制，用 ν 来表示，单位为 mm^2/s。我国新牌号液压油是按 40℃下的运动黏度平均值来表示的。如最常用的液压油名称及代号是：

① 基础油（HH）；

② 普通液压油（HL）；

③ 抗磨液压油（HM）；

④ 低温液压油（HV）。

以 L-HM32 为例：

L——类别（润滑剂）；HM——抗磨液压油；32——40℃平均运动黏度值。

（2）可压缩性

液体受压力作用而发生体积减小的特性称为液体的可压缩性。液压系统希望液压油有很强的抗压缩性。因此，采用矿物油，其抗压缩性大约是钢的 100～150 倍。

5.1.1.2　液压泵

泵是液压系统的动力元件，常见液压泵的分类及图形符号见表 5-1。泵的主要参数见表 5-2。不同结构的液压泵的机构与主要技术性能见表 5-3。

表 5-1　常见液压泵的分类及图形符号

分类方法	类型	图形符号	
按结构不同分	齿轮泵	单向定量泵	变量泵(双向流动单向旋转)
	叶片泵		
	柱塞泵		
按输油方向是否可变分	单向泵		
	双向泵		
按输出流量是否可调分	定量泵	单向变量泵	变量泵(双向流动单向旋转)
	变量泵		
按额定压力高低分	低压泵		
	中压泵		
	高压泵		

表 5-2　液压泵的主要参数

参数名称		定　义
排量 $V/(m^3/r)$		泵轴每转一转，由密封容腔几何尺寸变化量计算而得的排出液体的体积
流量/(L/min)	理论流量 q_t	在单位时间内，由密封容腔几何尺寸变化量计算而得的排出液体的体积
	额定流量 q_n	在正常工作条件下，按试验标准规定必须保证的输出流量
	实际流量 q	在实际工作条件下，泵出口处实际输出的流量
功率/kW	输入功率 P_i	驱动泵轴的机械功率
	输出功率 P_o	泵输出的液压功率
压力/MPa	额定压力 p_n	在正常工作条件下，按试验标准规定能连续运转的最高输出压力
	最高压力 p_{max}	按试验标准规定，允许短暂运行的最高输出压力
	工作压力 p	液压泵工作时，泵出口处输出油液的实际压力(泵工作压力取决于负载)
额定转速 n_p(r/min)		在额定压力下，能连续长时间正常运转的最高转速

表 5-3　不同结构的液压泵的主要技术性能比较

名称	外形图片(举例)	内部结构图	特　点
齿轮泵		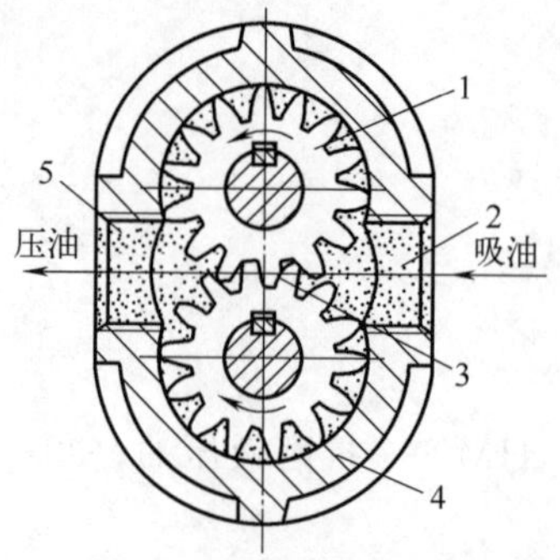 1—齿轮;2—吸油腔;3—啮合线; 4—壳体;5—压油腔	利用齿和泵壳形成的封闭容积的变化,完成泵的功能,不需要配流装置,不能变量。结构最简单、价格低、径向载荷大、结构简单。尺寸小,重量轻。对油液污染不敏感,维护容易。但承受径向压力大,磨损严重,泄漏大,工作压力提高受限制,流量脉冲和噪声大。一般用于低压和对噪声污染要求不高的场合
叶片泵		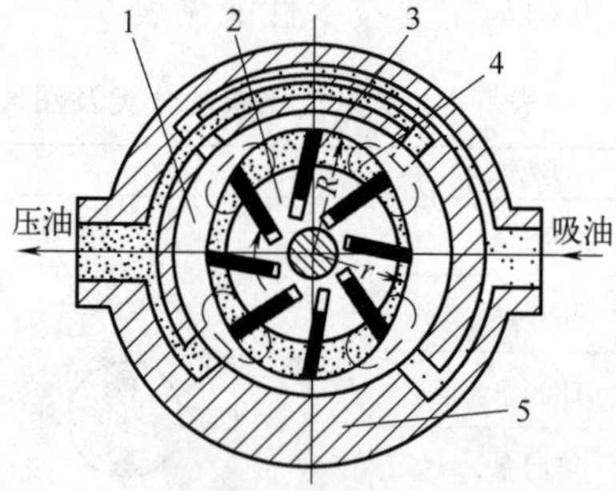 1—定子;2—转子;3—叶片; 4—配流盘;5—泵体	利用插入转子槽内的叶片间容积变化,完成泵的作用。在轴对称位置上布置有两组吸油口和排油口,径向载荷小,噪声较小,流量脉动小
柱塞泵		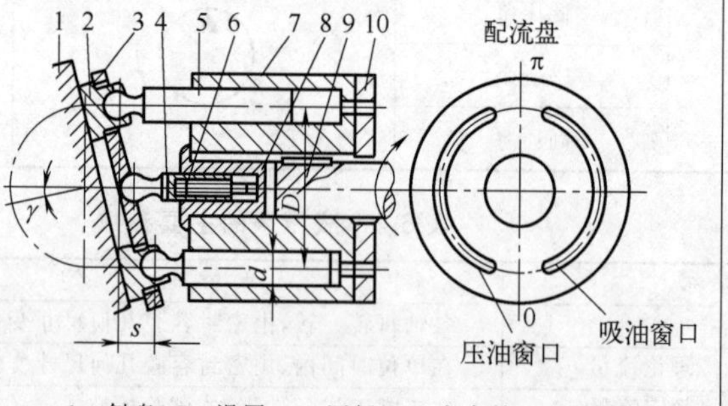 1—斜盘;2—滑履;3—压板;4—内套筒;5—柱塞; 6—弹簧;7—缸体;8—外套筒;9—轴;10—配流盘	径向载荷由缸体外周的大轴承所平衡,以限制缸体的倾斜。利用配流盘配流,传动轴只传递转矩,轴径较小。由于存在缸体的倾斜力矩,制造精度要求较高,否则易损坏配流盘。改变柱塞的行程就能改变流量。具有压力高、结构紧凑、效率高、流量调节方便等优点

笔记

5.1.1.3　液压源的辅助元件

液压源的辅助元件有油箱、液压过滤器、压力表、油管及管接头、蓄能器等。表 5-4 表示主要的辅助元件的作用和图形符号。

表 5-4　常用的主要液压源辅助元件的作用及图形符号

名称	种　类	作　用	图形符号
油箱	总体式/分离式	储油、散热、分离油液中的空气及沉淀油中杂质	
油管	软管和硬管	油管及管接头用来将液压元件连接起来构成液压系统	工作管路　控制管路 连接管路　交叉管路
管接头	扩口式、焊接式、卡套式		单通路旋转接 三通路旋转接 带单向阀快换接头 不带单向阀快换接头
滤油器	网式、线隙式、纸芯式、烧结式	具有清除油中杂质的作用，一般安装在液压泵的吸油口、压油口及重要元件的前面	
压力表	普通弹簧管压力表 带电接点的压力表	压力表用来观察及测量液压系统中各工作点的工作压力	
蓄能器	气囊式、活塞式、重力式、弹簧式和隔膜式	用来存储和释放液体压力能的装置，实现短期大量供油、维持系统压力和缓和冲击，吸收脉动压力	

5.1.2　气压源

气压源为气动系统提供能源，它是利用气源装置为气动系统提供具有一定压力和流量的清洁、干燥的压缩空气。不经处理的空气含有水分和杂质，由于空气具有可压缩性，高速流动时容易产生噪声。

根据对气源的要求和空气的特点，气源装置通常包括空气压缩机、储存装置、冷却装置、净化装置等。实际使用中，在用气量较大时，一般建立空压站，以上装置是独立的，而实验室多采用组合式空气压缩机，图 5-1 为一体式气泵。

(1) 空气压缩机

空气压缩机简称空压机，是将机械能转变为气压能的转换装置。常见的空压机有活塞式空压机、叶片式空压机和螺杆式空压机。气动压缩机的工作原理与液压泵相似。三种空压机的优缺点见表 5-5。

图 5-1　一体式气泵

表 5-5 三种空压机的优缺点

类 型	优 点	缺 点
活塞式空压机	结构简单,使用寿命长,容易实现大容量和高压输出	振动大,噪声大,输出有脉冲,需要设置储气罐
叶片式空压机	能连续输出脉动小的压缩空气,所以一般不需设置储气罐,并且结构简单,制造容易,操作维修方便,运转噪声小	叶片、转子和机体之间机械摩擦较大,产生较高的能量损失,因而效率也较低
螺杆式空压机	能输送出连续的无脉动的压缩空气,输出流量大,无需设置储气罐,结构中无易损件,寿命长,效率高	制造精度要求高,运转噪声大

(2) 净化装置

在气压传动系统中，除水、除油、除尘、冷却和干燥等气源净化装置对保证气压系统正常工作是十分重要的。在某些特殊场合，压缩空气还需要经过多次净化后方能使用。

① 后冷却器。后冷却器的作用是将空压机排出的高温压缩气体冷却到 40℃，并使其中的水蒸气和油雾冷凝成水滴和油滴，以便将其清除。后冷却器有风冷式和水冷式两大类。

② 除油器。除油器又名油水分离器，用于分离压缩空气中所含的油分和水分等杂质，使压缩空气得到初步净化。

③ 储气罐。储气罐作用是减少空压机输出气流压力脉动，保证输出气流的连续性；作为压缩空气瞬间消耗需要的存储补充之用；储存一定数量的压缩空气，当空压机出现停机、突然停电等故障时，备急使用；可降低空压机的启动、停止频率，其功能相当于增大了空压机的功率；利用储气罐的大表面积散热使压缩空气中的一部分水蒸气凝结为水。

④ 干燥器。干燥器的作用是进一步除去压缩空气中的水分、油分杂质，使湿空气变成干空气。干燥器主要有冷冻式空气干燥器、吸附式空气干燥器和吸收式干燥器。

主要的气源净化装置外形与图形符号见表 5-6。

表 5-6 主要气源净化装置的外形（举例）和图形符号

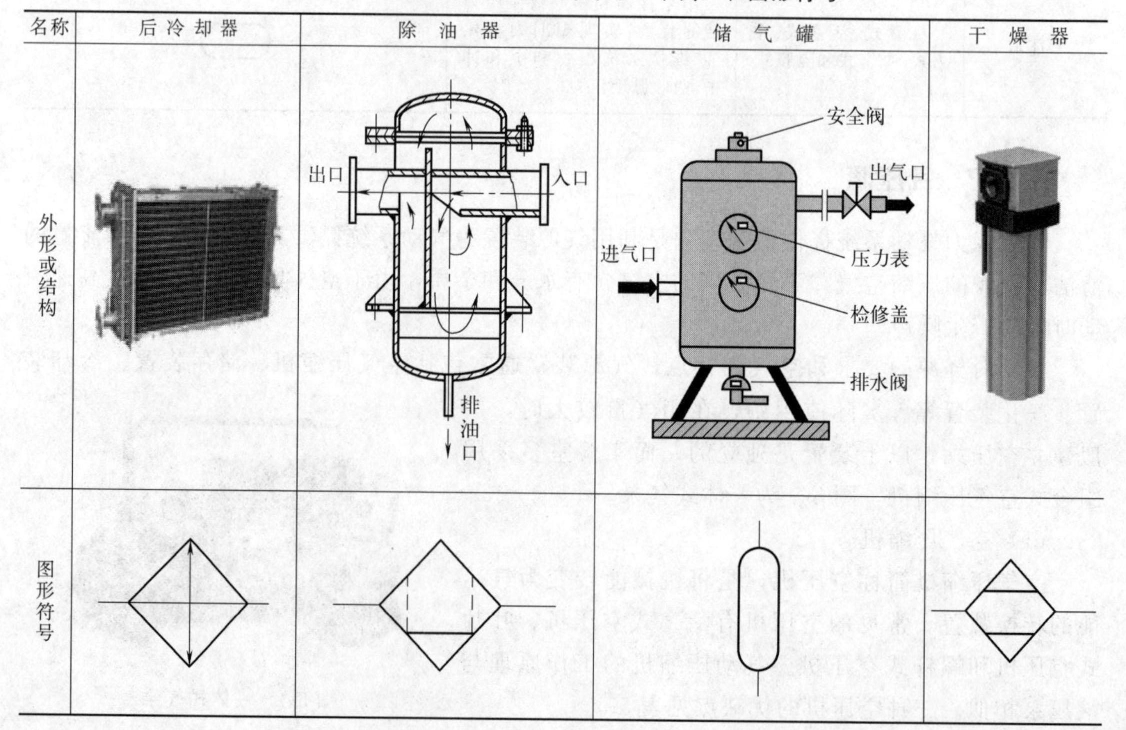

（3）气源三联件

压缩空气供给设备之前，一般要通过气动三联件或二联件进行进一步净化、减压和稳压。图 5-2 为三联件外形图，图 5-3 为二联件的外形图。气源三联件，包含过滤器、减压阀和油雾器，而二联件没有油雾器。

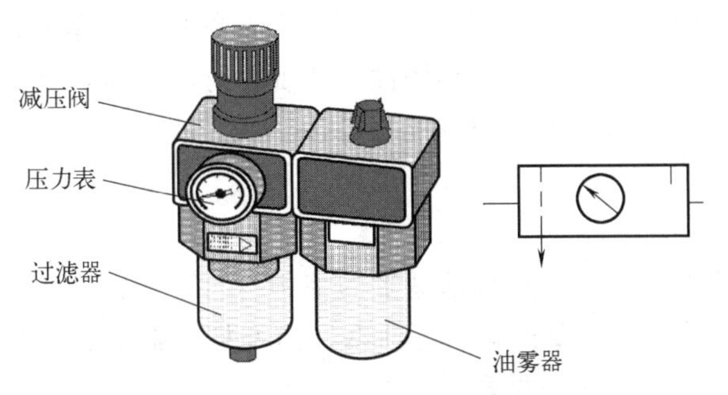

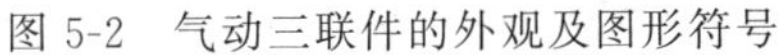

图 5-2　气动三联件的外观及图形符号

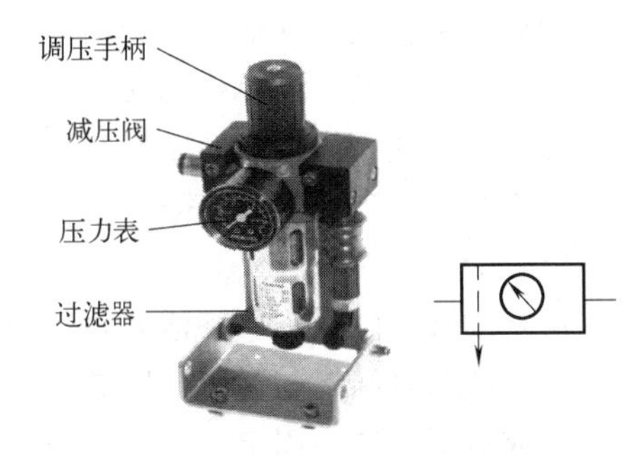

图 5-3　气动二联件的外观及图形符号

① 减压阀。空压机输出的压缩空气的压力通常都高于气动设备和气动装置所需的工作压力，且压力波动也大，因而需要设置减压阀来降压。图 5-4 为减压阀实物和图形符号。

② 过滤器。过滤器分为一次过滤器和二次过滤器。在空压机的入气口处安装有空气过滤器，可减少进入空压机的灰尘量。空气过滤器又称为一次过滤器；二次过滤器又称标准过滤器，其作用是进一步滤除压缩空气中水分、油分和固态杂质，以达到气动系统所要求的净化程度。二次过滤器通常安装在气动系统的入口处。三联件和二联件上使用的是二次过滤器。图 5-5 为二次过滤器实物和图形符号。

③ 油雾器。油雾器是一种特殊的注油装置，其作用是使润滑油雾化后注入空气流中，并随空气进入需要润滑的部件，到达润滑的目的。图 5-6 是油雾器实物和图形符号。

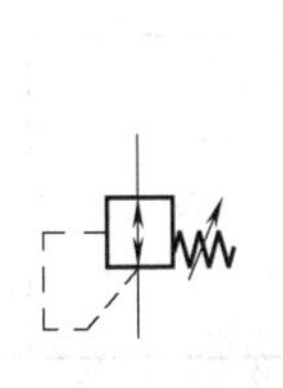

图 5-4　减压阀实物和图形符号

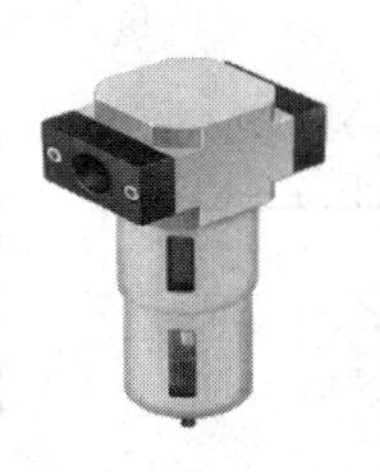

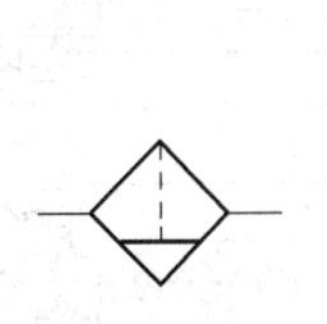

图 5-5　二次过滤器实物和图形符号

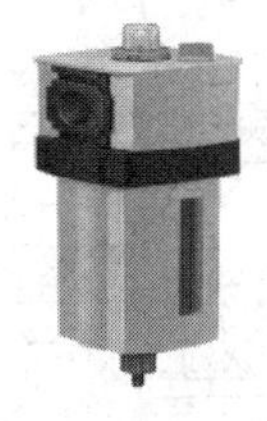

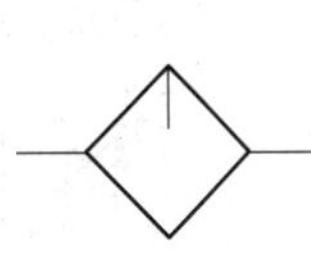

图 5-6　油雾器实物和图形符号

笔记

任务 5.2　执 行 元 件

知识与能力目标

（1）认识常用液压与气动执行元件，了解缸与马达的种类、工作原理以及作用。

（2）能够选择执行元件，识别元件符号，能看懂控制液压与气动控制系统中的执行元件。

执行元件是将液压系统或气压系统中的压力能转化成机械能，以驱动外部工作部件。常用的执行元件包括液压（气压）缸和液压（气压）马达。前者将压力能转换成实现往复直线运动或往复摆动的机械能，后者将压力能转换成旋转运动的机械能。

5.2.1 液压缸

按结构形式不同分为活塞缸、柱塞缸、摆动缸三类。活塞缸与柱塞缸用来实现往复直线运动，输出推力和速度；摆动缸用来实现小于360°的摆动，输出转矩和角速度。按作用方式不同分为单作用式和双作用式两类。双作用式液压缸有两个油口，两个方向的运动都是靠压力油控制实现的，而单作用液压缸是指其中一个方向的运动用油压实现，返回时靠自重或弹簧等外力，这种油缸的两个腔只有一端有油，另一端则与空气接触。

5.2.1.1 几种常见液压缸

(1) 活塞式液压缸

活塞式液压缸分为单杆活塞缸和双杆活塞缸两种。单杆活塞缸的结构与符号如图5-7所示。双杆活塞缸结构与符号如图5-8所示。活塞缸主要由缸筒、活塞、活塞杆、缸盖、密封圈等组成。活塞缸的固定形式、工作原理、特点及应用见表5-7。

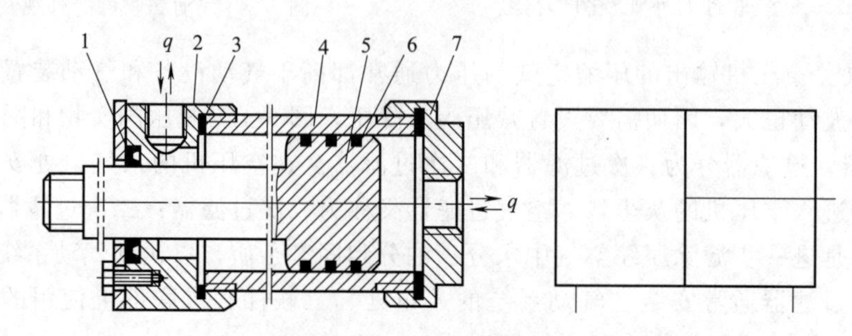

图5-7 单杆活塞缸结构与符号

1,6—密封圈；2,7—端盖；3—垫圈；4—缸筒；5—活塞

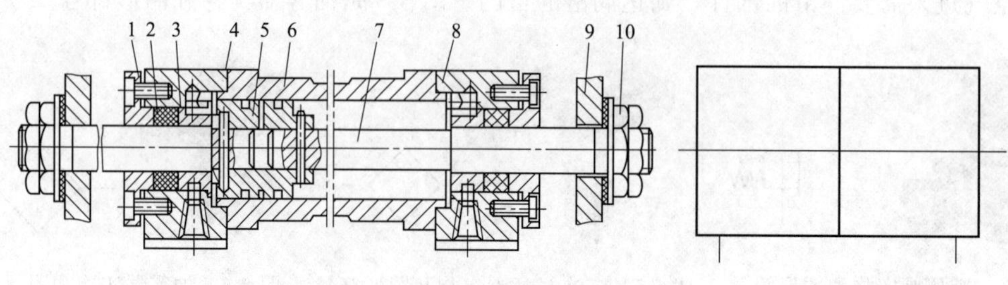

图5-8 双杆活塞缸结构与符号

1—压盖；2—密封圈；3—导向套；4—密封垫；5—活塞；6—缸筒；

7—活塞杆；8—端盖；9—与负载连接；10—紧固螺母

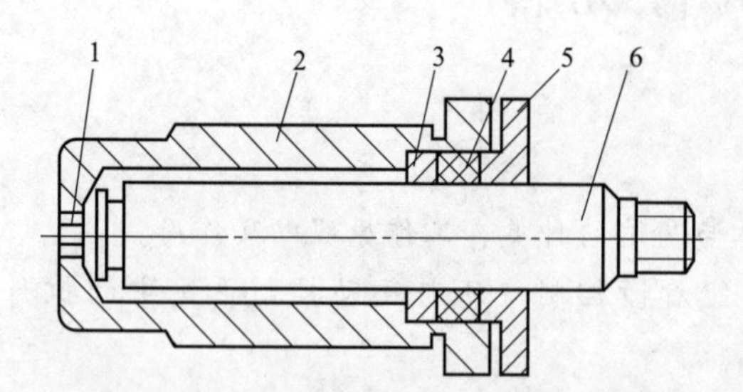

图5-9 柱塞式液压缸结构

1—进油口；2—缸筒；3—导向套；

4—密封件；5—压盖；6—柱塞

(2) 柱塞式液压缸

柱塞式液压缸是一种单作用缸，其结构如图5-9所示。柱塞缸由缸筒、柱塞、导向套、密封件、压盖等组成。

当压力油进入缸体后，推动柱塞单方向运动，反向退回必须靠其他外力或自重驱动。因此柱塞式液压缸常成对使用。

柱塞与缸体无配合要求，缸体内壁只需进行粗加工，运动时由导向套导向，故特别适用

表 5-7 活塞缸固定形式、工作原理、特点及应用

类型	固定形式	工作原理	特点及应用
单杆活塞缸	缸固定	缸左腔进油，推动活塞向右运动（v_1）；缸右腔进油，推动活塞向左运动（v_2）	左右两腔的有效工作面积不等，活塞往复运动速度及推力不等。运动范围为活塞有效行程的两倍。常用于单方向有较大负载且运动速度较低，另一方向为空载且要求快速退回的设备中
	杆固定	缸左腔进油，推动缸体向左运动（v_1）；缸右腔进油，推动缸体向右运动（v_2）	
双杆活塞缸	缸固定	缸左腔进油，推动活塞向右运动（v_1）；缸右腔进油，推动活塞向左运动（v_2）	左右两腔的有效工作面积相等，活塞往复运动速度及推力相等。运动范围为活塞有效行程的三倍。占地较大，一般用于中、小型设备
	杆固定	缸左腔进油，推动缸体向左运动；缸右腔进油，推动缸体向右运动	运动范围为活塞有效行程的二倍。占地较小，一般用于大、中型设备

于行程较长的场合。

（3）摆动式液压缸

摆动式液压缸是实现往复摆动的执行元件，又称摆动式液压马达。有叶片式和齿轮齿条式。叶片式分为单叶片式和双叶片式两种。单叶片式摆动液压缸摆动角度较大，可达 300°。双叶片式摆动液压缸摆动角度较小，一般不超过 150°。

图 5-10 液压摆动缸符号

齿轮齿条缸由带齿条的双杆活塞缸和齿轮齿条机构组成。将齿条活塞缸的直线运动转换为回转运动。常用于机械手、转位机构、回转夹具等。

摆动式液压缸结构紧凑、简单，但密封困难，常用于中低压系统。摆动缸的图形符号如图 5-10 所示。

（4）其他特殊液压缸

表 5-8 为两种特殊液压缸的结构与原理。

表 5-8 其他类型的液压缸结构、原理及应用

名称	结构图	原理	应用场合
伸缩式液压缸（多级缸）	1—活塞；2—套筒；3—O 形密封；4—缸体；5—缸盖	由两级或多级活塞套装而成	放置液压缸空间受限制且工作行程较长的场合。如起重机伸缩臂液压缸、自卸汽车举升液压缸
增压缸		由直径不同的两个液压缸串联而成。当低压油液输入大径（D）缸左腔内时，活塞向右移动，小径（d）缸右腔便输出高压油液	又称为增压器，用于短时或局部需要高压液体的系统。如压铸机、造型机液压系统

5.2.1.2 液压缸应用中应注意的几个问题

（1）密封问题

液压缸的密封是用来防止缸内液压油的外泄漏及内泄漏。外泄漏部位有端盖与缸体之间、活塞杆与端盖之间；内泄漏为活塞与缸筒之间。液压缸密封性能的好坏，直接影响液压缸的工作性能和效率。

（2）缓冲问题

为了防止活塞在行程终了时与缸盖发生撞击，尤其是当活塞运动速度较高或运动部件质量较大时，液压缸必须设置缓冲装置。带有缓冲的液压缸的图形符号如图 5-11 所示。

笔记

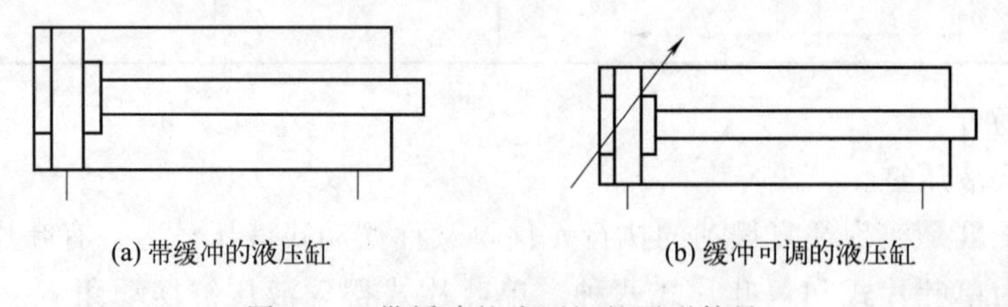

(a) 带缓冲的液压缸　　(b) 缓冲可调的液压缸

图 5-11 带缓冲的液压缸的图形符号

（3）排气问题

液压缸内若有空气渗入，会影响液压缸的运动平稳性，降低换向精度，运动初期产生冲击等现象，甚至使系统无法正常工作。所以对运动平稳性要求较高的液压缸，需在液压缸最高处设排气装置，通常采用排气阀。工作前松开排气阀，使液压缸空载往复运动数次，待缸内空气全部排出缸外后，拧紧排气阀，即可正常工作。

5.2.2 气压缸

气压缸按压缩空气作用在活塞端面上的方向，可分为单作用气缸和双作用气缸；按结构特点可分为活塞式气缸、叶片式气缸、薄膜式气缸、气液阻尼缸等；按安装方式可分为耳座式、法兰式、轴销式和凸缘式。

5.2.2.1　常用的几种气压缸

（1）单作用气缸

单作用气缸是指压缩空气仅在一端进气，并推动活塞运动，而活塞的返回则是借助于其他外力，如重力、弹簧等。活塞上可以带磁环，以便于对活塞位置检测。单作用气缸实物及图形符号如图 5-12 所示。

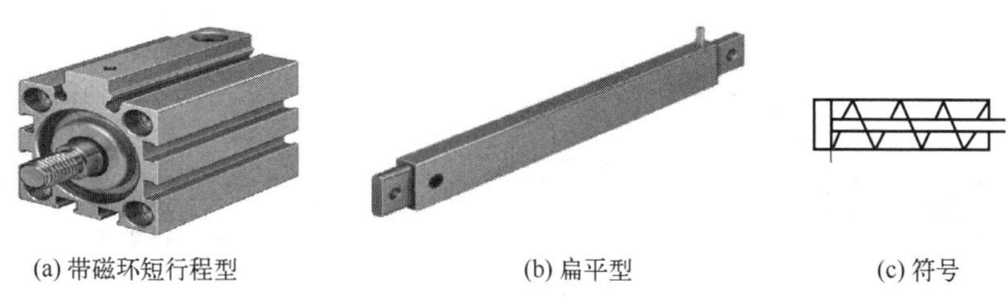

(a) 带磁环短行程型　　(b) 扁平型　　(c) 符号

图 5-12　单作用气缸实物及图形符号

单作用气缸采用单边进气，所以结构简单，耗气量小。其采用弹簧复位，使压缩空气中的一部分能量用来克服弹簧的反力，减少了活塞杆的输出力。另外，缸内安装了弹簧而减小了空间，缩短了活塞的有效行程。但随着弹簧的变形，活塞杆的推力和运动速度在行程中不相同。

（2）双作用气缸

双作用气缸两个方向的运动都是通过气压传动进行的。在压缩空气作用下，双作用气缸活塞杆既可以伸出，也可以缩回。若气缸活塞上带磁环，可用于驱动磁感应传感器动作。部分双作用气缸实物及图形符号如图 5-13 所示。

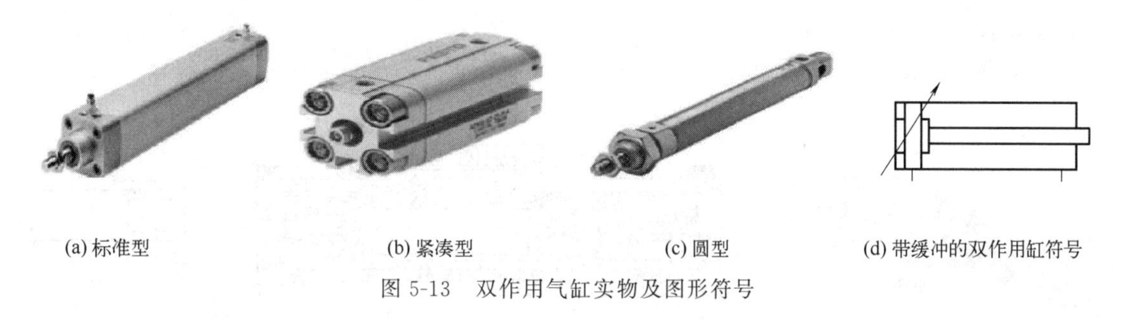

(a) 标准型　　(b) 紧凑型　　(c) 圆型　　(d) 带缓冲的双作用缸符号

图 5-13　双作用气缸实物及图形符号

笔记

表 5-9 为特殊作用的双作用气缸。

表 5-9　特殊作用的双作用气缸

名称	外形结构	符　号	特点及应用
带导向杆气缸			由一个标准双作用气缸和一个导向装置组成。结构紧凑、坚固，导向精确度高。驱动器和导向单元被封闭在同一外壳内，并可根据具体要求选择安装普通轴承或滚珠轴承

续表

名称	外形结构	符 号	特点及应用
双活塞杆气缸			双活塞杆气缸具有两个活塞杆。在双活塞杆气缸中，通过连接板将两个并列的活塞杆连接起来，在定位和移动工具或工件时，这种结构可以抗扭转。此外，与相同缸径的标准气缸比较，双活塞杆气缸输出力是其输出力的两倍
双端单活塞杆气缸			在普通气缸活塞两侧都有活塞杆，活塞两侧受力是相等的，即气缸的推力和拉力相等，在气缸往返行程中速度也完全相等。常用于气动机械加工和包装机械等
双端双活塞杆气缸			双端双活塞杆气缸活塞两端都具有两个活塞杆。在该气缸中，通过两个连接板将两个并列的双端活塞杆连接起来，在定位和移动工具或工件时，这种结构可以抗扭转。此外，与相同缸径的标准气缸比较，这个双活塞杆气缸输出力是其输出力的两倍

(3) 无杆气缸

无杆气缸有机械耦合式和磁性耦合式两种。它属于活塞式的，没有普通气缸的刚性活塞杆，它利用活塞直接或间接带动负载实现往复运动。这种气缸最大优点是节省了安装空间，特别适用小缸径、长行程的场合。

① 机械耦合式无杆气缸。图 5-14 所示为机械耦合式无杆气缸实物及图形符号。

笔记

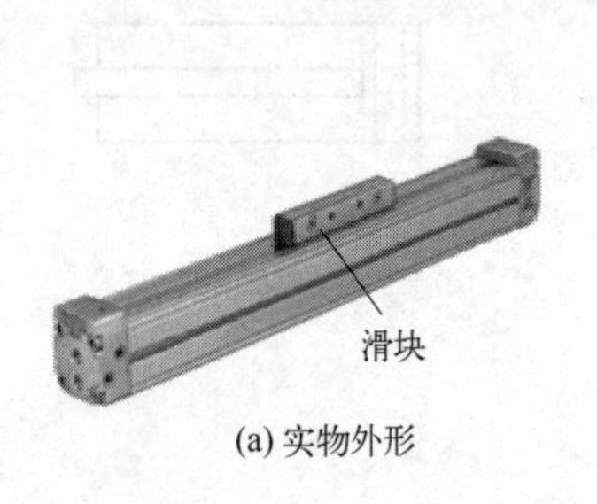

(a) 实物外形

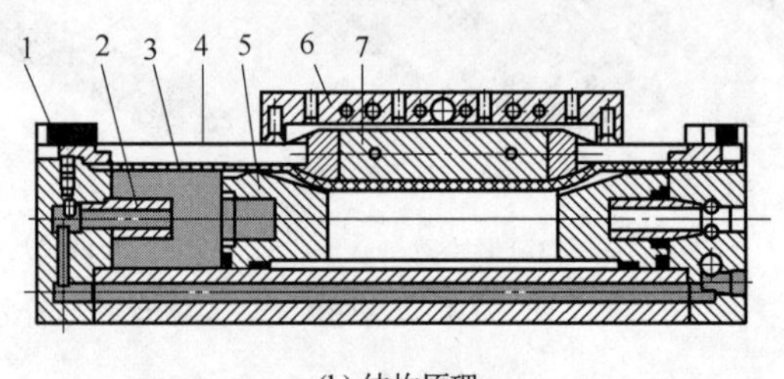

(b) 结构原理

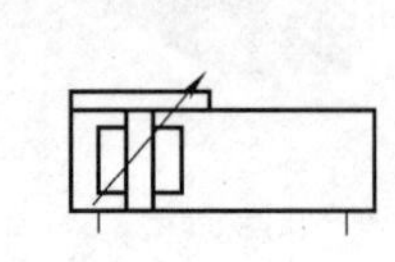
(c) 图形符号

图 5-14 机械耦合式无杆气缸

1—节流阀；2—缓冲柱塞；3—密封带；4—防尘不锈钢带；5—活塞；6—滑块；7—管状体

在压缩空气作用下，活塞-滑块机械组合装置可以做往复运动。这种无杆气缸通过活塞-滑块机械组合装置传递气缸输出力，缸体上管状沟槽可以防止其扭转。为了防泄漏及防尘需求，在开口部采用密封带和防尘不锈钢带，并固定在两端盖上。

② 磁性耦合式无杆气缸。图 5-15 所示为磁性耦合式无杆气缸实物及图形符号。这种气缸在活塞上安装了一组高磁性的稀土永久磁环，其输出力的传递靠磁性耦合，由内磁环带动缸筒外边的外磁环与负载一起移动。特点是无外部泄流，小型，轻量化，节省轴向空间，可承受一定的横向负载等。

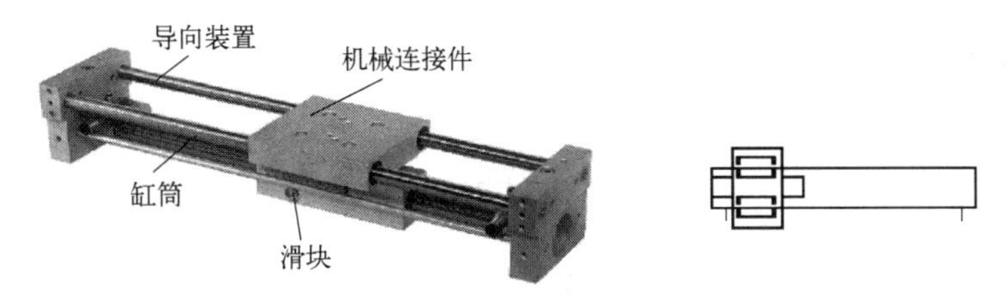

图 5-15　磁性耦合式无杆气缸实物及图形符号

(4) 摆动气缸

摆动气缸是一种在小于 360°角度范围内做往复摆动的气动执行元件。它将压缩空气的压力能转换成机械能，输出力矩使机构实现往复摆动。摆动气缸按结构特征分为叶片式、齿轮齿条式等。

① 叶片式气缸。图 5-16 为一款叶片式摆动气缸实物与图形符号。叶片式摆动气缸结构紧凑，输出力矩大。在摆动气缸中，旋转叶片将压力传递到驱动轴上。可调止动装置与旋转叶片相互独立，从而使得挡块可以限制摆动角度大小。在终端位置，弹性缓冲环可对冲击进行缓冲。叶片式摆动气缸常用于工件的翻转、分类、夹紧等，也用作气动机械手的腕关节部件，用途十分广泛。

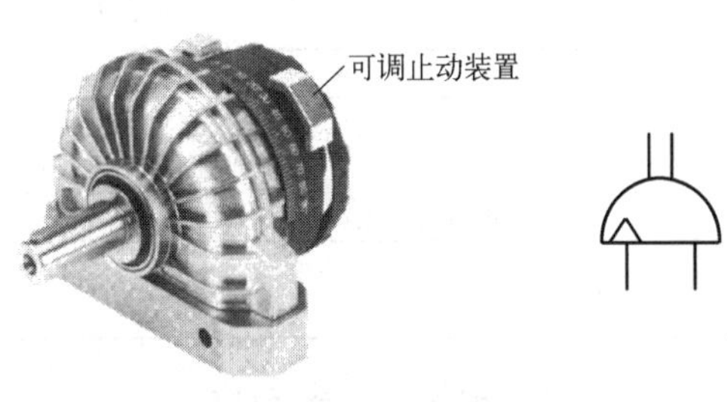

图 5-16　叶片式摆动气缸实物及图形符号

② 齿轮齿条式摆动气缸。图 5-17 (a) 所示为齿轮齿条式摆动气缸实物，图 5-17 (b) 所示为齿轮齿条式摆动气缸结构。齿轮齿条式摆动气缸由齿轮、齿条、活塞、缓冲装置、缸盖和缸体等组成。齿轮齿条式摆动气缸行程终端位置可调，且在终端有可调缓冲装置，缓冲大小与气缸摆动角度无关。在活塞上装有一个永久磁环，行程开关可安装在缸体上的安装沟槽中。齿轮齿条式摆动气缸通过一个可补偿磨损的齿轮齿条将活塞的直线运动转化为输出轴的回转运动。活塞只做往复直线运动，摩擦损失小，齿轮的效率高。

(a) 齿轮齿条式摆动气缸实物图

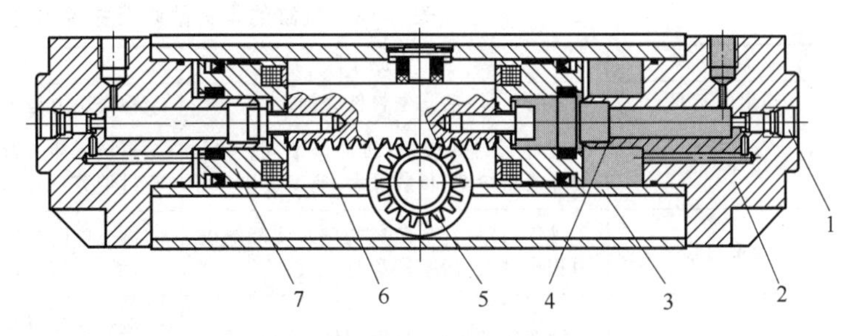

(b) 齿轮齿条式摆动气缸结构图

图 5-17　齿轮齿条式摆动气缸

1—缓冲节流阀；2—端盖；3—缸体；4—缓冲柱塞；5—齿轮；6—齿条；7—活塞

5.2.2.2　气缸应用中的几个问题

① 气缸安全使用规范见表 5-10。

② 气缸的工作环境见表 5-11。

③ 气缸安装操作注意事项见表 5-12。

表 5-10 气缸安全使用规范

序号	内 容	要 求
1	工作压力	不超过 1.0MPa
2	使用前	检查安装连接点有无松动
3	操纵上	考虑安全联锁
4	顺序控制时	检查气缸的工作位置
5	发生故障时	应有紧急停止装置
6	工作结束	气缸内部的压缩空气应排放

表 5-11 气缸的工作环境

序号	内 容	要 求
1	环境温度	5～60℃
2	润滑	气缸通常用油雾润滑，应选用推荐的润滑油
3	接管	气缸接入管道前，必须清除管道内的脏物，防止杂物进入气缸

表 5-12 气缸安装操作注意事项

序号	内 容	要 求
1	活塞杆径向载荷	气缸活塞杆正常承受轴向力。气缸活塞杆所承受的径向载荷应在允许范围内。安装时应防止工作过程承受附加的径向载荷
2	活塞的运动速度	气缸运动速度一般为 50～500mm/s
3	速度调整	气缸安装完毕后进行空载往复几次，检查气缸动作是否正常，然后连接负载进行速度调节

④ 气缸维护保养见表 5-13。

表 5-13 气缸维护保养

序号	内 容	要 求
1	定期检查	检查气缸各部位有无异常现象，各连接部件有无松动等。气缸活动部位定期加润滑油
2	检修装配	零件必须清洗干净，特别防止密封圈剪切、损坏。注意唇形密封圈的安装方向
3	拆下停用	气缸所有加工表面涂防锈油，进排气口加防尘堵塞

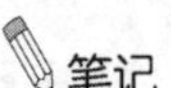

⑤ 气缸的常见故障及排除方法见表 5-14。

表 5-14 气缸的常见故障及排除方法

故障现象	产生原因	排除方法
输出力不足	压力不足；活塞密封件磨损	检查压力是否正常；更换密封件
缓冲不良	缓冲密封件破损；缓冲调节阀松动；缓冲通路堵塞；负载过大；速度过快	更换缓冲密封件；再调节后锁定；除掉异物（固化油、密封带等）；外部加设缓冲机构或减速回路
速度过慢	排气通路受阻；负载与气缸实际输出力相比过大；活塞杆弯曲	检查单向节流阀、换向阀、配管的尺寸；提高使用压力，增大气缸内径；更换活塞杆并消除弯曲的主要原因
动作不稳定	活塞杆被咬住；缸筒生锈、划伤；混入冷凝液、异物；产生爬行现象	检查安装情况，去掉横向载荷；修理，伤痕过大则更换；拆卸、清扫、加设过滤器；速度超过 50mm/s 时，使用气-液转换器
活塞杆和衬套之间泄漏	活塞杆密封件磨损；活塞杆偏心；活塞杆被划伤；混入异物	更换密封件；调整气缸安装，去掉加入的横向载荷；伤痕小可修补、伤痕大则应更换；除掉异物、安装防尘罩
活塞杆弯曲	与负载相连接的活塞杆不能伸出	对安装进行再调整。在固定式安装活塞杆端部与负载之间应采用浮动式接头。 耳环式和轴销式安装时，气缸的运动平面要和负载的运动平面一致

续表

故障现象	产生原因	排除方法
活塞杆弯曲	行程终端有冲击,缓冲效果好	缸的缓冲容量不够时在外部另装设缓冲装置,或在气动回路中设置缓冲机构
活塞两端串气	活塞密封圈损坏;润滑不良;活塞被卡住;密封面混入杂质	更换密封圈;检查油雾器是否失灵;重新安装调整使活塞杆不受偏心和横向载荷;清洗去除杂质,加装过滤器
锁紧气缸停止时超越量大	配管距离过长;带动的负载过重;运动速度过快	为加快响应,缸与阀间距离应尽量短,制动排气孔可装设快排阀;确定规格,减少负载至允许值;确定规格,使速度低于允许速度,以提高定位精度

5.2.3 马达

马达属于执行元件，它将压力能转换成机械能，实现回转运动。气动马达和液压马达原理基本相似。按结构形式分为叶片式、活塞式、柱塞式和齿轮式等。图5-18分别为气动马达和液压马达实物与图形符号。

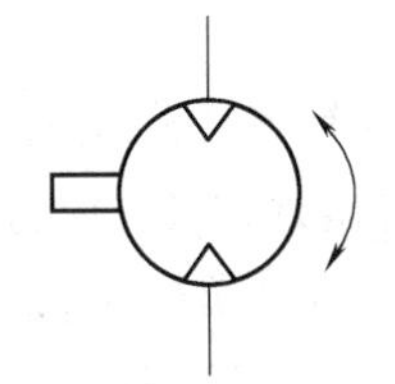

(a) 气动马达实物与图形符号

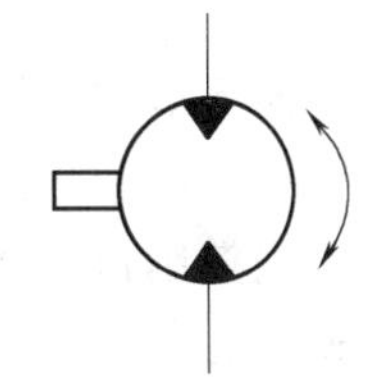

(b) 液压马达实物与图形符号

图5-18 马达实物及图形符号

马达具有可以无级调速、能够正转也能反转、工作安全、不受环境影响、有过载保护作用、功率范围及转速范围较宽等特点。不同类型马达特点见表5-15。

笔记

表5-15 不同类型马达的特点

类型		特点
齿轮式		密封性能差,输入油压不能过高,输出转矩与转速脉动较大,可用作高速马达
叶片式		体积小,惯性小,动作灵敏,可实现正反转,允许频繁换向。一般在中、小容量,高速回转的场合使用。当转速在500r/min以下场合使用时,需要用减速机构
柱塞式	轴向	低速稳定性好,调速范围广,效率高,寿命长;但结构复杂,价格高
	径向	尺寸小,重量轻,启动效率高,低速下能稳定工作

任务5.3 基本控制元件及典型回路

知识与能力目标

(1) 认识常用液压与气动的压力、速度和方向控制元件。

(2) 了解各类控制元件的种类、工作原理以及作用。

(3) 能根据工作要求，选择控制元件，识别元件符号，能看懂控制液压与气动控制系统中的控制元件，并能明确其在回路中的作用。

（4）能够根据要求，完成控制元件和基本控制回路的绘制，并能完成气动或液压控制回路的连接。

在气、液压系统中要用控制元件控制气、液压系统的介质流动方向、流量大小和系统的压力等。这些控制元件在气、液压系统中被称为气动控制阀、液压控制阀。分为方向控制阀、压力控制阀和流量控制阀。

5.3.1 方向控制阀与方向控制回路

方向控制阀分为单向阀和换向阀。

5.3.1.1 单向阀

（1）普通单向阀

普通单向阀只能使介质（液压油或压缩空气）按某一方向流动，而反向截止，故又称为止回阀，简称单向阀。图 5-19（a）为单向阀的图形符号。

介质从进口 P_1 进入顶开阀芯从出口 P_2 流出。当介质从 P_2 口反方向流入时，在弹簧力及介质压力作用下，阀芯闭合，不通。普通单向阀控制介质单方向流动，反方向截止。

（2）液（气）控单向阀

图 5-19（b）为液（气）控单向阀的图形符号。K 口为控制油口，当控制口通压力油时，在油压力作用下使阀芯移动，进油口 P_1 与出油口 P_2 相通，油液可从两个方向自由流动；当控制口不通控制油时，油液只能单方向流动。通过控制油液，可使压力油在两个方向导通。

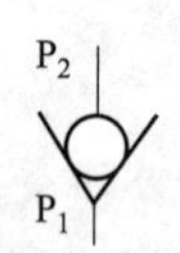

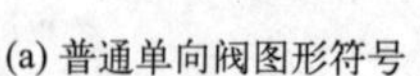

(a) 普通单向阀图形符号

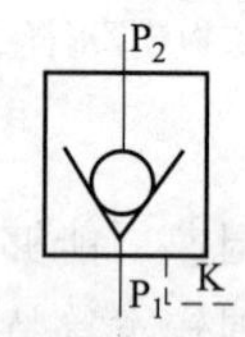

(b) 液(气)控单向阀图形符号

笔记

图 5-19 单向阀符号

（3）或门梭阀

梭阀符号如图 5-20 所示，有两个输入口 1 和一个输出口 2。若在一个输入口上有气信号，则与该输入口相对的阀口就被关闭，且在输出口 2 上有气信号输出。实现“或”逻辑功能。

（4）快速排气阀

快速排气阀可使气缸活塞运动速度加快，特别是在单作用气缸情况下，可以避免其回程时间过长。为了减小流阻，快速排气阀应靠近气缸安装，压缩空气通过大排气口排出。快速排气阀的图形符号如图 5-21 所示。压缩空气从 1 口流向 2 口。如果进气压力（1 口压力）降低，则 2 口压缩空气通过消声器排入大气。

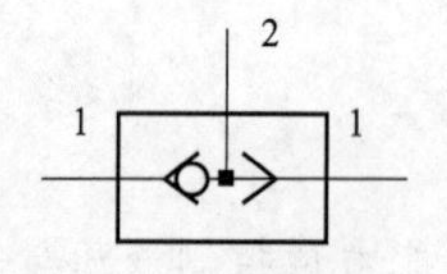

图 5-20 梭阀符号

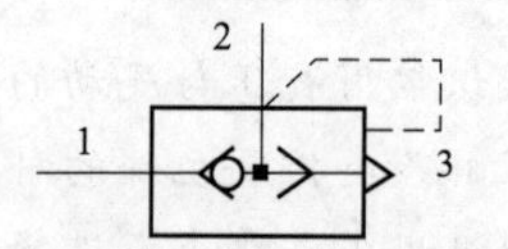

图 5-21 快速排气阀

5.3.1.2　换向阀

换向阀是利用阀芯的位置变动，改变阀体上各通口的通断状态，从而控制油路（或气路）连通、断开或改变介质的流动方向。

换向阀的分类见表 5-16。

表 5-16　换向阀的分类

分类方式	形　式
按阀芯运动方式	滑阀、锥阀、转阀
按阀的工作位置数	二位阀、三位阀、四位阀
按阀的通路数	二通、三通、四通、五通
按阀的操纵方式	人力、机动、电动、液(气)动、电液(气)动
按阀的安装方式	管式、板式、法兰式

换向阀的通路数与图形符号见表 5-17。

表 5-17　换向阀的通路数与图形符号

名称	二通		三通	四通	五通
	常断	常通			
符号	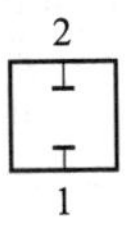 2 1	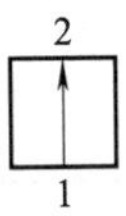 2 1	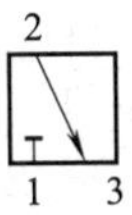 2 1　3	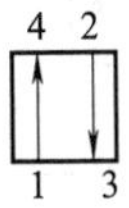 4　2 1　3	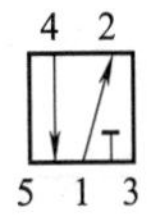 4　2 5　1　3

常用的不同工作位数和通路数组合的换向阀见表 5-18。

表 5-18　不同工作位数和通路数组合的换向阀

名称	图形符号	名称	图形符号
二位二通	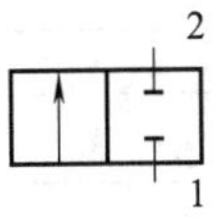 2 1	二位五通	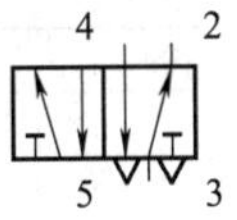 4　2 5　3
二位三通	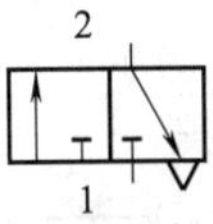 2 1　3	三位四通	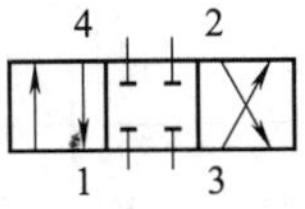 4　2 1　3
二位四通	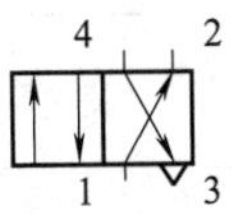 4　2 1　3	三位五通	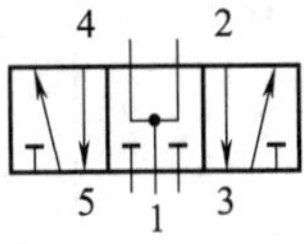 4　2 5　1　3

三位阀的中位有不同的形式，实现不同的功能，其功能对应关系见表 5-19。

按照阀换向外力形式，有手动、机动、电磁、液（气）动、电液（气）动等，其符号见表 5-20。图 5-22 表示一个两位五通双电磁控制换向阀。

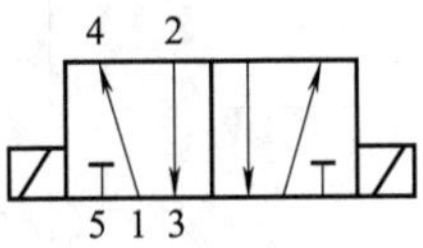

图 5-22　两位五通双电磁控制换向阀

5.3.1.3　方向控制回路

利用各种方向阀来控制介质的通断和变向，以使执行元件启动、停止（包括锁紧）或换向。

笔记

表 5-19 换向阀中位机能对应表

中位机能形式	符号		特点
O 形	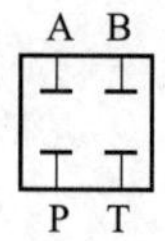 A B / P T	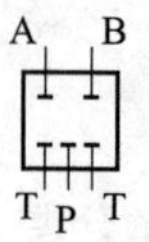 A B / T P T	各接口全封闭,使缸锁紧,泵不卸荷,不影响其他执行元件工作。用于闭锁回路(液压泵的全部油液,在很低的压力下直接回油箱,为卸荷)
M 形	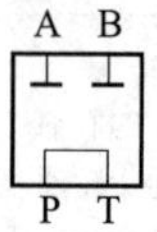 A B / P T	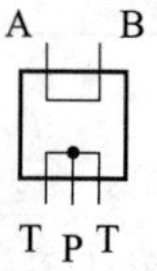 A B / T P T	进口与回口相通,使缸锁紧,泵卸荷。用于锁紧回路与卸荷回路
H 形	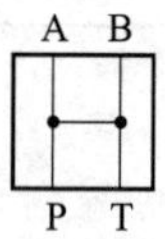 A B / P T	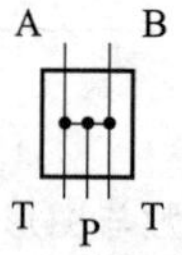 A B / T P T	各接口全相通,泵卸荷,活塞在缸内浮动。用于卸荷回路
Y 形	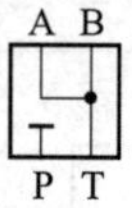 A B / P T	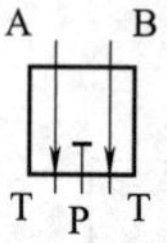 A B / T P T	进口封闭,缸两接口均与回口相通,活塞在缸内浮动,泵不卸荷
P 形	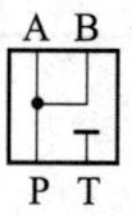 A B / P T	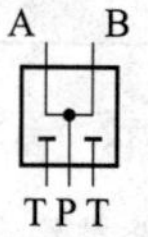 A B / T P T	回口封闭,进口与缸两腔相通,泵不卸荷,能实现差动连接。用于差动回路

表 5-20 换向阀常用控制方式符号

控制方式	符号
人力控制	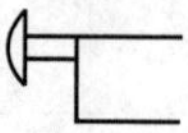 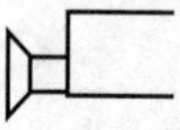 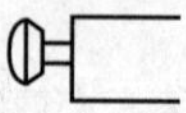 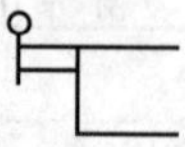 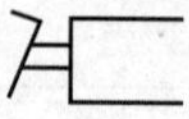 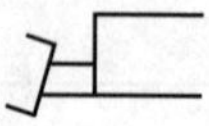 按钮式 拉钮式 按-拉式 手柄式 踏板式 双向踏板式
机械控制	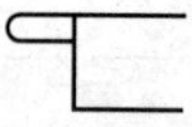 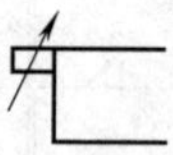 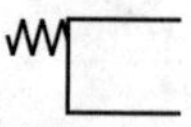 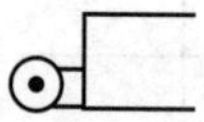 顶杆式 可变行程式 弹簧式 滚轮式
电气控制	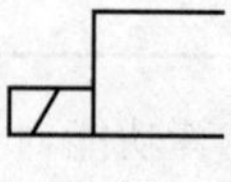 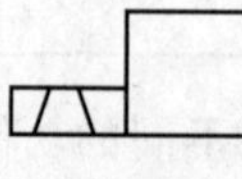 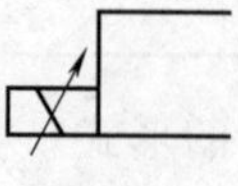 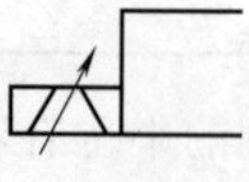 单作用电磁式 双作用电磁式 比例电磁式 比例双电磁式
压力控制	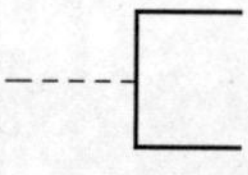 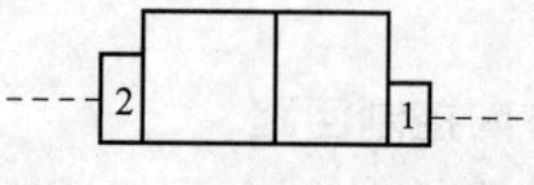 加压或卸压控制 差动控制（2 1）

笔记

续表

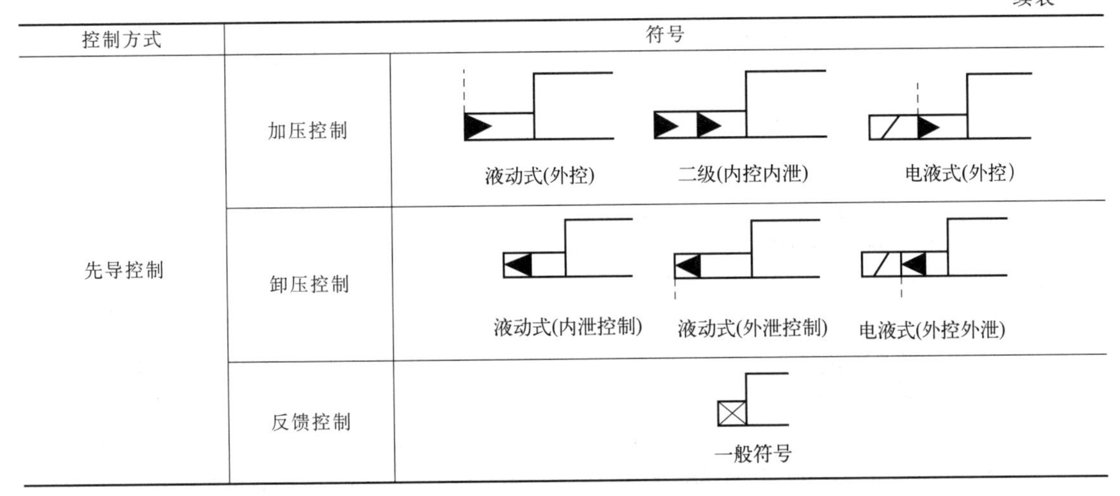

控制方式	符号	
先导控制	加压控制	液动式(外控)　二级(内控内泄)　电液式(外控)
	卸压控制	液动式(内泄控制)　液动式(外泄控制)　电液式(外控外泄)
	反馈控制	一般符号

（1）换向控制回路

图 5-23 为单作用缸的手动控制回路。图 5-23（a）为没有按下手动按钮时的状态，此时，单作用缸的活塞在弹簧的作用下缩回。图 5-23（b）为按下手动按钮的状态，按下手动按钮，换向阀换向，气源通过手动换向阀进入单作用缸的无杆腔，活塞向右移动。

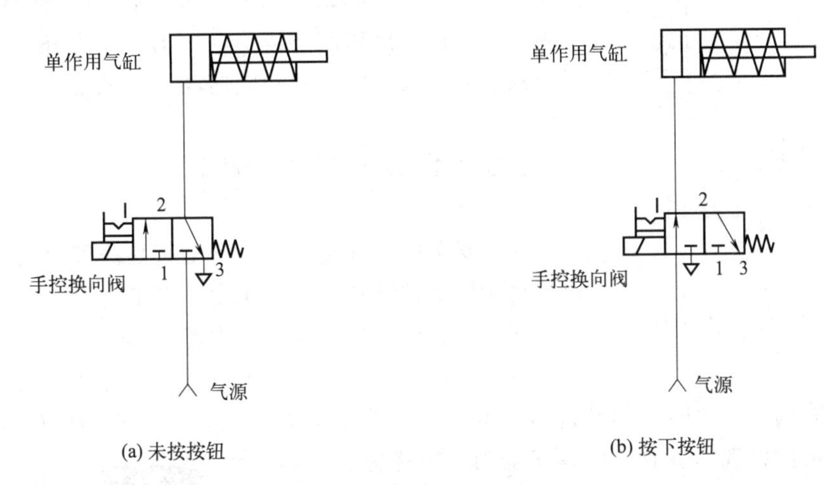

(a) 未按按钮　　(b) 按下按钮

图 5-23　单作用缸的手动控制回路

图 5-24 为车床刀盘刀架液压控制回路。图 5-25 为手动换向阀和机动换向阀控制实现的气缸往返运动气动控制回路。

（2）锁紧控制回路

液压锁紧控制回路的作用是防止液压缸停止运动时不因外界影响发生漂移或蹿动。锁紧回路有以下两种情况。

① 利用三位换向阀的 O 形（或 M 形）中位机能，封闭液压缸两个腔，使活塞能在行程的任意位置上锁紧。但由于滑阀不可避免地存在泄漏，这种锁紧的时间不长。

② 液控单向阀锁紧回路如图 5-26 所示。换向阀左位工作时，压力油经左液控单向阀进入缸左腔，同时将右液控单向阀打开，使缸右腔油回油箱，液压缸向右运动。换向阀工作在右位工作时，原理相同，液压缸向左运动。当换向阀处于中位或液压泵停止供油时，两个液控单向阀立即关闭，活塞停止运动。为了保证中位锁紧可靠，换向阀宜采用 H 或 Y 形机能。

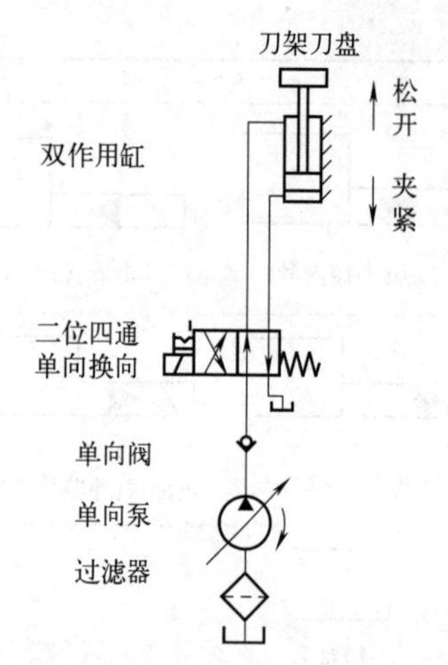

图 5-24　刀盘刀架液压控制回路

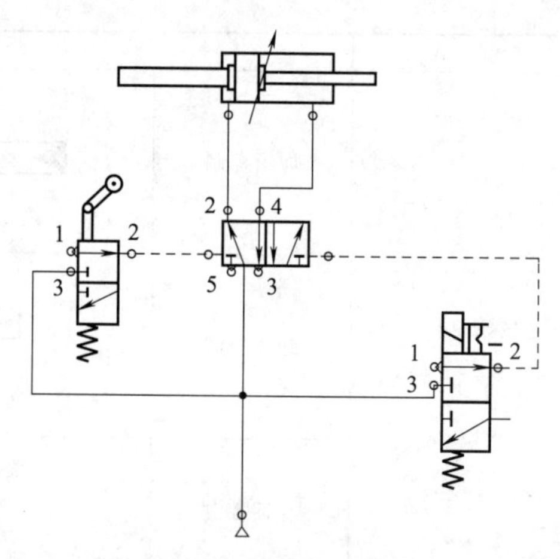

图 5-25　手动换向阀和机动换向阀控制回路

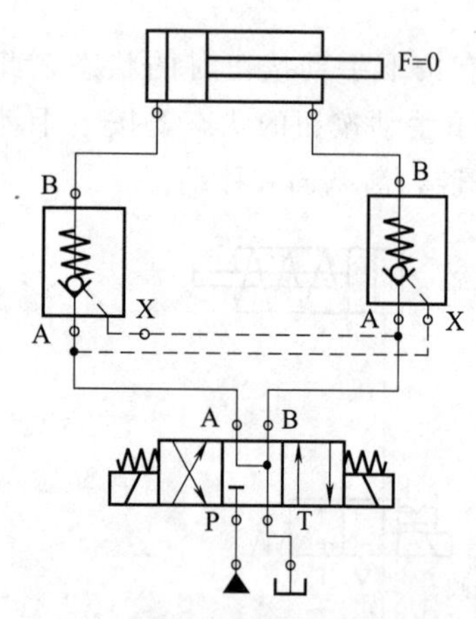

图 5-26　液控单向阀锁紧回路

5.3.2　压力控制阀及压力控制回路

在液压或气动系统中，用来控制和调节系统工作压力的元件称为压力控制阀，简称压力阀。常用的液压压力阀有溢流阀、顺序阀、减压阀及压力继电器（压力开关）等，气动压力阀有安全阀、减压阀和顺序阀。气动安全阀也叫气动溢流阀。

5.3.2.1　溢流阀（安全阀）

（1）气动安全阀

气动安全阀又称溢流阀。安全阀是一种由进口静压开启的自动泄压防护装置，它是压力容器最为重要的安全附件之一。它的功能是：当容器内压力超过某一定值时，依靠介质自身的压力自动开启阀门，迅速排出一定数量的介质。当容器内的压力降到允许值时，阀又自动关闭，使容器内压力始终低于允许压力的上限，自动防止因超压而可能出现的事故，所以安全阀又被称为压力容器的最终保护装置。图 5-27 为一款安全阀实物和安全阀的图形符号。

笔记

（2）液压溢流阀

溢流阀在液压系统中的作用有两个：一是溢流、稳压，保证系统压力恒定；二是限压保护，防止系统过载。一般溢流阀并联在液压泵出口处。据结构和工作原理不同分为直动式与先导式两种类型。两种溢流阀的特点见表 5-21。

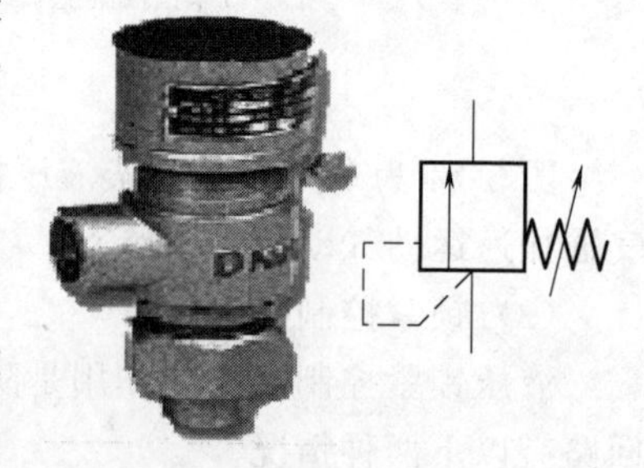

图 5-27　安全阀的实物和图形符号

表 5-21　直动式溢流阀与先导式溢流阀特点及应用

类型	符　号	特　点	应　用
直动式		直动式溢流阀是依靠油压力与弹簧力直接平衡来控制阀的启闭的。当控制压力较高时，弹簧粗大，弹簧较硬，手柄调节时较费力，且阀的性能较差	适用于低压、小流量系统中

续表

类型	符　号	特　点	应　用
先导式	K	因主阀弹簧只需克服较小的压差，故主阀弹簧较软。又因导阀油压作用面积很小，弹簧不必太硬。该阀克服了直动式溢流阀的缺点，稳定性好，调节轻便，但动作灵敏性较差。设有远程控制口 K，用于远程调压或泵卸荷，不用时 K 口是封闭的	适用于高压、大流量系统中

溢流阀的应用见表 5-22。

表 5-22　溢流阀的应用

用　途	油　路　图	说　明
作溢流阀		用于定量泵系统中，将系统中多余油液溢回油箱。液压泵出口压力取决于溢流阀的调定压力，并控制系统的最高压力
作安全阀		用于变量泵系统中，正常时泵不溢流，当系统压力超过溢流阀调定压力时，阀才打开溢流。限定系统最高压力，防止系统过载，起安全保护作用
作卸荷阀		先导式溢流阀远程控制口接油箱时，阀打开溢流。泵出口油压很低，泵的全部油液经溢流阀流回油箱，泵处于低压运行状态即卸荷状态
作背压阀		将溢流阀安装在系统回油路上，使回油形成阻力即背压，从而改善执行元件运动平稳性
作远程调压阀	泵系统	将远程调压阀接到先导式溢流阀远程控制口上，泵的出口压力由远程调压阀调节，油液从主溢流阀溢流

笔记

5.3.2.2 顺序阀

顺序阀是利用管路中压力的变化来控制其通断，用来控制系统中各执行元件的先后顺序动作的压力阀。据结构和工作原理不同，顺序阀分为直动式与先导式两种类型。此外，顺序阀还有液（气）控顺序阀、单向顺序阀等。

（1）气动顺序阀

① 直动顺序阀。图 5-28 为顺序阀的工作原理图。P 口压力小于设定压力，P 口与 A 口不通，如图 5-28（a）所示。P 口压力大于等于设定压力，P 口与 A 口接通，如图 5-28（b）所示。顺序阀是靠调压弹簧的预压量来控制阀的开启压力的大小。气动顺序阀符号如图 5-29 所示。

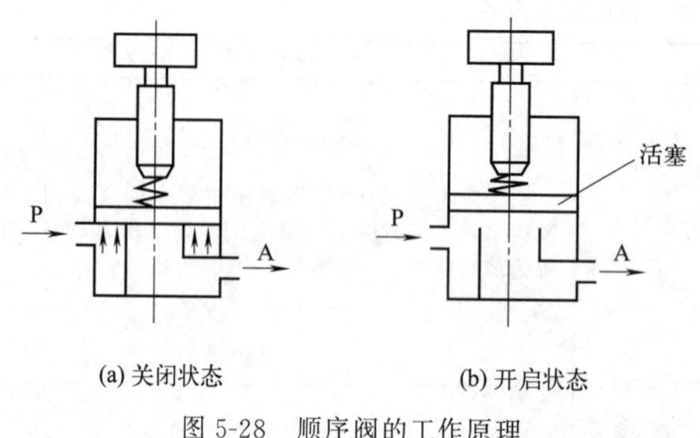

图 5-28　顺序阀的工作原理

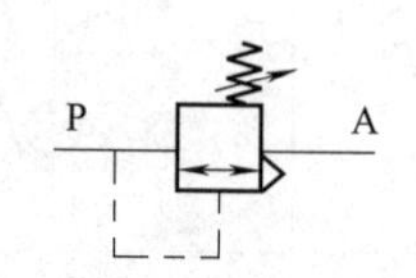

图 5-29　气动顺序阀符号

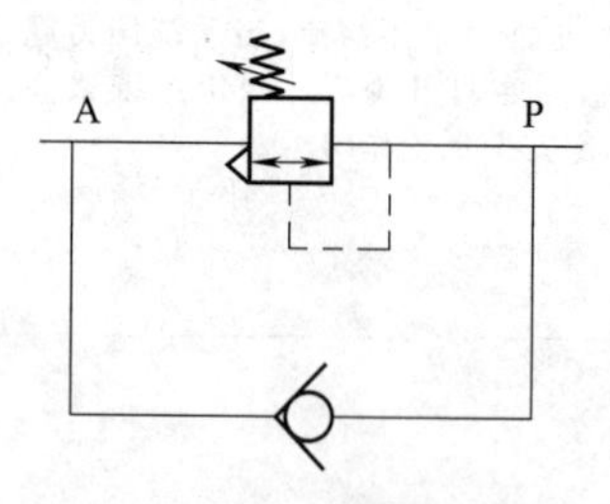

图 5-30　单向顺序阀符号

② 单向顺序阀。将单向阀和顺序阀组装成一体，则称为单向顺序阀，图形符号如图 5-30 所示。A 口有气流，通过单向阀与 P 口接通。P 口有气流且气压大于等于设定压力，顺序阀工作，P 口与 A 口接通。单向顺序阀常应用于使气缸自动进行一次往复运动、不便安装机控阀的场合。

③ 压力顺序阀。压力顺序阀由顺序阀和一个二位三通单气控换向阀组成，如图 5-31 所示。当控制口 12 上的压力信号达到设定值时，压力顺序阀动作，进气口 1 与工作口 2 接通。如果撤销控制口 12 上的压力信号，则压力顺序阀在弹簧作用下复位，进气口 1 被关闭。通过压力设定螺钉可无级调节控制信号压力的大小。

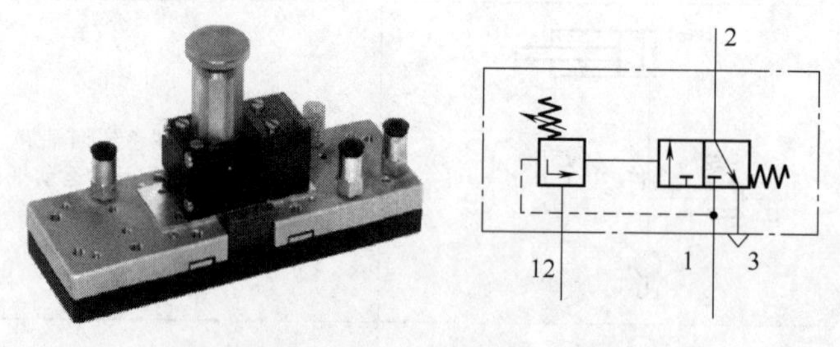

图 5-31　压力顺序阀实物及图形符号

（2）液压顺序阀

① 直动液压顺序阀。直动式顺序阀应用较为普遍，其符号如图 5-32（a）所示。当油压低于顺序阀调定压力时，进油口 P_1 与出油口 P_2 不通，阀处于闭合状态；当油压高于顺序阀调定压力时，P_1 与 P_2 接通，压力油从 P_2 口流出，阀处于开启状态。阀芯的启闭是利用

阀的进油压力控制的，又称内控式顺序阀。因顺序阀出油口不是接油箱而是通向系统，故泄油口从阀的外部单接油箱（外泄）。

② 液控顺序阀。液控顺序阀的结构及符号如图 5-32（b）所示。阀芯是实心的，控制油是从控制口 K 引入阀芯底部的。当控制油液压力超过弹簧的调定压力时，阀口打开，P_1 与 P_2 接通。阀口的启闭由控制口的油液压力控制（又称外控式），与主油路压力大小无关。

③ 单向顺序阀。单向顺序阀的结构及符号如图 5-32（c）所示。单向顺序阀是由顺序阀与单向阀组成的组合阀。当油液从 P_1 口流入时，单向阀关闭，当油液压力超过弹簧调定压力时，阀口打开，油液从 P_2 口流出；当油液从 P_2 口流入时，单向阀被打开，油液经单向阀从 P_1 口流出。

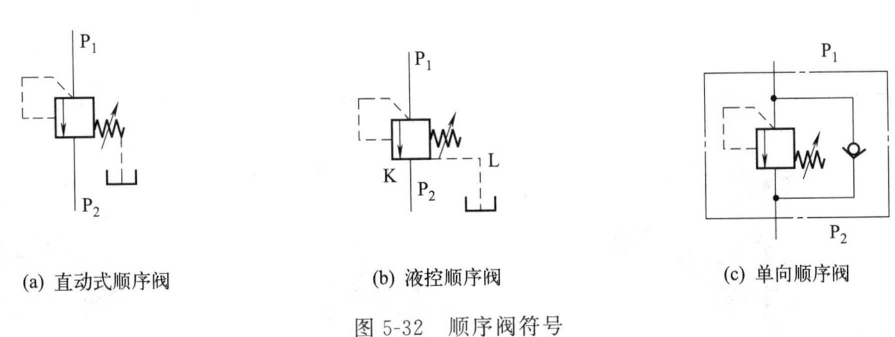

图 5-32 顺序阀符号

5.3.2.3 减压阀

气动减压阀在气动三联件中已经介绍，液压减压阀根据结构和工作原理不同分为直动式与先导式两种类型，常用先导式减压阀，图 5-33 为其图形符号。

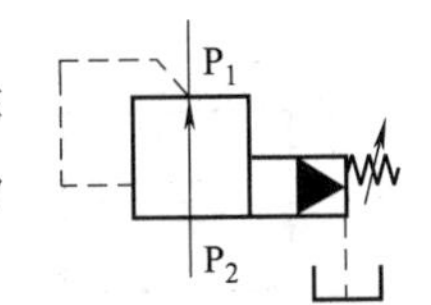

图 5-33 先导式减压阀的符号

压力为 p_1 的高压油从进油口 P_1 进入，经节流缝隙减压（油压 p_2）后从出油口 P_2 流出，送往执行元件。低压油液经中心小孔同时流入阀芯下腔及上腔，进入上腔的低压油液作用于锥阀右端，与左端弹簧力相平衡。

当出油压力 p_2 低于减压阀调定压力时，在弹簧力作用下使其推向下端，节流口增大，减压阀不工作。当支路负载增加，出油压力 p_2 高于减压阀调定压力，压差大于阀芯上端弹簧力并足以克服阀芯自重及摩擦力时，主阀芯上移，节流口减小，出油压力 p_2 随之减小，使阀芯处于新的平衡位置，从而控制出口油压 p_2 基本恒定。

笔记

5.3.3 流量控制阀及速度控制回路

流量控制阀是通过改变阀口流通面积来改变阀口的流量，从而控制执行元件运动速度的控制阀。常用的流量控制阀为节流阀，液压系统中还有调速阀。

5.3.3.1 流量控制阀

节流阀分为普通节流阀和单向节流阀两种类型。

（1）节流阀

液压节流阀与气动节流阀的工作原理相近，符号相同。表 5-23 为液压节流阀的图形符号及工作原理。

图 5-34 为带快接头的液压节流阀的实物图，图 5-35 为气动可调单向节流阀。

表 5-23 节流阀的图形符号及工作原理

类型	图形符号	原理及特点
普通节流阀	P_1 P_2	原理：压力油从进油口 P_1 进入，从 P_2 口流出。调节手轮，使推杆克服弹簧作用力后轴向移动，改变节流口的大小，调节流量大小。 特点：结构简单，制造容易，体积小，价格便宜。但负载及温度变化对流量稳定性影响较大；适用于负载、温度变化不大或速度稳定性要求不高的场合
单向节流阀	P_2 P_1	原理：单向节流阀是单向阀和普通节流阀的组合。当压力油从进油口 P_1 进入从 P_2 口流出时，起节流作用；当压力油从 P_2 口进入时，在油压力作用下，单向阀顶开，油液从 P_1 口流出，不再经过节流口，此时起单向阀作用。 特点：可以实现单向调速

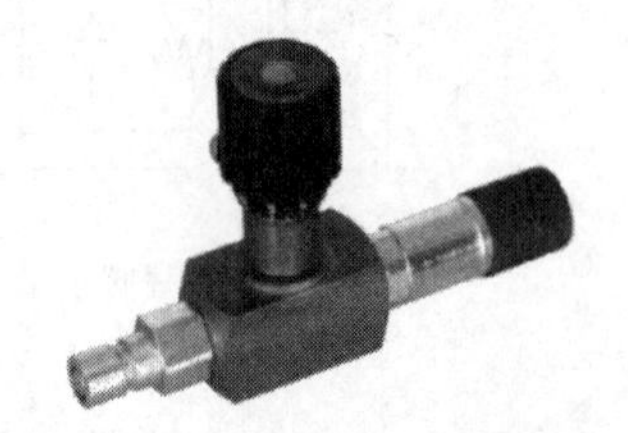

图 5-34 带快接头液压节流阀

图 5-35 气动可调单向节流阀

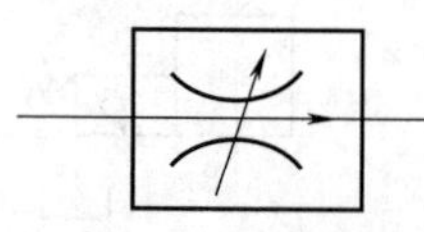

图 5-36 调速阀的图形符号

(2) 液压调速阀

调速阀是由减压阀和节流阀串联而成的组合阀。减压阀用来保证节流阀前后压差不随负载变化，使通过节流阀的流量稳定。调速阀的图形符号如图 5-36 所示。

在节流阀的节流调速回路中，用调速阀代替节流阀，其调速性能明显好于节流调速回路。采用调速阀的节流调速回路，可用于速度较高、负载较大且负载变化较大的液压系统中。

笔记

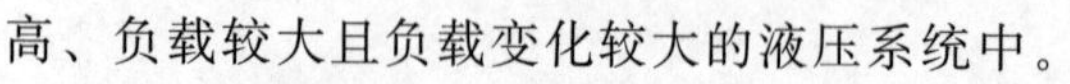

(3) 排气消声节流阀

图 5-37 为排气消声节流阀实物及图形符号。排气消声节流阀安装在元件的排气口，调节排入大气的流量，以改变气动执行机构的速度。排气消声节流阀带有消声器以减弱排气噪声，并能防止环境中的粉尘通过排气口污染元件。

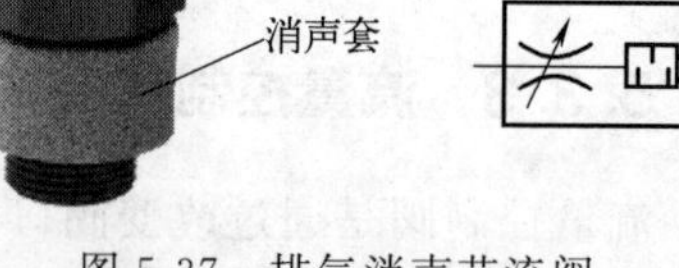

图 5-37 排气消声节流阀实物及图形符号

5.3.3.2 液压速度控制回路

液压调速方式有节流调速、容积调速和容积节流调速。

容积调速采用变量泵或变量马达实现调速。其优点是没有溢流损失和节流损失，效率高、发热小，适用于大功率的液压系统。但随着负载的增加，压力升高，系统的漏油量亦变大，导致运动不平稳。

容积节流调速由限压式变量泵和调速阀组成。其特点是效率高，发热小，速度刚性比容积调速回路好。

节流调速由定量泵、流量控制阀（节流阀、调速阀）、溢流阀和执行元件组成。调节进入执行元件的流量，从而控制执行元件的运动速度。据节流阀在回路中安装位置不同，分为进油节流调速、回油节流调速及旁油节流调速三种回路。三种节流调速回路的调速特点见表 5-24。

表 5-24 节流调速回路

回路名称	回 路 图	特点及应用
进油节流调速回路		节流阀串联在执行元件的进油路上。通过调节节流阀开度大小，控制进入液压缸油液的流量，液压泵多余油液，由溢流阀流回油箱。液压缸左腔油压大小由作用于活塞上的负载大小决定，右腔油压为零 该回路结构简单，使用方便。速度受负载变化影响大，速度稳定性差；因回油无压力，当负载突然减小时产生活塞前冲，运动平稳性差；有较大节流及溢流损失，经节流阀后发热油液流入液压缸，泄漏大 用于功率较小、负载变化不大的场合
回油节流调速回路		节流阀串联在回油路上。通过调节节流阀开度大小，控制流出液压缸油液的流量 与进油节流调速回路比较，该回路有两个突出优点：回油路有较大背压，运动平稳性好；经节流阀后发热的油液流回油箱，利于散热 用于功率不大、负载变化较大或运动平稳性要求较高的场合
旁油节流调速回路		节流阀并联在旁油路上。节流阀出口接油箱，通过调节节流阀的开度，控制液压泵流回油箱的流量，间接地控制进入液压缸油液的流量。节流阀起到了溢流作用，溢流阀起到了安全阀的作用。液压泵出口压力等于液压缸进油腔的压力，直接随负载的变化而变化 有一定的节流损失，无溢流损失，发热小，效率较高 用于负载较大，速度较高，且平稳性要求不高的场合

节流调速结构简单，成本低，使用维修方便。但能量损失大，效率低，发热大，适用于小功率液压系统。

5.3.3.3 气动调速控制回路

气动控制回路多采用节流调速方式，采用进气节流调速和排气节流调速。

图 5-38 为单作用缸的速度控制方式，图 5-39 为双作用缸的速度控制方式。两图中（a）为活塞杆伸出调速，采用进气节流调速；（b）为活塞杆缩回调速，采用排气节流调速；（c）为伸出与缩回双向调速。图 5-38（c）为伸出 40％进气调速，缩回为 70％排气节流调速，图

5-39（c）为双向排气节流调速，节流元件用单向节流阀，安装在气缸与控制阀之间。图 5-39（d）也为活塞杆伸出和缩回双向速度控制，采用排气节流控制方式。节流元件用排气消声节流阀，安装在控制阀的排气口。

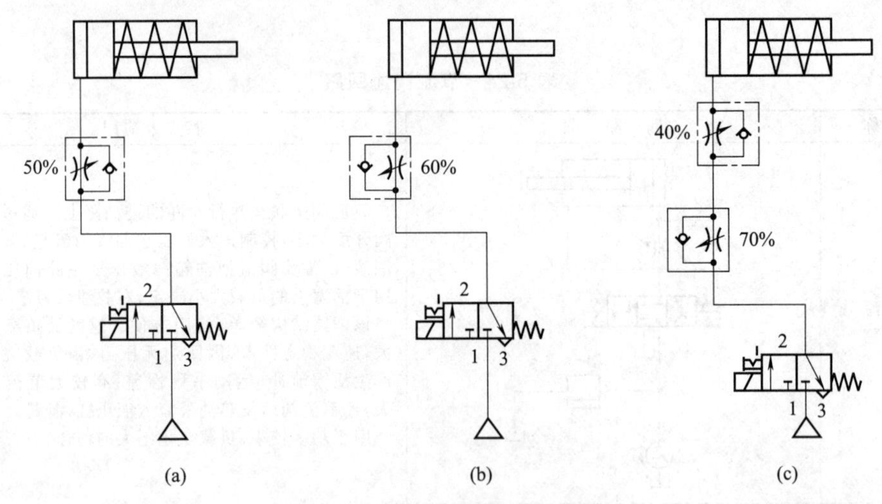

图 5-38 单作用气缸速度控制回路

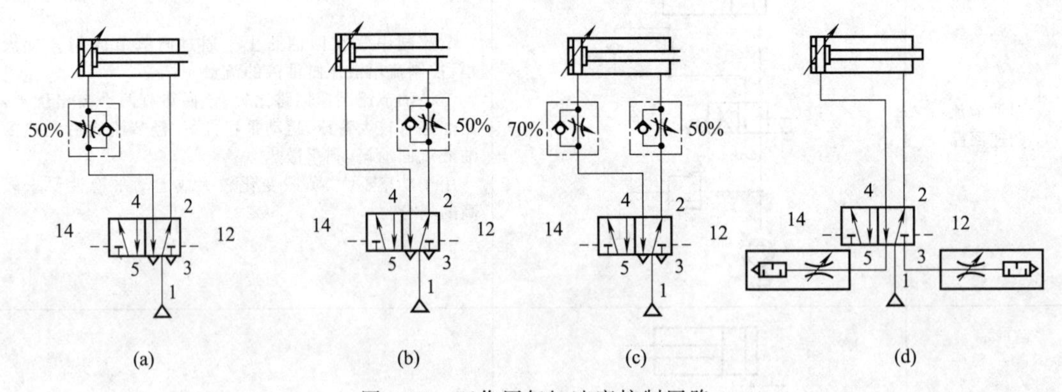

图 5-39 双作用气缸速度控制回路

进气节流调速和排气节流调速的比较：进气节流调速对供气进行节流控制，活塞杆上最微小的负载波动（例如当通过行程开关时），都将会导致进给速度的明显变化，进气节流控制方式适用于单作用或小容积气缸的情况；排气节流控制方式从根本上可以改善气缸进给性能，从而获得更好的速度稳定性和动作可靠性。排气节流控制方式适用于双作用气缸的情况。

任务 5.4 控制系统

知识与能力目标

（1）认识常用液压与气动控制系统。

（2）了解液压或气动逻辑控制元件，能识别实际和图纸中的逻辑控制元件。

（3）能够分析出采用逻辑元件、继电器、PLC 等实现的气动逻辑控制回路，掌握其方法，并能根据要求完成电气连接。

（4）能够编写PLC控制程序。了解电液和电气伺服系统的原理，能识别伺服控制的元件。

5.4.1 顺序控制回路

液压或气动系统的逻辑控制可以采用液压或气动逻辑元件，也可采用继电器控制、PLC控制等来实现。

5.4.1.1 液压或气动元件实现逻辑控制回路

（1）气动逻辑元件

气动逻辑控制元件是可用0或1来表示其输入信号（压力气体）或输出信号（压力气体）的存在或不存在（有或无），并且可用逻辑运算求出输出结果的一类气动元件，它可以组成更加复杂的自动气动系统。用普通气动控制阀进行组合也可以实现逻辑控制。

常用的气动逻辑控制元件的符号以及特点见表5-25。

（2）气动逻辑控制回路

采用气动逻辑元件或者普通换向阀能实现多种形式的逻辑控制回路。以下介绍几种典型控制回路。

表5-25 常用气动逻辑控制元件的符号及主要特点

类别	图形符号	原理	逻辑表达	特点	普通换向阀实现
是门		a口为输入口，s口为输出口。也就是有输入就有输出，没有输入也就没有输出。是门有一个手动控制钮，按下，s也有输出	$s=a$	是门属于有源元件，可用于气动控制回路中的波形整形、隔离和放大	
或门		当a或b都有气压信号的时候，s就有输出	$s=a+b$	或门属于无源元件，用于多种操作形式选择。如实现手/自动切换	
与门		当a、b都有气压信号的时候，s才有输出	$s=a\cdot b$	也是无源元件，实现两个或多个输入信号的互锁控制。如双手动控制	
非门		s口输出与a口输入气压信号相反	$s=\bar{a}$	也是无源元件，常用于反相控制	
禁门		当a口没有输入气压信号时，s口输出与b口信号一致。当a口有输入气压信号时，s口没有气压信号输出	$s=\bar{a}b$	禁门用于对某种信号允许和禁止控制	

续表

类别	图形符号	原理	逻辑表达	特点	普通换向阀实现
或非门	a b	只有 a、b 两个输入都没有气压信号时,s 口才有输出信号,否则,没有输出信号	$s=\overline{a+b}$	或门与非门的组合	s a b a b s

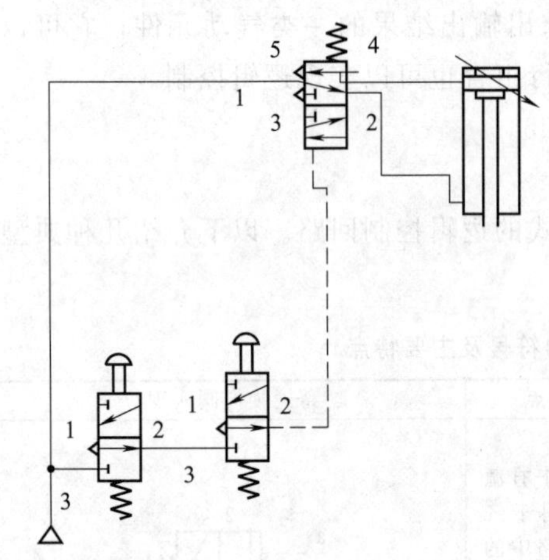

图 5-40 双手动控制回路

① 双手动控制。在锻压操作过程中，为了保证安全，向下的冲压气缸必须双手控制时才能动作，控制回路如图 5-40 所示。该回路可很好地防止误操作所造成的危害。两个手动换向阀实现与逻辑。

② 伸出延时的自动伸缩控制回路。在送料装置中，要求气缸活塞杆伸出缩回速度可调，活塞杆伸出到位后，保持一段时间再缩回。气控回路如图 5-41 所示。采用一个延时接通阀控制活塞杆延时缩回。按下带定位的手动换向阀后，只有在活塞杆在缩回状态时，与门（双压阀）有气压信号输出，气动换向的两位五通换向阀，左位工作，压缩空气进入无杆腔，活塞杆伸出。当到达前位时，机动换向阀 1S3 换向，通过延时接通的延时阀，延时使两位五通换向阀右位工作，压缩空气进入有杆腔，活塞杆缩回。由于采用带定位的手动换向

笔记

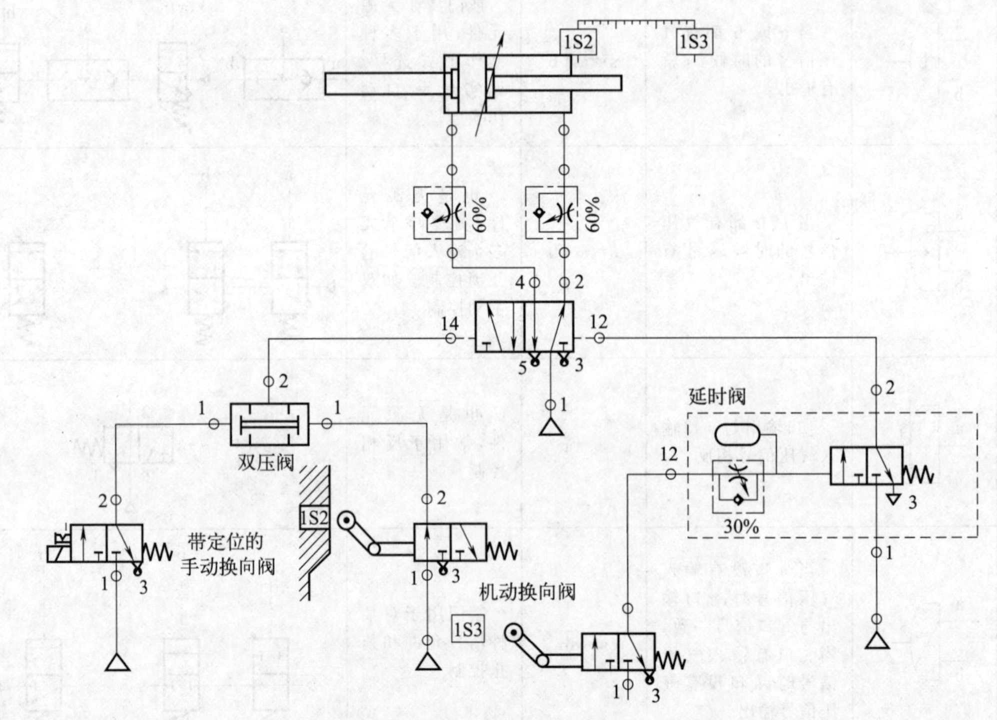

图 5-41 伸出延时缩回的自动伸缩控制回路

阀，当活塞杆回到原位后，1S2 换向，活塞杆伸出，完成循环动作。

③ 如图 5-42 所示，实现异地伸出控制，到位手动缩回控制功能。采用两个手动换向阀实现手动伸出控制，通过或门实现或逻辑，在两地都可以伸出控制，如公共汽车门控制，司机可以控制，而车门上也有开门控制按钮。采用与门控制活塞杆的缩回，只有活塞杆伸出到指定位置（行程换向阀安装位置）时，按缩回按钮才能起作用，活塞杆缩回。

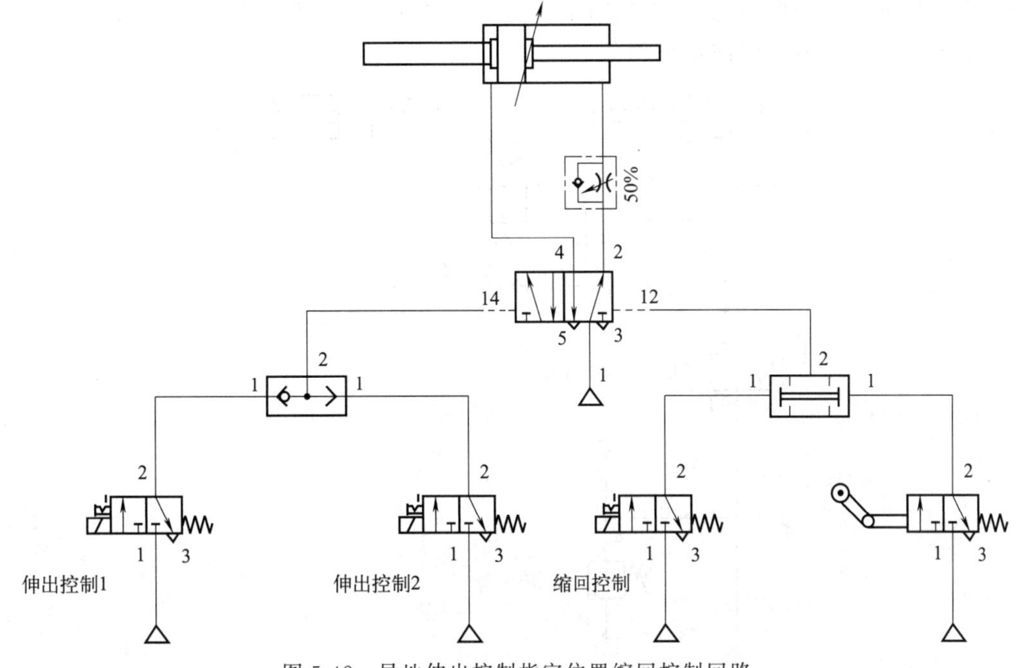

图 5-42　异地伸出控制指定位置缩回控制回路

④ 图 5-43 为 A、B 两个缸顺序动作控制回路，实现 $A_1B_1A_0B_0$ 动作，1 表示活塞杆伸

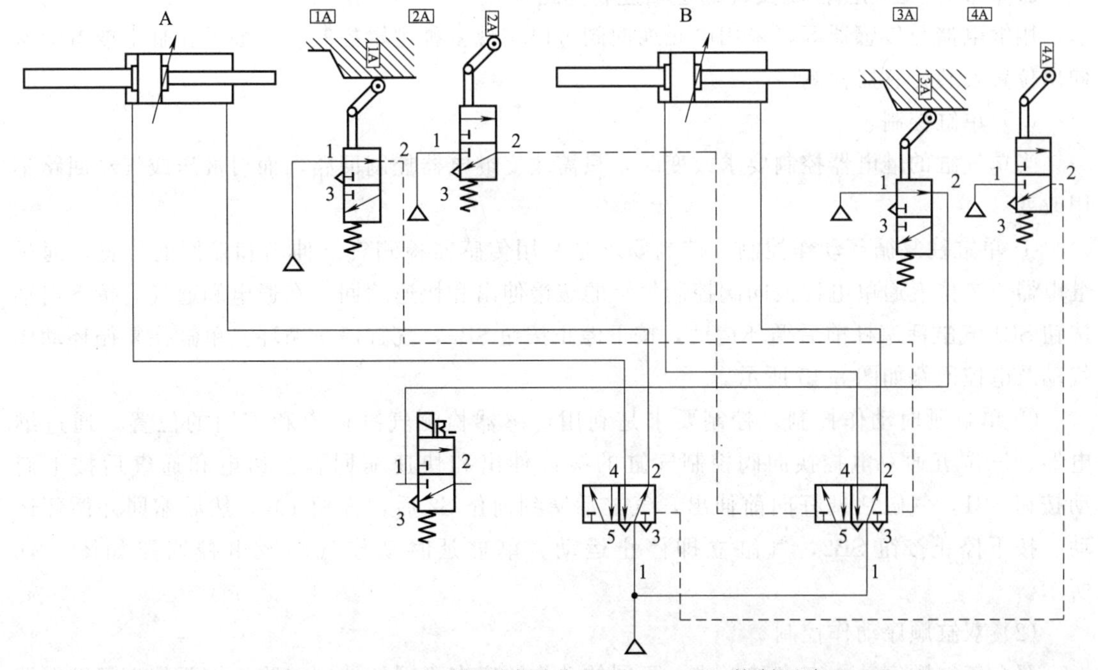

图 5-43　A、B 双缸顺序动作（$A_1B_1A_0B_0$）控制回路

笔记

出，0 表示活塞杆缩回。

（3）液压逻辑控制回路

液压逻辑控制与气动逻辑控制相似，以下为双缸顺序动作控制。工艺要求当 1A 缸活塞杆伸出到头或负载很大时，2A 缸的活塞杆伸出。液压控制回路图如图 5-44 所示。扳动手动控制换向阀，使阀工作在左位，1A 缸活塞向右移动，活塞杆开始伸出，当活塞到达最右端或者负载很大时，顺序阀接通，2A 缸活塞开始向右移动。手动控制换向阀在右位时，单向阀打开，两个缸的活塞同时向左移动。

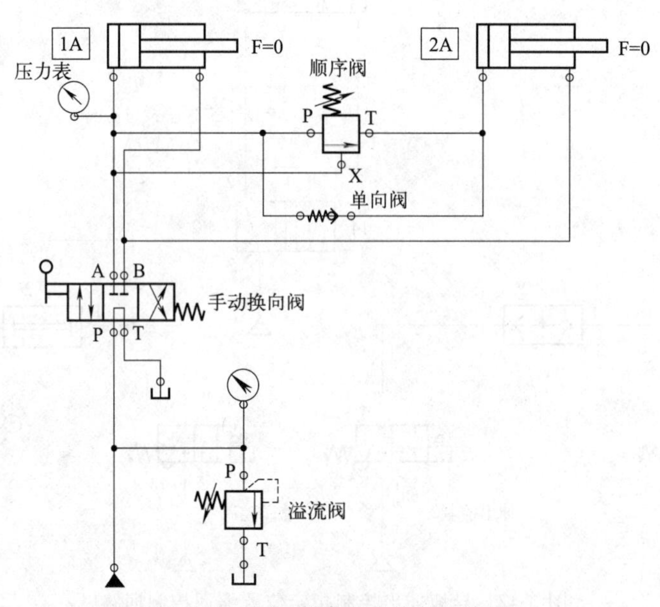

图 5-44　两缸顺序动作控制回路图

5.4.1.2　继电器控制实现的逻辑控制回路

笔记

用继电器与传感器等，采用电磁换向阀可以实现多种逻辑控制。一般要在缸上或者活塞伸出位置安装传感器检测。

（1）单缸控制

当单气缸的继电器控制要求改变时，只需改变继电器控制回路，而对液压或气动回路不用改变。

① 单缸往复循环动作控制。控制要求是利用传感器检测气缸伸出和缩回的位置，通过继电器、二位五通单电控换向阀控制气缸的缓慢伸出和快速缩回。在通电和通气后按下启动按钮 SB1 气缸活塞杆前后循环运动，按下停止按钮 SB2，气缸停止循环。单缸往复循环动作气动及电控回路如图 5-45 所示。

② 单缸延时动作控制。控制要求是利用传感器检测气缸伸出和缩回的位置，通过继电器、三位五通双电控换向阀控制气缸的缓慢伸出和快速缩回。在通电和通气后按下启动按钮 SB1，气缸活塞杆向前伸出，气缸活塞到前位 S2 后，停留 10s，然后缩回并循环运动。按下停止按钮 SB2，气缸立即停止运动。单缸延时动作气动及电控回路如图 5-46 所示。

（2）双缸顺序动作控制

两个气缸顺序动作有多种形式，不同的动作顺序有不同的控制回路，需要的中间继电器

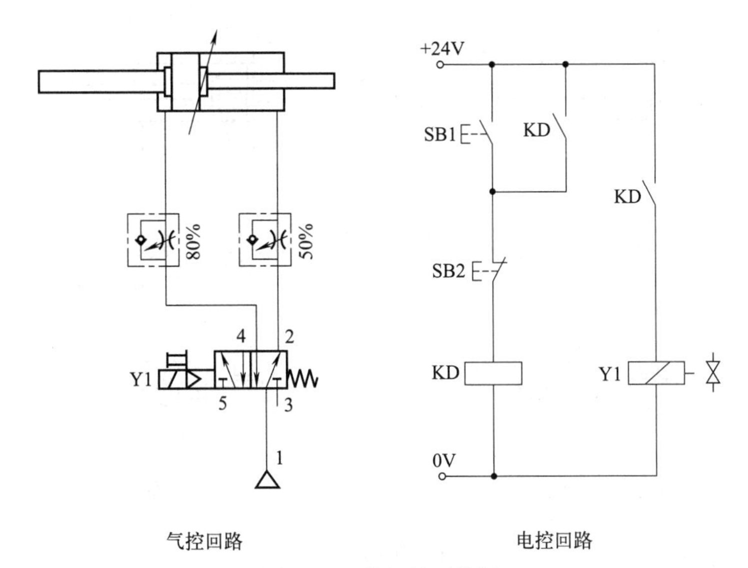

图 5-45　单缸循环控制

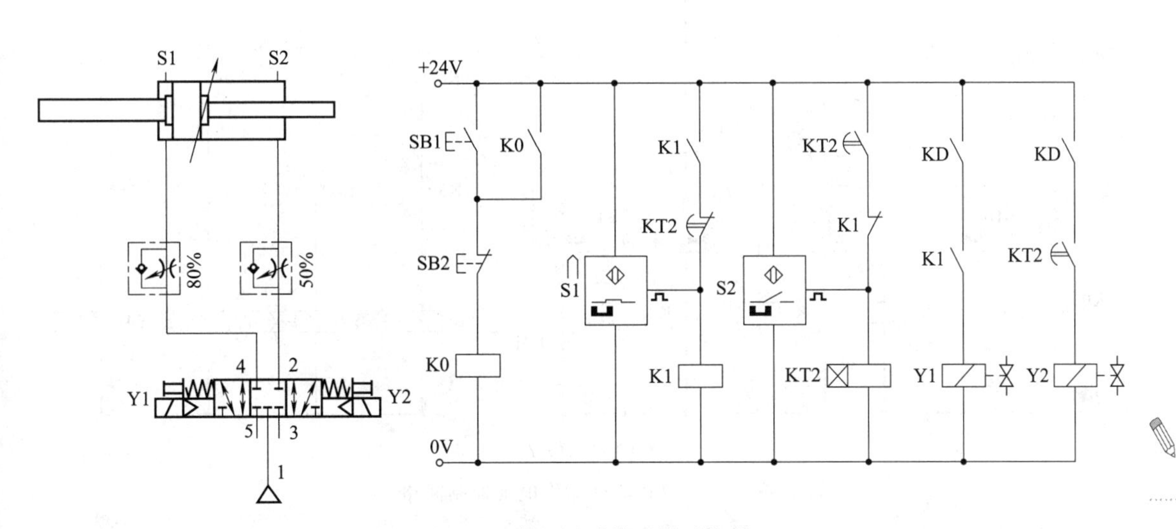

图 5-46　单缸延时缩回循环控制

笔记

的数量也不相同。A 缸伸出→B 缸伸出→A 缸缩回→B 缸缩回往复循环动作相对控制简单，控制回路如图 5-47 所示。

5.4.1.3　PLC 实现的逻辑控制回路

利用 PLC 控制，结合不同的传感器，控制动作更容易实现，控制方案更容易改变，一般只改程序就可以实现不同的控制动作。

虽然不同厂家的 PLC 控制指令有所不同，但控制思想可以相互借鉴。下面以松下 FP1 系列 PLC 为例进行说明。

(1) 单缸动作控制

采用不同的换向阀，PLC 接线和控制程序均有变化。

① 采用两位五通单电控换向阀。气动回路图、PLC 接线图如图 5-48、图 5-49 所示。在通电和通气后按下启动按钮 SB_0，气缸活塞杆前后循环运动，按下停止按钮 SB_1，气缸停止循环。控制程序如图 5-50 所示。

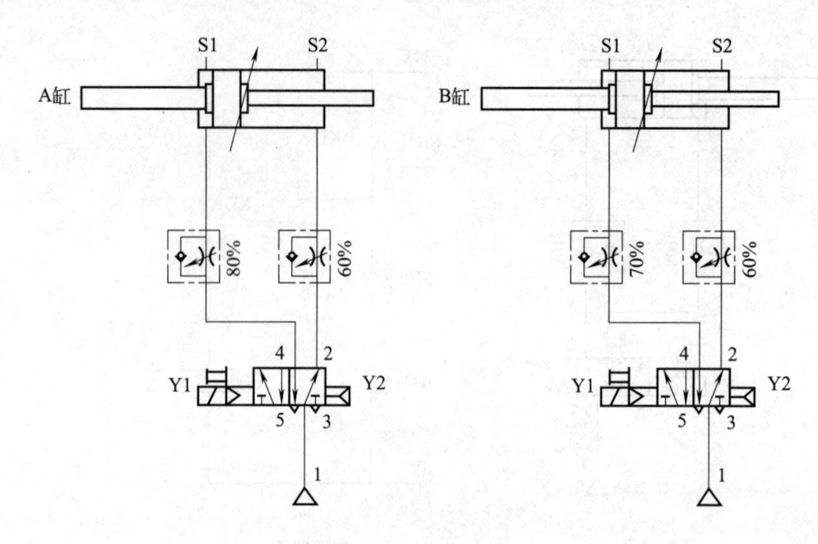

(a) 气动回路

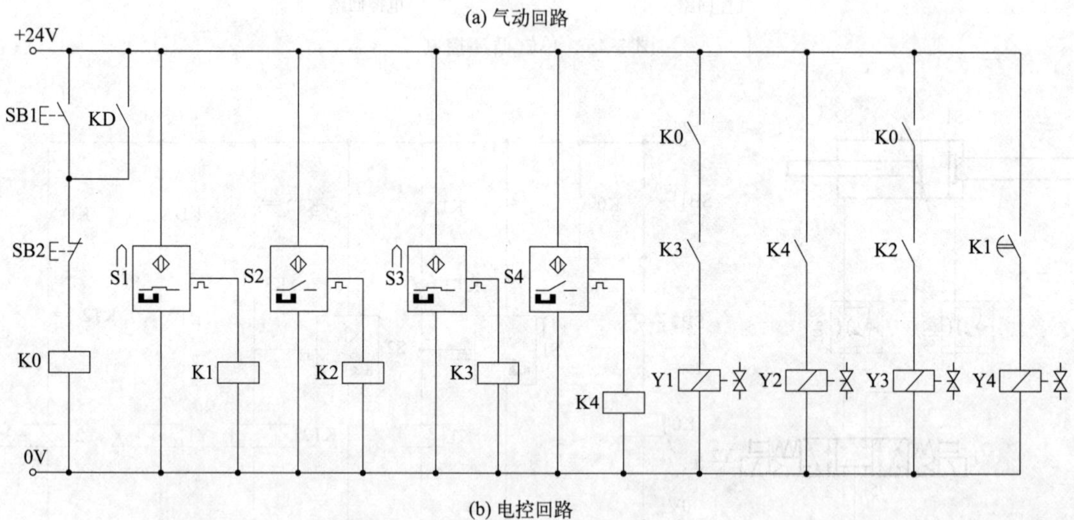

(b) 电控回路

图 5-47 双缸顺序动作电气控制回路

笔记

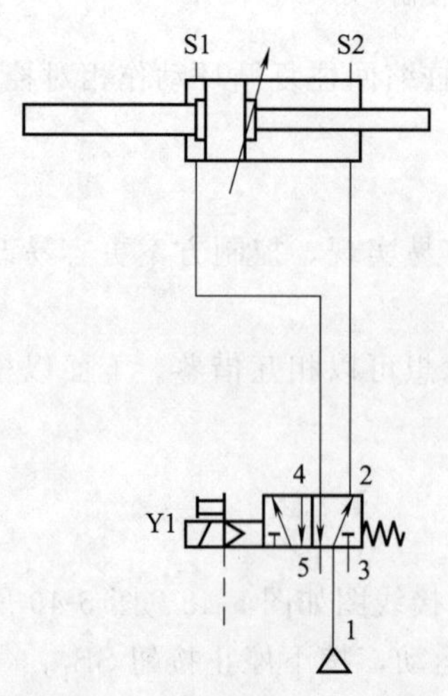

图 5-48 单缸单电控气动回路图

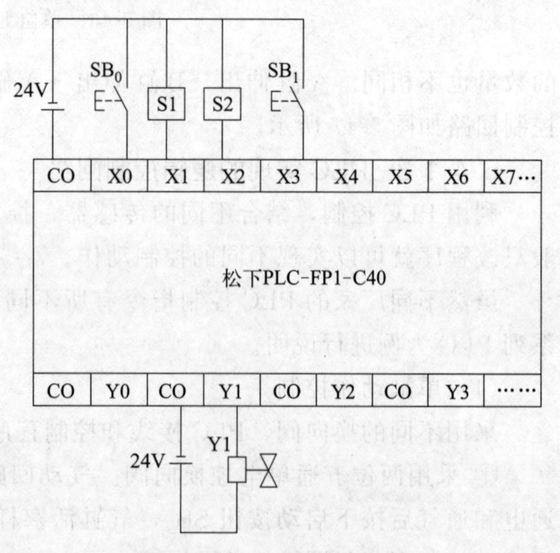

图 5-49 PLC 外部接线图

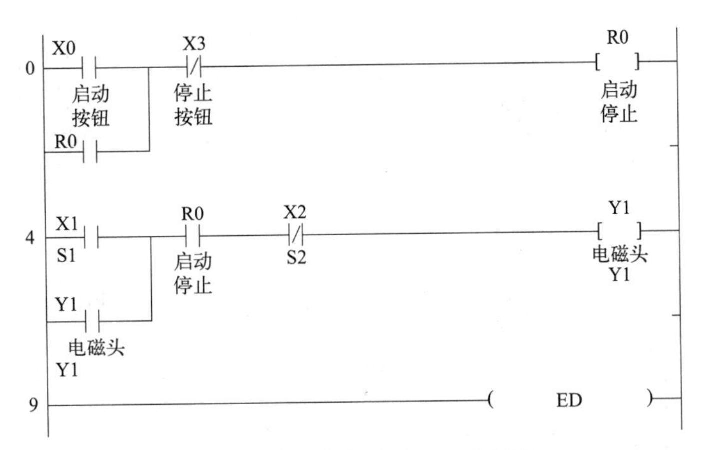

图 5-50 单缸往复循环 PLC 梯形图

② 采用两位五通双电控换向阀。气动回路图、PLC 接线图如图 5-51、图 5-52 所示。控制要求：在通电和通气后，按下启动按钮，气缸活塞杆前伸，到前位后延时 3s 缩回，以此循环运动。当按下停止按钮时气缸活塞停止循环运动。控制梯形图如图 5-53 所示。

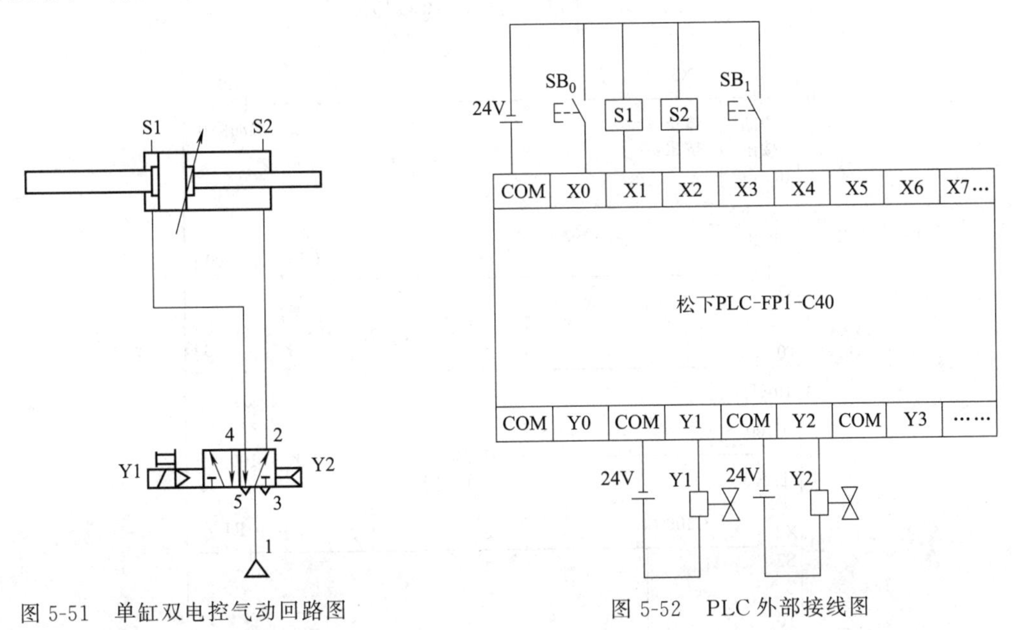

图 5-51 单缸双电控气动回路图　　　　图 5-52 PLC 外部接线图

③ 单缸计次控制。控制要求：在通电和通气后，按下启动按钮，气缸活塞杆伸出缩回，当活塞杆第三次伸到前位后延时 10s 缩回，以此循环运动。当按下停止按钮时气缸活塞停止循环运动。采用单电控换向阀，气动回路图、PLC 接线图如图 5-48、图 5-49 所示。控制程序如图 5-54 所示。

（2）双缸顺序动作控制

采用不同换向阀，控制程序有变化。本例只介绍采用两位五通单电控换向阀的两种不同控制要求的控制程序。气动控制图和 PLC 接线示意图如图 5-55、图 5-56 所示。

① 双缸 A1B1A0B0 循环动作控制。控制要求：在通电和通气后，按下启动按钮，实现 A 缸伸出→B 缸伸出→A 缸缩回→B 缸缩回往复循环动作。当按下停止按钮时，气缸活塞停止循环运动。动作分析如图 5-57 所示，A、B 两缸每个动作条件都不重复，且触发条件均能

笔记

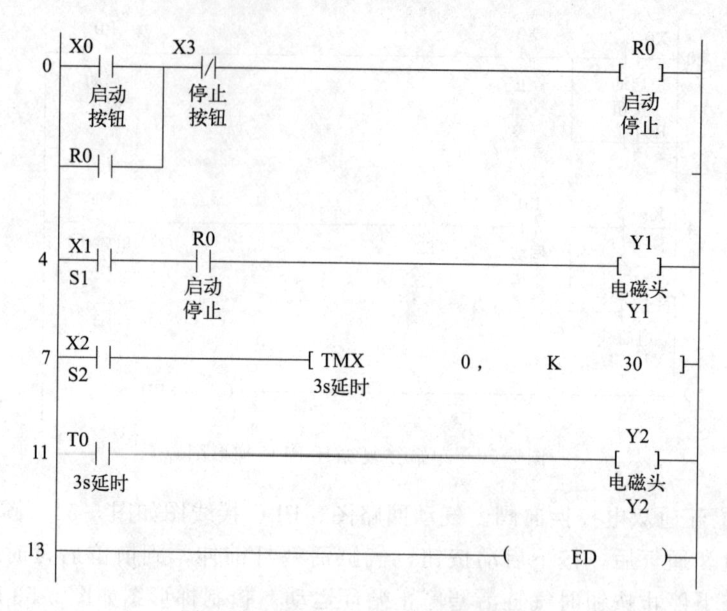

图 5-53　单缸延时循环 PLC 梯形图

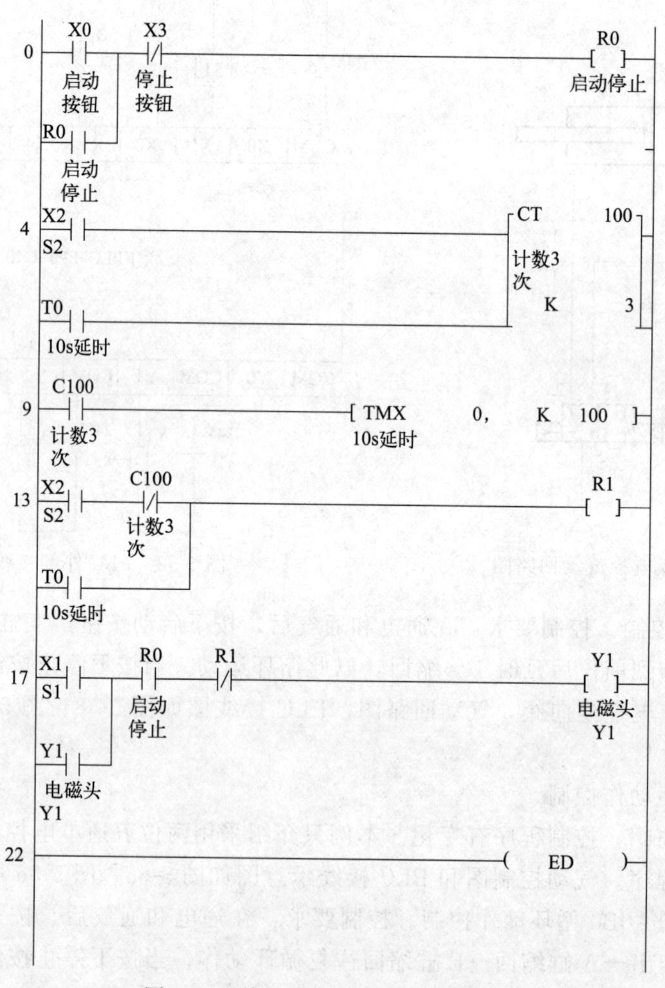

图 5-54　单缸计次循环 PLC 梯形图

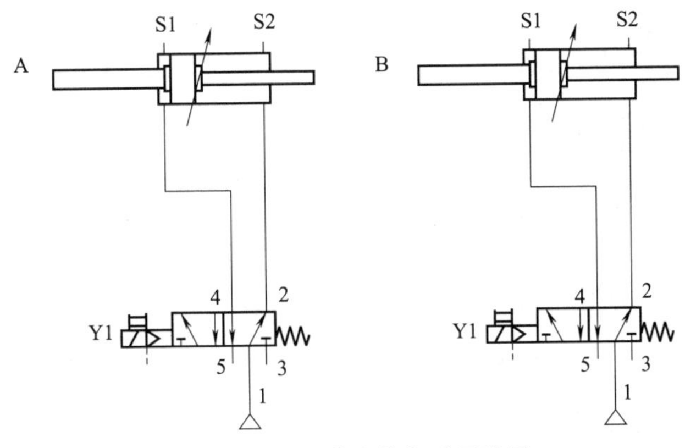

图 5-55 双缸单电控气动回路图

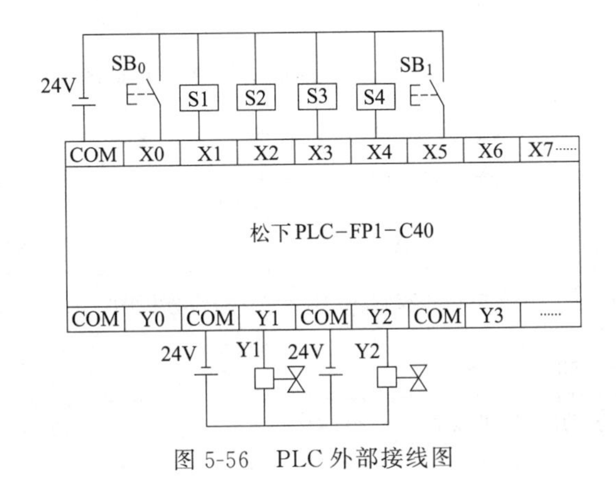

图 5-56 PLC 外部接线图

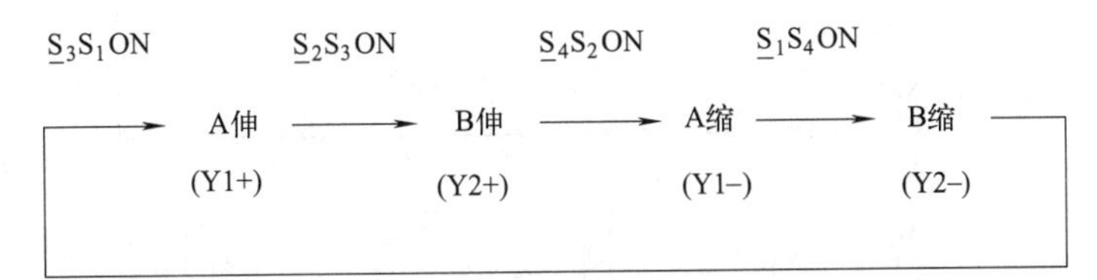

图 5-57 双缸 A1B1A0B0 动作分析图

保持到动作结束，所以可只使用触发条件，即上个动作的结果作为下个动作的触发条件。控制程序如图 5-58 所示。

② 双缸 A1B1B0A0 循环动作控制。控制要求：在通电和通气后，按下启动按钮，实现 A 缸伸出→B 缸伸出→B 缸缩回→A 缸缩回往复循环动作。当按下停止按钮时气缸活塞停止循环运动。动作分析如图 5-59 所示，由于 B 伸和 A 缩的条件均为 S_2S_3ON，如果控制不加区别，就会造成误动作。注意 B 伸的两个条件中 S_2 是由 OFF 状态变为 ON，而 A 缩的两个条件中 S_3 是由 OFF 状态变为 ON。通过微分指令可以将 B 伸和 A 缩的条件加以区别。控制程序如图 5-60 所示。

5.4.2 伺服控制回路

如电动伺服控制系统一样，液压与气动控制系统也可以实现伺服控制系统。实现伺服控制系统一般采用电液（气）伺服阀和电液（气）比例阀。

笔记

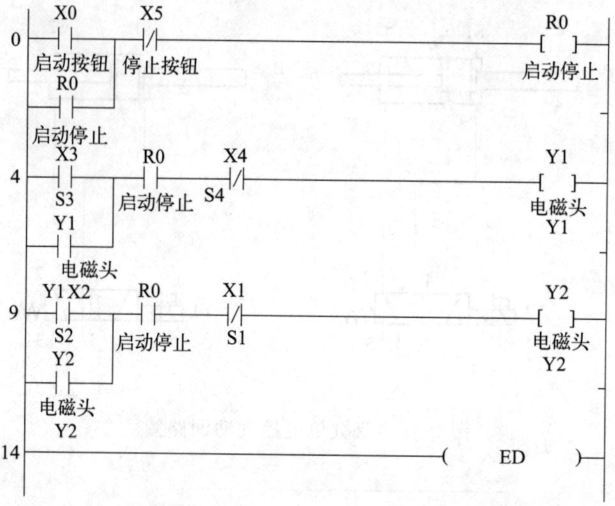

X0
X5
R0
0
启动按钮
停止按钮
启动停止
R0
启动停止
X3
R0
X4
Y1
4
S3
启动停止
S4
电磁头
Y1
Y1
电磁头
Y1 X2
R0
X1
Y2
9
S2
启动停止
S1
电磁头
Y2
Y2
电磁头
Y2
14
ED

图 5-58 双缸 A1B1A0B0 动作 PLC 梯形图

$\underline{S}_1S_3ON$
$\underline{S}_2S_3ON$
$\underline{S}_4S_2ON$
$\underline{S}_3S_2ON$
A伸
B伸
B缩
A缩
(Y1+)
(Y2+)
(Y2−)
(Y1−)

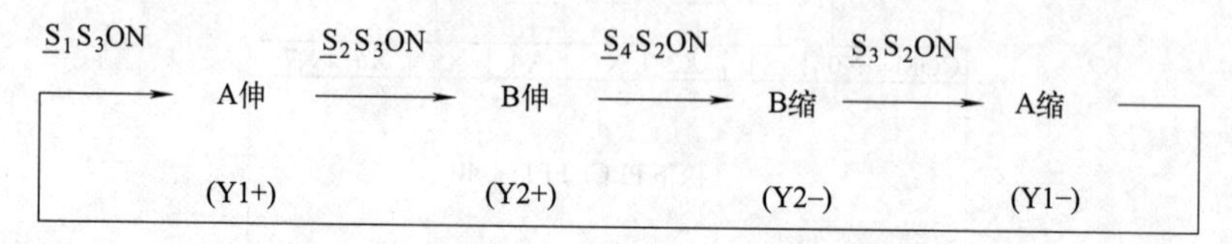

图 5-59 双缸 A1B1B0A0 动作分析图

笔记

X0
X5
R0
0
启动按钮
停止按钮
启动停止
R0
启动停止
X2
R2
4
(DF)
S2
X2 前沿
X3
R3
7
(DF)
S3
X3 前沿
X1
R0
R3
Y1
10
S1
启动停止
X3前沿
电磁头
Y1
Y1
电磁头
Y1
R2
R0
X4
Y2
15
X2前沿
启动停止
S4
电磁头
Y2
Y2
电磁头
Y2
20
ED

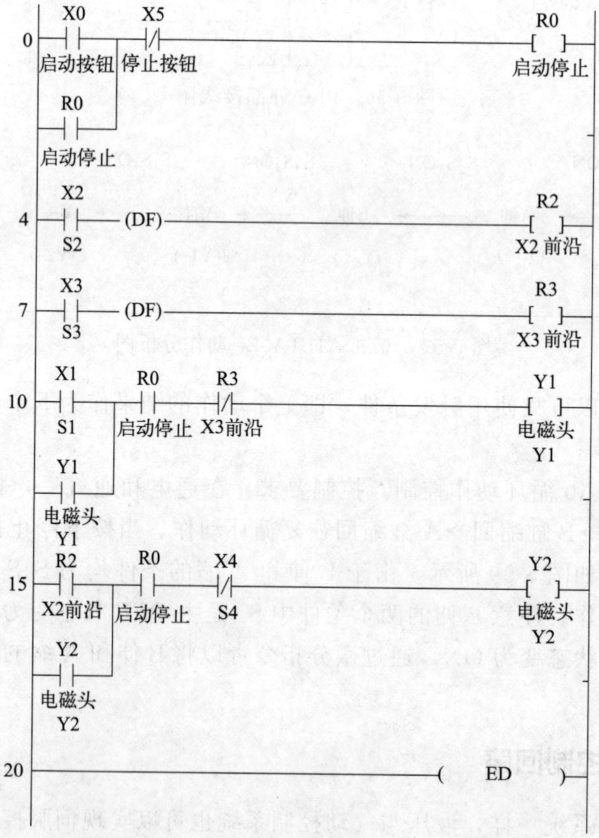

图 5-60 双缸 A1B1B0A0 动作 PLC 梯形图

5.4.2.1　电液控制阀

电液伺服阀、电液比例阀和电液数字阀统称电液控制阀，是液压技术与电子技术相结合发展的一类液压阀，是电液控制的核心。电液控制阀既是系统中的电气控制部分与液压执行部分的接口，又是实现用小信号控制大功率的放大元件。

三种不同的电液控制阀的性能比较见表 5-26。

表 5-26　电液控制阀的性能

类型	电液伺服阀	电液比例阀	电液数字阀
功能	压力控制、流量控制、方向和流量同时控制、压力和流量同时控制	多位四通阀，同时控制方向和流量、压力控制	压力控制、流量控制、方向和流量同时控制
电气-机械转换器	力马达或力矩马达，功耗小	比例电磁铁，功耗中	步进电机、高速开关电磁铁、压电晶体，功耗中
控制放大器及计算机接口	伺服放大器在很多情况下需要专门设计，包括整个闭环电路；需要 A/D 转换	比例放大器简单，与阀配套供应；需要 A/D 转换	可直接与计算机连接，不需要 A/D 转换
应用领域	多用于闭环控制	多用于开环控制，也用于闭环控制	既可开环控制也可闭环控制

(1) 电液伺服阀

电液伺服阀通常由电气-机械转换器、液压放大器（先导级阀和功率放大级主阀）和检测反馈机构组成。组成框图见图 5-61。

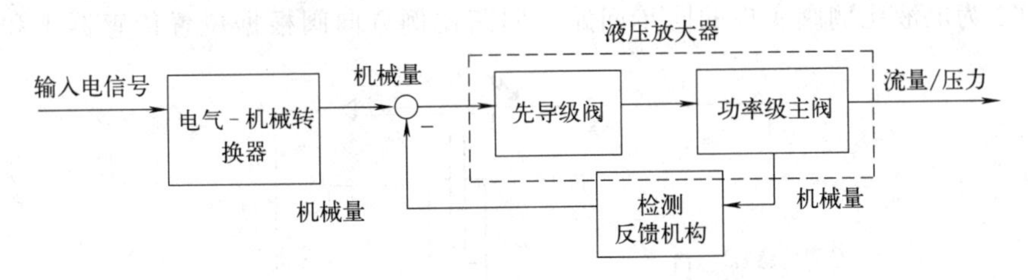

图 5-61　电液伺服阀的组成原理框图

(2) 电液比例阀

电液比例阀与电液伺服阀的结构类似，也是由电气-机械转换器、液压放大器（先导级阀和功率放大级主阀）和检测反馈机构三部分组成。若是单级阀，则无先导级阀，如图 5-62 所示。

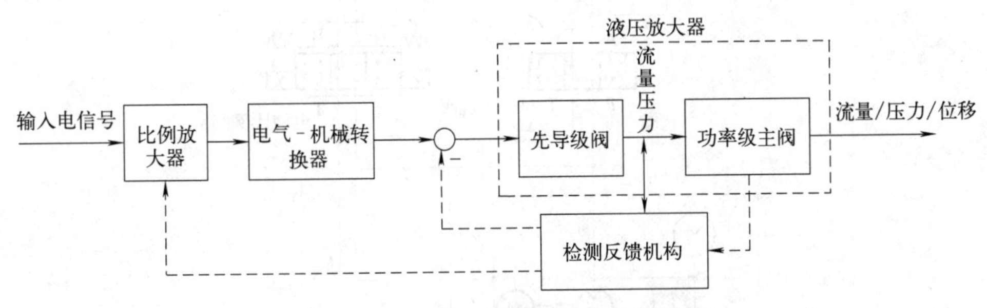

图 5-62　电液比例阀的组成原理框图

(3) 电液数字阀

增量式电液数字控制阀是采用由脉冲数字调制演变成的增量控制方式，以步进电机作为电气-机械转换器，驱动液压阀芯工作，故又被称为步进式数字阀。结构框图如图 5-63 所示。微型计算机发出脉冲序列经驱动放大后使步进电机工作。步进电机是一个数字控制元件，根据增量控制方式工作。增量控制方式是在脉冲数字信号的基础上，使每个采样周期的步数在前一次采样的步数上，增加或减少一些步数，而达到需要的幅值，步进电机的转角与输入的脉冲成比例。步进电机每得到一个脉冲，转子就沿着给定的方向转动一固定的步距角，再通过机械转换器（丝杠-螺母副或凸轮机构等）使转角转换成轴向位移，使阀口获得一定开度，从而获得与输入脉冲数成比例的压力、流量。

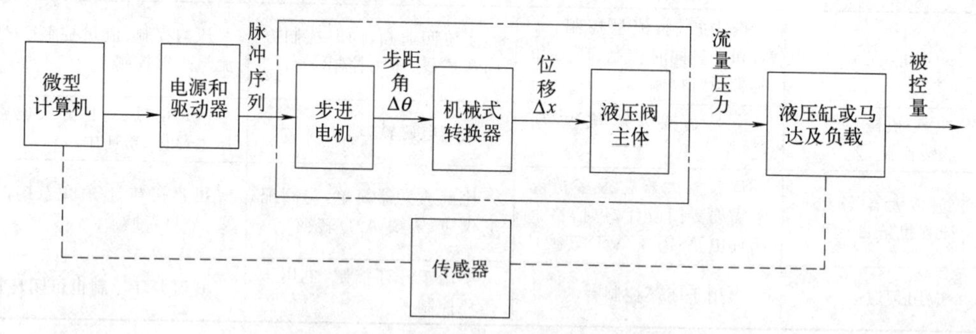

图 5-63　电液数字阀的组成原理框图

5.4.2.2 电液伺服控制回路

(1) 电液比例阀实现同步动作

图 5-64 为电液比例阀实现的同步回路。回路比例方向阀根据位置传感器 1 和 2 的反馈

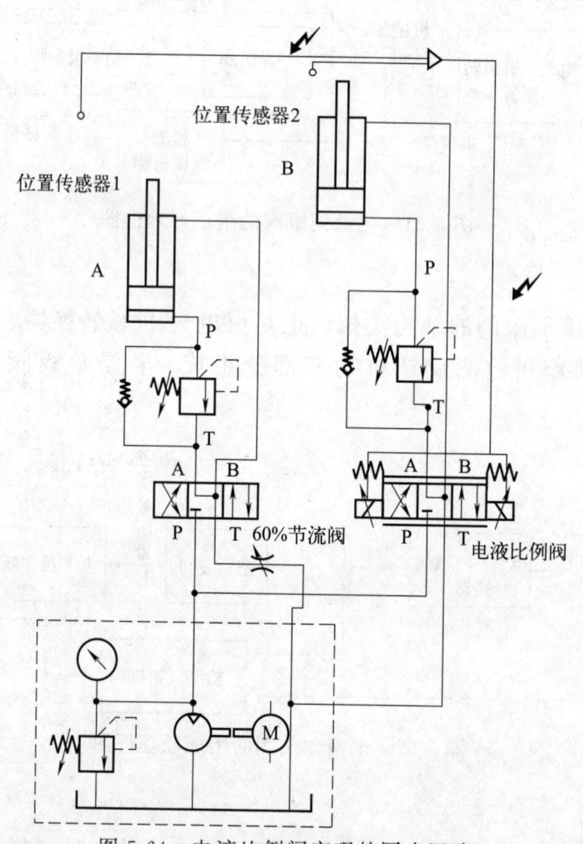

图 5-64　电液比例阀实现的同步回路

信号，连续地产生与手动调节的节流阀相应的流量。当出现位置偏差时，经过比例放大器放大，该信号调整比例阀的开度，使其朝减小偏差的方向变化，直到偏差消失。该回路控制使 B 缸活塞杆的伸出跟随 A 缸动作。

（2）电液伺服阀实现的同步回路

图 5-65 为电液伺服阀实现的同步回路。回路中的分流阀用于粗略同步控制，再用电液伺服阀根据位置检测的偏差信号，通过放大器放大，作为反馈信号进行旁油路放油，实现精确的同步控制。此回路精度高，可自动消除 A、B 两个缸的位置误差。

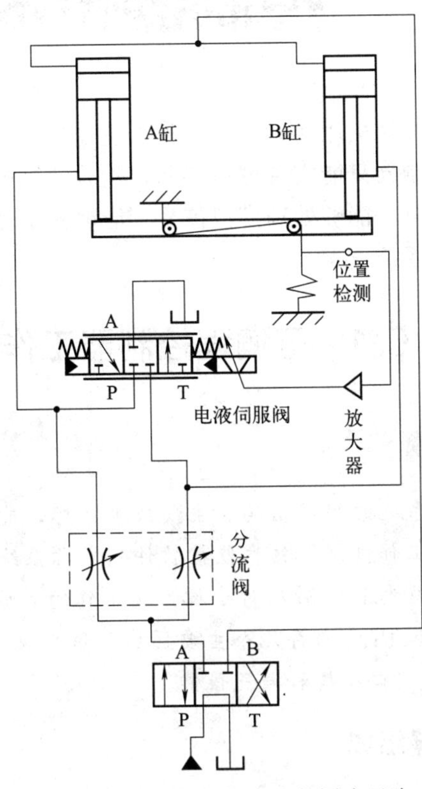

图 5-65　电液伺服阀实现的同步回路

笔记

项目6

智能化加工生产线可编程控制器技术应用

可编程控制器是为工业控制应用而设计的一种工业控制计算机，是智能化加工生产线的控制部件。早期的可编程控制器只能实现逻辑控制，随着计算机技术的进步，可编程控制器已经发展为能够实现复杂运算、能够处理模拟信号、能够实现复杂算法、能够构成工业控制网络的高性能的计算机控制系统。

任务 6.1　可编程控制器工作原理

知识与能力目标

（1）熟悉可编程控制器系统的组成结构和主要技术指标，能够解释主流 PLC 产品参数。

（2）理解可编程控制器工作机制，熟悉监控软件（或称系统软件）的作用，正确解释输入扫描与输出刷新的概念，熟悉 I/O 滞后对受控系统工作的影响，熟悉中断的概念。

（3）理解软器件的概念和 PLC 内存几个主要区域的区别及寻址方法。

（4）熟悉 PLC 输入输出端口结构和电气性能。

笔记

6.1.1　可编程控制器组成

根据国际电工委员会的定义，可编程控制器的定义为："可编程控制器是一种数字运算操作的电子系统，它采用程序存储方式工作，可以执行逻辑运算、顺序控制、定时、计数和算术运算指令，并通过数字式、模拟式的输入和输出，控制各种机械或生产过程。"定义中的程序存储工作方式指明了可编程控制器的计算机属性。可编程控制器的英文是 Programmable Controller，可以简称"PC"，但为了与个人计算机缩写混淆，仍然采用早期的名称 Programmable Logic Controller 的缩写 PLC。

可编程控制器是一种专为工业环境下应用而设计的工业控制计算机，是以微处理器为核心，通过扩展各种接口器件构成的。因此，可编程控制器的组成包括中央处理器（CPU）、存储器、输入端口与输出端口。

（1）PLC 的中央处理器

PLC 都是选用主流芯片厂家的微处理器芯片作为中央处理器，因此所选芯片性能在很大程度上决定着 PLC 的性能与扩展能力。衡量 CPU 品质最主要的两个指标是运算器位数与 CPU 工作频率。厂家通常不直接给出 CPU 型号或 CPU 运算器位数，而是通过不同产品系列加以区分。例如西门子 PLC 分为 200 系列、300 系列与 400 系列，S7 200 系列采用的是

16 位微处理器，S7 300 系列采用的是 32 位微处理器，因此 S7 200 与 S7 300 在运算速度、可支持的最大 I/O 点数、可扩展能力方面具有非常显著的区别。此外，厂家通常通过给出 PLC 单步位指令执行时间的多少间接给出 CPU 的运行速度。例如松下 FP1 系列 PLC 基本位指令执行时间为 1.6μs/步，西门子 300 系列基本位指令执行时间为 0.6～0.1μs/步。

（2）存储器

存储器用来存储程序与数据。在可编程控制器中有三种存储芯片，ROM 芯片用来存储可编程控制器生产厂家编写的监控程序（即 PLC 的操作系统）；Flash ROM（闪存）存储可改写的用户应用程序；RAM 存储程序运行中的数据，包括输入/输出映像区、软继电器区、用户变量区等。在选用 PLC 时，用户程序可占用的存储空间是一个重要参数，通常厂家通过给出用户程序的最大语句步数来表示程序存储空间的大小。

（3）输入端口与输出端口

可编程控制器的输入端口与输出端口包括数字量 I/O 端口与模拟量 I/O 端口，数字量 I/O 输入/输出能力使用输入点数与输出点数表示，模拟量 I/O 端口输入/输出能力使用通道数与 A/D 转换位数来表示。

（4）组成实例

除上述基本组成部分之外，可编程控制器通常还包括电源模块、扩展连接模块、各种通信模块。下面通过一个工程实例说明实际 PLC 控制系统的组成。

图 6-1 为一个西门子 300 站的硬件组态图。该系统包括主站与通过 Profibus 总线扩展的两个从站。

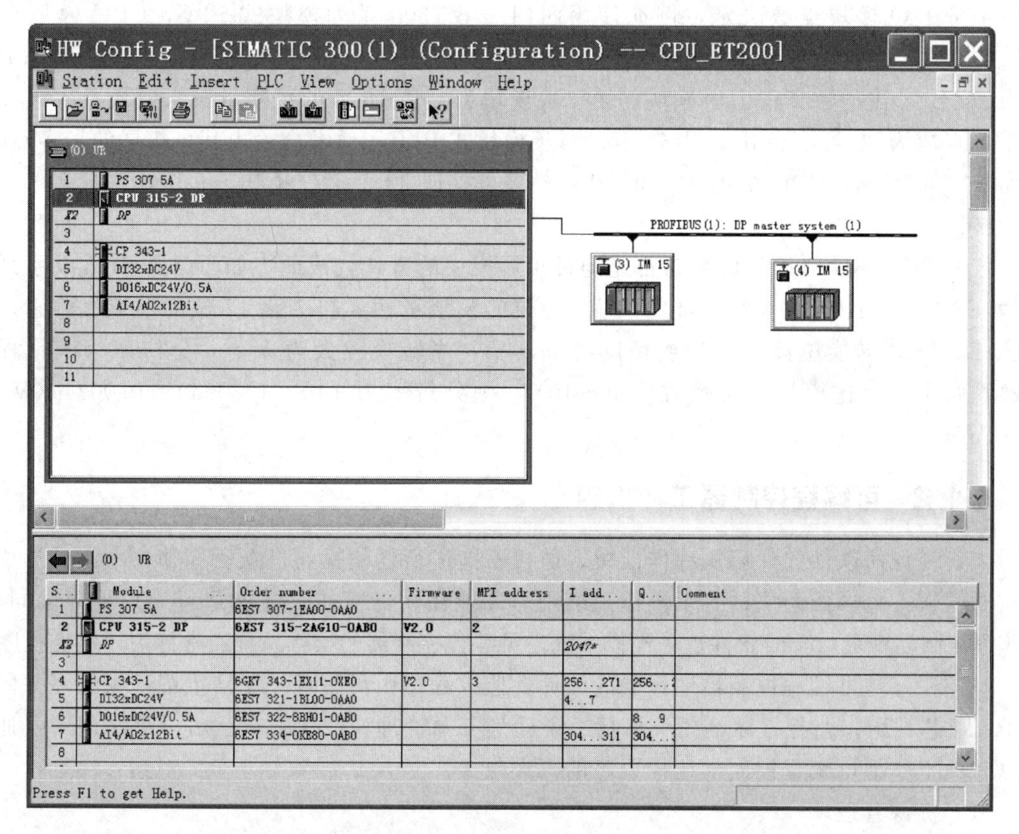

S...	Module	Order number	Firmware	MPI address	I add...	Q...	Comment
1	PS 307 5A	6ES7 307-1EA00-0AA0					
2	CPU 315-2 DP	6ES7 315-2AG10-0AB0	V2.0	2			
X2	DP				2047*		
3							
4	CP 343-1	6GK7 343-1EX11-0XE0	V2.0	3	256...271	256...	
5	DI32xDC24V	6ES7 321-1BL00-0AA0			4...7		
6	DO16xDC24V/0.5A	6ES7 322-8BH01-0AB0				8...9	
7	AI4/AO2x12Bit	6ES7 334-0KE80-0AB0			304...311	304...	
8							

图 6-1　硬件组态图

笔记

主站机架1号槽为电源模块“PS 307 5A”；2号槽为CPU模块“CPU 315-2-DP”，DP口接Profibus总线；4号槽为网络通信模块“CP 343-1”，实现主站与工业以太网的互连；5号槽为数字量输入模块“DI32×DC24V”；6号槽为数字量输出模块“DO16×DC24V/0.5A”；7号槽为模拟量输入/输出模块“AI4/AO2×12Bit”。

两个Profibus从站采用接口模块IM153-2，从站机架上扩展DI/DO、AI/AO模块。

(5) PLC硬件技术指标

可编程控制器硬件技术指标主要有以下方面的内容。

① CPU性能。CPU速度，通过单步位指令执行时间给出。如西门子CPU 31×的布尔指令执行时间为0.6～0.1μs/步，CPU 41×的布尔指令执行时间为0.1～0.06μs/步；三菱PLCQO2CPU LD指令执行时间为0.079μs/步，MOV指令执行时间为0.245μs/步。

② 用户程序容量。PLC用户程序存储区容量有两种表示方式，一种是给出用户程序的最大允许步数，如三菱PLC FX2N程序容量内置8k步，使用扩展内存盒可扩展到16k步。松下FP1系列程序容量2.7k步，FP2系列16k步。第二种是直接给出程序存储器容量，如西门子系列PLC会给出允许的最大扩展容量。如西门子CPU315-2DP 6ES7 315-2AF01-0AB0具有48KB工作内存，且可通过插入式存储卡，最大扩展8MB。

③ I/O点数与AI/AO通道数。I/O点数给出了PLC能够外接的开关量输入/输出的点数。一般将I/O点数小于240的称为小型PLC，点数介于240～1000的称为中型PLC，点数大于1000的称为大型PLC。整体式PLC，其输入输出点数是固定的，通常直接给出，如松下“FP1 C40”PLC为24入16出，共40点。模块式PLC的输入输出点数则由实际扩展的数字量I/O模块点数决定，例如使用西门子S7 300系列模块式PLC，CPU模块选择“6ES7 314-1”，数字量I/O模块选择一块“6ES7 323-1”与一块“6ES7 321-7”，第一个模块为16入16出的数字量I/O模块，第二块模块为一块16入的数字量输入模块，故该系统的I/O点数为32入，16出，共48点。对于模块式PLC，通常会给出其可扩展的最多点数。例如S7 300系列，CPU采用31×的PLC最多可扩展32个I/O模块，每个模块最多32点，最大点数为1024点。

笔记

各种PLC的模拟量I/O接口都是通过扩展模块的方式构成的，如西门子S7 300系列模块“6ES7 334-0KE80-0AB0”，包括4路12位的模拟量输入与2路12位的模拟量输出。其中A/D、D/A转换位数决定转换精度与分辨率，当转换位数为n时，分辨率为满量程的$1/2^n$。如使用上述模块测量量程为0～10V，则分辨率为10×(1/4096)＝0.00244(V)＝2.44(mV)。

6.1.2 可编程控制器工作机制

未安装任何软件的计算机称作裸机，裸机不能进行任何操作。众所周知，个人计算机中最重要的软件是操作系统，有了操作系统用户才能使用计算机，才能运行用户程序。同样，可编程控制器中最重要的软件也是操作系统，可编程控制器的操作系统通常称为“监控程序”。

监控程序是可编程控制器最重要的软件，监控程序由可编程控制器生产厂家编写并固化在ROM芯片中。监控程序的任务概括地说就是资源管理、I/O刷新、用户程序调用，通常称这三项工作为可编程控制器监控程序的三大任务。

(1) 资源管理

可编程控制器作为一台特殊的工业控制计算机，资源管理工作主要包括存储器管理、

I/O端口管理、中断系统管理、通信管理等。这些管理工作是我们能够正常使用PLC所必需的。例如，PLC面板上都有Run/Programing切换键，设想一下是什么程序在识别这种切换？再例如，PLC与PC机通信时能够识别PC机上用户发出的是“程序下载”还是“程序运行”命令，设想一下是什么程序在识别这些命令？其实在使用PLC时，很多你司空见惯的操作都是在PLC监控程序的支持下完成的，是监控程序管理着PLC的系统资源。

(2) I/O刷新与用户程序调用

监控程序最重要的工作是I/O刷新与执行用户程序，其工作过程如图6-2所示。

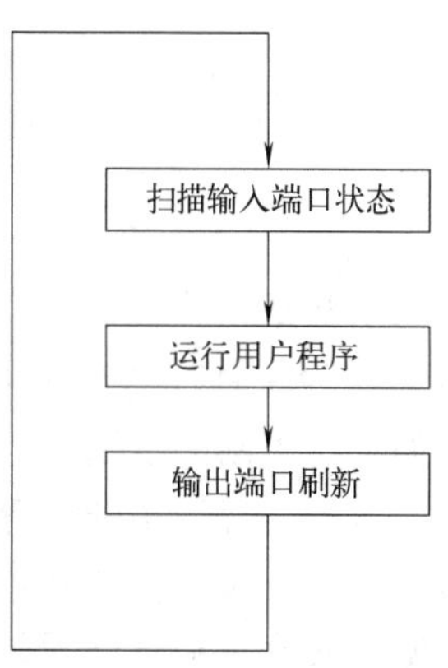

图6-2 监控程序工作过程

首先是输入刷新，监控程序扫描输入点电平状态，然后根据扫描结果刷新输入点对应的内存单元。例如，输入点X1电平状态为高电平、X2电平状态为低电平，监控程序扫描后会将内存中的“X1”单元置为“1”、将“X2”单元置为“0”。

输入刷新完成后，监控程序将调用用户程序，完成相应的控制功能。用户程序将到输入/输出点的“内存映像区”(内存映像区是指输入/输出点在内存中对应的单元)中读取输入/输出状态值。用户程序中使用到的输入点状态为本次输入刷新时输入点的状态，用户程序中使用到的输出点状态为上次输出刷新时输出点的状态。用户程序运行时对输出点状态的设置将写入到输出点的“内存映像区”，特别注意，在这一瞬间真正的输出点的物理电平状态还没有改变。

用户程序执行完毕后，开始输出刷新工作。监控程序将根据输出点“内存映像区”的值，设置输出点的电平状态。输出刷新完成后，输出点的物理电平状态才与程序运行结果相同。

监控程序循环执行上述操作，从而实现控制功能，这种工作方式称为扫描工作方式。

(3) I/O滞后现象

从PLC扫描工作方式的分析可以看到，PLC对输入点与输出点状态的刷新有可能不是即时的，特别当用户程序的执行周期比较长的时候尤其如此。

① I/O滞后现象。监控程序在执行用户程序之前通过扫描刷新了输入，但这些输入信号改变所引起的输出变化要在用户程序执行完毕之后才会发生。假设用户程序的执行周期为T，则输出状态的刷新至少要滞后于输入状态刷新一个T周期(在最坏情况下，输出刷新有可能滞后于输出刷新两个T周期)。

由于PLC工作速度很快(一般T在10ms以下)，在大多数情况下，这种I/O滞后于输入的现象对工作无影响，但在某些特殊情况下可能会产生危害。

② 延误危险信号的处理。假设系统工作时，危险状况的报警信号将接通X1，而解除危险状况的方法是接通输出点Y1。由前面分析可知，当X1出现后至少要延时一个用户程序周期T之后才能接通Y1，这就有可能延误危险的排除而造成不良后果。

③ 输入信号的丢失。在PLC工作时，如果输入信号的维持时间很短，将会带来输入信号的丢失。如图6-3所示，输入信号脉冲为某测量电机转速的旋转编码器的输出脉冲，该脉冲的周期为T_1，从图6-3可以看出，除去在PLC的输入刷新周期T_i期间到来的脉冲之外，多数脉冲都不能被PLC接收而丢失了。

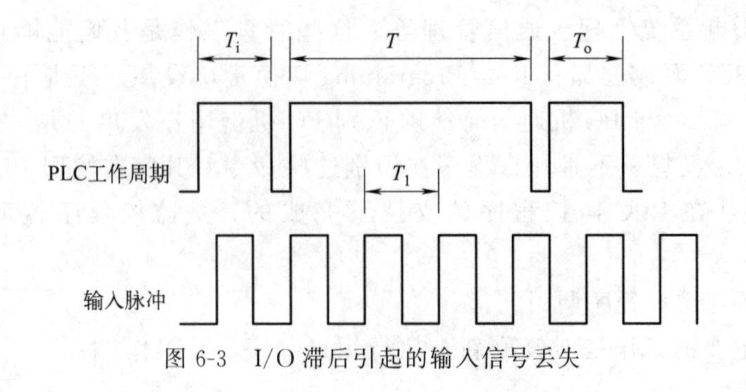

图 6-3　I/O 滞后引起的输入信号丢失

（4）中断工作方式

中断是计算机在紧急事件到来时，暂停当前工作转去处理紧急事件的一种工作机制。PLC 作为一种计算机，也可以采用中断方式处理需要紧急处理的事件。中断处理的主要过程如下，中断源发出中断请求信号，CPU 接收到该信号后，会暂时停止当前程序的执行，转去执行一段“中断服务程序”处理中断请求，处理结束后再继续执行前面被暂停的程序。显然，中断工作方式与扫描工作方式的最大区别就是其实时性，前面所说的危险信号的处理以及高速脉冲的计数都可以通过中断工作方式实现。

随着 PLC 性能的不断完善，各类新型 PLC 的中断处理功能也越来越强。例如各种 PLC 都具有的“高速计数”功能，就是通过中断实现的，该功能可以用来记录高速脉冲。

综上所述，PLC 工作方式是循环扫描方式加中断方式，主要工作通过循环扫描方式完成，紧急事件处理采用中断方式处理。

6.1.3　软器件与内存地址分配

（1）软器件

可编程控制器软器件主要包括内部软继电器、定时器与计数器等，这些软器件的实质都是可编程控制器的存储单元。

在可编程控制器中“线包”与“触点”对应的是内存中的一个“位单元”。对于“线包”，当其所对应的“位单元”被置“1”时称为“线包得电”；对应“位单元”被清“0”时称为“线包失电”。同名的“常开触点”与“常闭触点”对应同一个位单元，当该位单元被置“1”时表现为“常开接通”“常闭断开”；对应位单元被清“0”时表现为“常闭接通”“常开断开”。由于存储单元的状态可以不受次数限制引用，因此软器件的触点在梯形图中使用次数也不受任何限制。

定时器与计数器比软触点要复杂一些，例如一个定时器对应 3 个单元，一个“位单元”对应定时器的常开触点与常闭触点，一个“时间常数字单元”存放定时时间常数，一个“计数字单元”存放当前计数值。工作时 CPU 的定时中断修改定时器计数单元的值，减 1 回 0（或计满溢出）后定时时间到，使定时器“常开接通、常闭断开”。待重新复位后，将时间常数单元的值装入计数单元。图 6-4 给出了一个用软器件定时器产生周期为 1s 的方波发生器的梯形图，是使用松下 PLC 编程实现的。

程序中使用两个定时器互锁实现了方波输出，如果需要修改周期与占空比，只要修改两个定时器的时间常数即可，可以说一种 PLC 的控制功能强大与否与软器件的种类和功能有非常重要的关系。

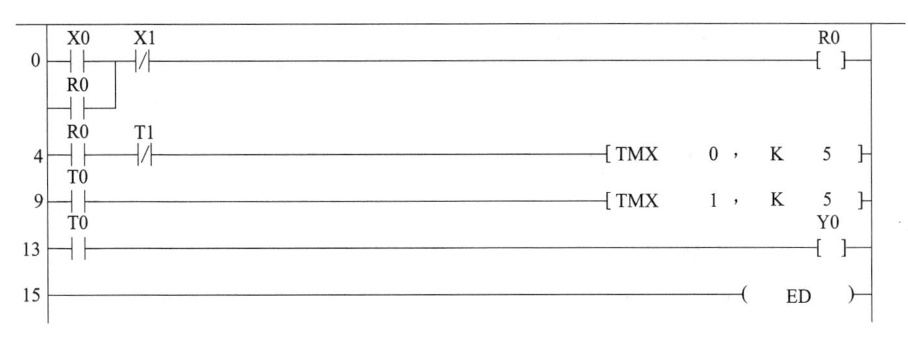

图 6-4 软器件定时器的应用

（2）内存地址分配

可编程控制器用户内存包括 I/O 映像区、软继电器区与用户数据区，可在程序中通过特定的符号地址访问这些区域，在使用这些地址的时候要注意如下一些问题。

① 起始符号的区别代表性质不同的区域。例如西门子 S7 300 系列 PLC，I0.6 代表 I/O 映像区字节地址为 0、位地址为 6 的输入点，而 M0.6 代表软继电器区字节地址为 0、位地址为 6 的软继电器。二者的读写方式是不同的，M0.6 既可以使用“触点”又可以使用“线包”，而 I0.0 只能使用“触点”不能使用“线包”。

② 注意位、字节、字物理空间的重叠。在西门子 S7 300 系列 PLC 中，M0.0 代表字节地址为 0、位地址为 0 的存储位，MB0 代表字节地址为 0 的存储字节（8 位），MW0 代表字地址为 0 的存储字（16 位），MD0 代表双字地址为 0 的存储双字（32 位），图 6-5 给出了字节、字、双字存储区域之间的关系。

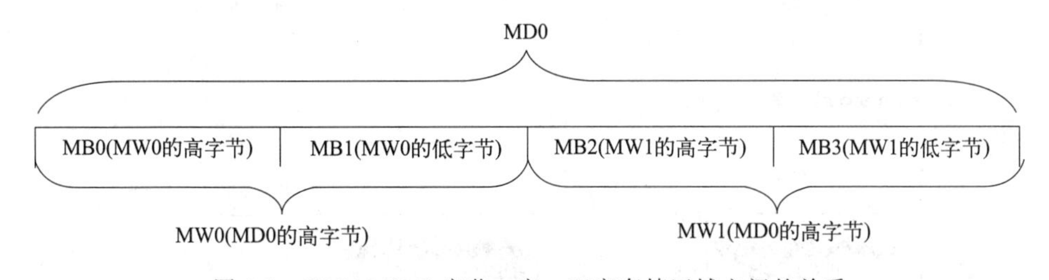

图 6-5 S7 300 PLC 字节、字、双字存储区域之间的关系

使用时要注意两点，第一是注意存储顺序，西门子 S7 300 的存储顺序是低地址存高字节、高地址存低字节；图 6-6 的运行情况说明了这一点。其他多数 PLC 则是高地址存高字节、低地址存低字节。第二是注意重复赋值带来的问题，如图 6-7 所示，I0.0 接通后 M0.0 得电，但是紧接下来的给 MB0 的赋值将 M0.0 又置为 0，所以 Q0.0 不能得电。

6.1.4 可编程控制器编程方式

（1）编程语言

可编程控制器是通过反复执行用户程序工作的，因此编写用户程序是最重要的工作。可编程控制器的编程语言有多种形式，一般有指令表、梯形图与功能块图。图 6-8 为使用西门子 STEP 7 编写的一小段程序，使用三种编程语言实现，图 6-8（a）为梯形图、图 6-8（b）为指令表、图 6-8（c）为功能块图。

梯形图与功能块图直观性强，适合初学者上手理解和应用；指令语句表功能强大、应用

笔记

Network 1 : Title:

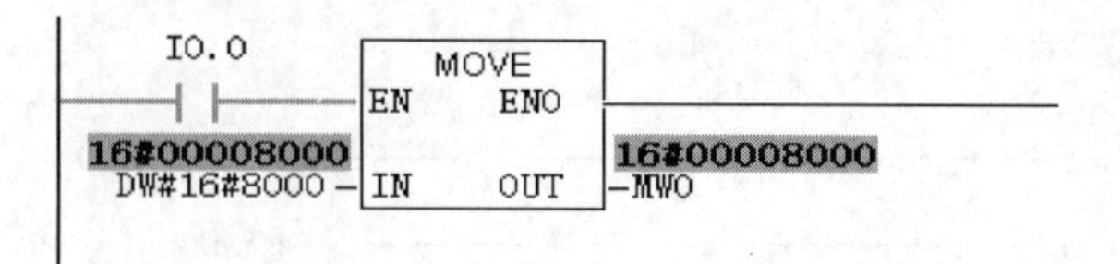

Network 2 : Title:

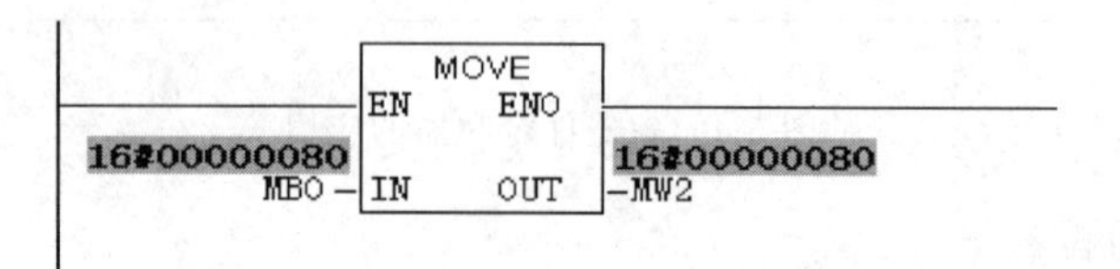

Network 3 : Title:

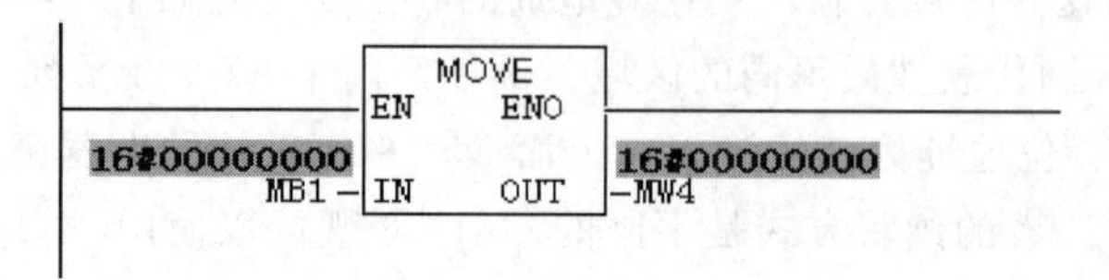

图 6-6 S7 300 PLC 存储顺序示例

Network 1 : Title:

I0.0

M0.0

Network 2 : Title:

笔记

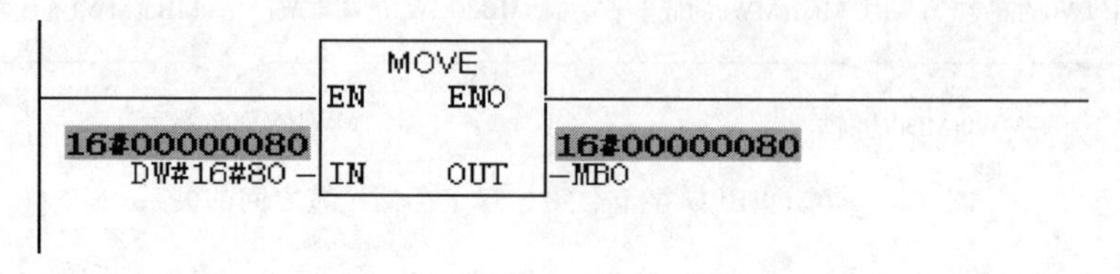

Network 3 : Title:

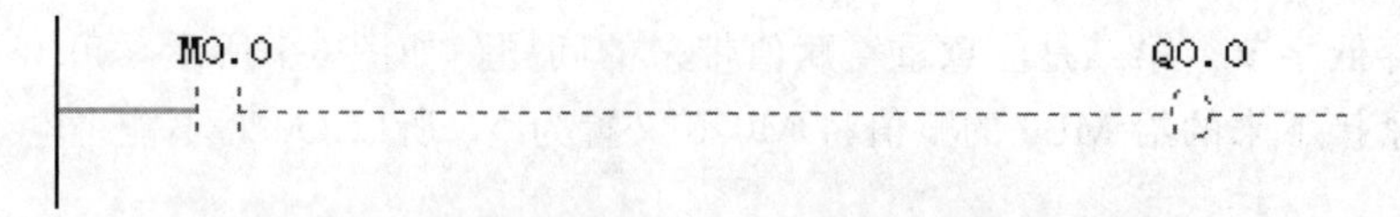

图 6-7 存储单元的重复赋值问题

灵活，更能反映编程思想，可以实现梯形图和功能块图无法实现的复杂功能，但是需要记忆大量的指令格式，不适合于初学者上手。各种编程环境都提供语句相互转换的功能，使用梯形图与功能块图编写的程序都可以转换为其他形式，但使用指令表编写的程序不能保证一定可以转换为梯形图与功能块图。

（2）编程与调试环境

遗憾的是，PLC 没有统一的指令系统与编程环境，各种品牌的 PLC 除去输入输出点的

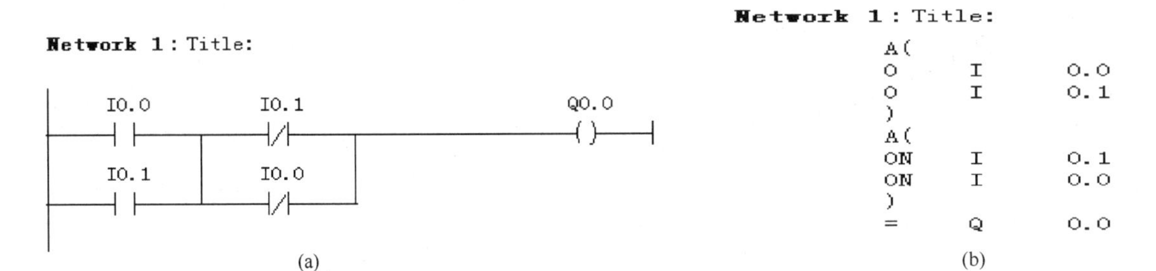

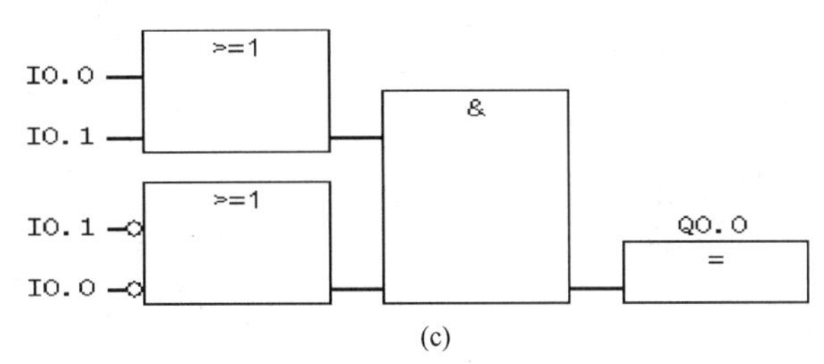

图 6-8　梯形图、指令表、功能块图比较

梯形图符号类似外，各种功能模块的符号与用法均不相同，所以 PLC 编程只能使用 PLC 厂商提供的编程环境。目前我国市场上占有率较大的主流 PLC 编程环境都有中文版，而且都有强大的在线帮助文档供使用者使用，因此学习比较容易。

6.1.5　可编程控制器输入输出接口电路

为了保证可编程控制器内部电路的工作安全与抗干扰能力，可编程控制器的输入输出接口电路必须具有可靠的强弱电隔离措施。图 6-9 给出了常用的接口电路。

由图 6-9 可知，PLC 的接口电路主要分为两大类。一类是采用光电隔离方式，另一类是采用固体继电器隔离方式。

图 6-9（a）是光电耦合器隔离的输入电路，可以有效避免外部电路的电磁干扰与强电流冲击。图 6-9（b）是继电器隔离的有触点输出电路，其触点可直接用于接通直流或低频交流负载电路。图 6-9（c）、图 6-9（d）是光电耦合器隔离的输出接口，均属于无触点输出方式。其中图 6-9（c）是晶体管输出 NPN 型，图 6-9（d）是晶闸管输出型，适用于外接高频大功率负载回路。

输入输出接口电路使用时的注意事项如下。

① 注意隔离电压的大小。一般光电耦合器可以隔离 5000V 的瞬间电压，固体继电器耦合可以隔离 1000V 的瞬间电压，选用时要了解所选 PLC 的隔离能力与负载过压的可能情况。

② 晶体管集电极开路输出需要外接电源，使用时要区分输出极是 PNP 还是 NPN，注意外接电源的极性。

③ 在实际应用时，尽量不要直接接入强电负载，应该通过用户接口电路实现二次隔离加大保险系数，保护 PLC 正常工作。

表 6-1 为松下 FP1 输入输出特性，使用时可以根据需要选择。

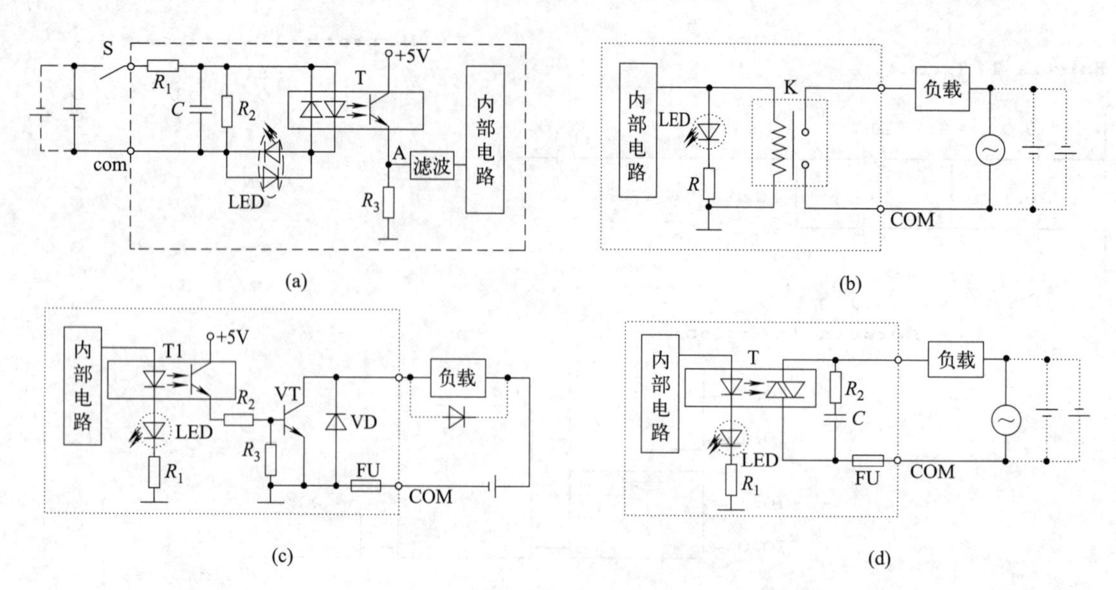

图 6-9 常用接口电路

表 6-1 松下 FP1 输入输出特性

输入特性	
目录	概要
额定输入电压	12V～24V DC
工作电压范围	10.2V～26.4V DC
接通电压/电流	小于 10V/小于 3mA
关断电压/电流	大于 2.5V/大于 1mA
输入阻抗	约 3kΩ
响应时间 ON—OFF	小于 2ms(正常输入)(注) 小于 50ms(设定高速计数器) 小于 200ms(设定中断输入) 小于 500ms(设定脉冲捕捉)
运行方式指示	LED
连接方式	端子板(M3.5 螺钉)
绝缘方式	光耦合
晶体管输出	
目录	概要
绝缘方式	光耦合
输出方式	晶体管 PNP 和 NPN 开路集电极
额定负载电压范围	5V～24V DC
工作负载电压范围	4.75V～26.4V DC
最大负载电流	0.5A/点(24V DC)×1
电大浪涌电流	3A
OFF 状态泄漏电流	不大于 100mA
ON 状态压降	不大于 1.5V
响应时间×2 OFF—ON	不大于 1ms
响应时间×2 ON—OFF	不大于 1ms
工作方式指示	LED
连接方式	端子板(M3.5 螺钉)
浪涌电流吸收器	齐纳二极管

续表

继电器输出		
目录		概要
输出类型		常开
额定控制能力		2A　25V　AC,2A　30V　DC(5A/公共端)
OFF—ON	响应时间	小于 8ms
ON—OFF		小于 10ms
机械寿命		小于 5×10^6 次
电气寿命		大于 10^5 次
浪涌电流吸收器		无
工作方式指示		LED
连接方式		端子板(M3.5 螺钉)

任务 6.2　可编程控制器控制系统设计

知识与能力目标

（1）熟悉可编程控制器应用系统的设计步骤。

（2）熟悉硬件选型原则、软件设计步骤。

可编程控制器技术最主要是应用于自动化控制工程中，综合地运用前面学过的知识点，根据实际工程要求合理组合成控制系统，在此介绍组成可编程控制器控制系统的一般方法。

6.2.1　可编程控制器应用系统设计

（1）系统设计的主要内容

① 拟定控制系统设计的技术条件。技术条件一般以设计任务书的形式来确定，它是整个设计的依据。

② 选择电气传动形式和电动机、电磁阀等执行机构。

③ 选定 PLC 的型号。

④ 编制 PLC 的输入/输出分配表或绘制输入/输出端子接线图。

⑤ 根据系统设计的要求编写软件规格说明书，然后再用相应的编程语言（常用梯形图）进行程序设计。

⑥ 了解并遵循用户认知心理学，重视人机界面的设计，增强人与机器之间的友善关系。

⑦ 设计操作台、电气柜及非标准电气元部件。

⑧ 编写设计说明书和使用说明书。

根据具体任务，上述内容可适当调整。

（2）系统设计的基本步骤

可编程控制器应用系统设计与调试的主要步骤，如图 6-10 所示。

① 深入了解和分析被控对象的工艺条件和控制要求。

a. 被控对象就是受控的机械、电气设备、生产线或生产过程。

b. 控制要求主要指控制的基本方式、应完成的动作、自动工作循环的组成、必要的保护和联锁等。对较复杂的控制系统，还可将控制任务分成几个独立部分，化繁为简，有利于编程和调试。

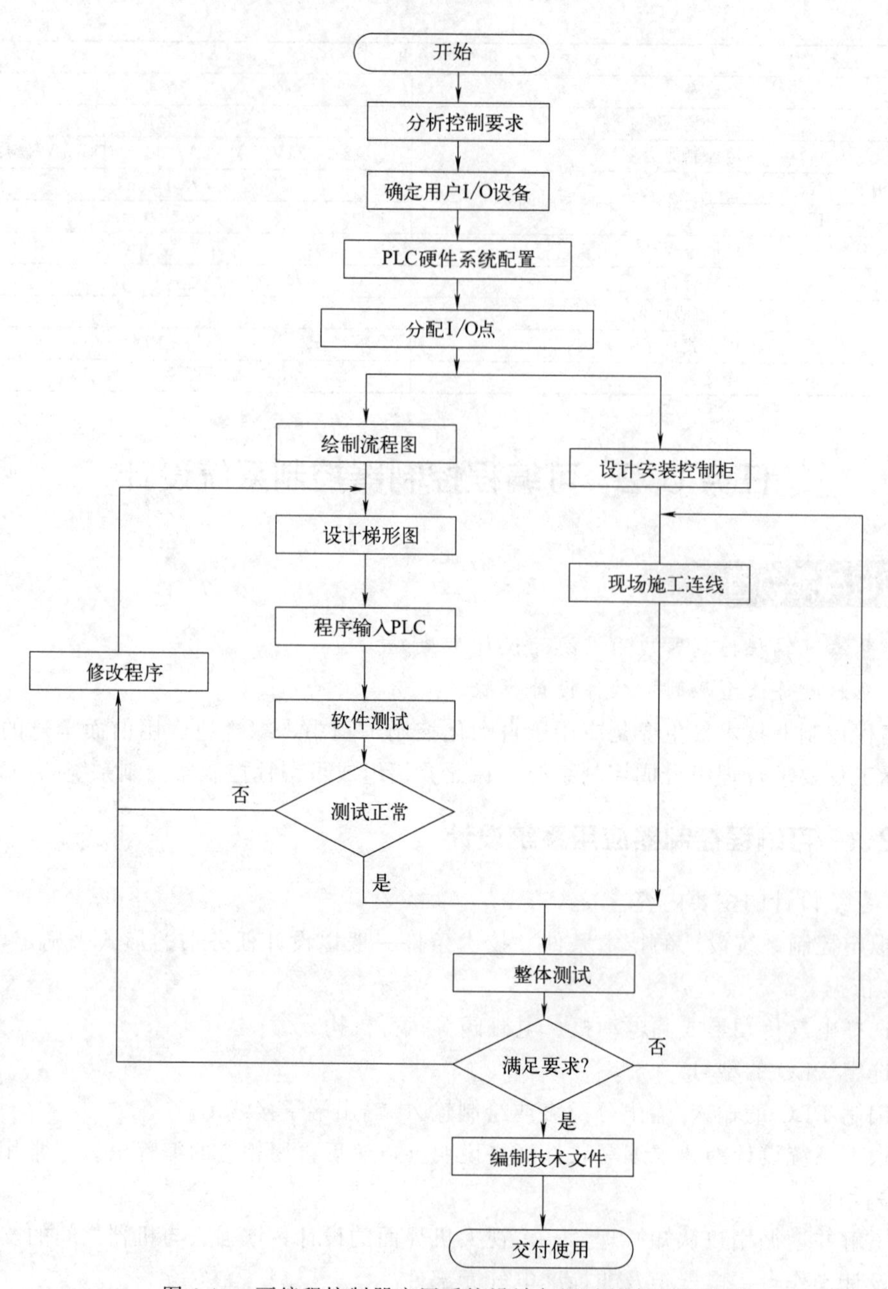

图 6-10 可编程控制器应用系统设计与调试的主要步骤

② 确定 I/O 设备。根据被控对象对 PLC 控制系统的功能要求，确定系统所需的用户输入、输出设备。常用的输入设备有按钮、选择开关、行程开关、传感器等，常用的输出设备有继电器、接触器、指示灯、电磁阀等。

③ 选择合适的 PLC 类型。根据已确定的用户 I/O 设备，统计所需的输入信号和输出信号的点数，选择合适的 PLC 类型，包括机型的选择、容量的选择、I/O 模块的选择、电源模块的选择等。

④ 分配 I/O 点。分配 PLC 的输入输出点，编制出输入/输出分配表或者画出输入/输出端子的接线图。接着就可以进行 PLC 程序设计，同时可进行控制柜或操作台的设计和现场施工。

⑤ 设计应用系统梯形图程序。根据工作功能图表或状态流程图等设计出梯形图即编程。这一步是整个应用系统设计的最核心工作，也是比较困难的一步，要设计好梯形图，首先要十分熟悉控制要求，同时还要有一定的电气设计的实践经验。

⑥ 将程序输入 PLC。当使用简易编程器将程序输入 PLC 时，需要先将梯形图转换成指令助记符，以便输入。当使用可编程序控制器的辅助编程软件在计算机上编程时，可通过上下位机的连接电缆将程序下载到 PLC 中去。

⑦ 进行软件测试。程序输入 PLC 后，应先进行测试工作。因为在程序设计过程中，难免会有疏漏的地方。因此在将 PLC 连接到现场设备上去之前，必须进行软件测试，以排除程序中的错误，同时也为整体调试打好基础，缩短整体调试的周期。

⑧ 应用系统整体调试。在 PLC 软硬件设计和控制柜及现场施工完成后，就可以进行整个系统的联机调试，如果控制系统是由几个部分组成的，则应先做局部调试，然后再进行整体调试；如果控制程序的步骤较多，则可先进行分段调试，然后再连接起来总调。调试中发现的问题，要逐一排除，直至调试成功。

⑨ 编制技术文件。系统技术文件包括说明书、电气原理图、电气布置图、电气元件明细表、PLC 梯形图。

6.2.2 PLC 硬件系统设计

（1）PLC 型号的选择

在做出系统控制方案的决策之前，要详细了解被控对象的控制要求，从而决定是否选用 PLC 进行控制。

在控制系统逻辑关系较复杂（需要大量中间继电器、时间继电器、计数器等）、工艺流程和产品改型较频繁、需要进行数据处理和信息管理（有数据运算、模拟量的控制、PID 调节等）、系统要求有较高的可靠性和稳定性、准备实现工厂自动化联网等情况下，使用 PLC 控制是很必要的。

目前，国内外众多的生产厂家提供了多种系列功能各异的 PLC 产品，使用户眼花缭乱、无所适从。所以全面权衡利弊、合理地选择机型才能达到经济实用的目的。一般选择机型要以满足系统功能需要为宗旨，不要盲目贪大求全，以免造成投资和设备资源的浪费。机型的选择可从以下几个方面来考虑。

① 对输入/输出点的选择。盲目选择点数多的机型会造成一定浪费。

要先弄清楚控制系统的 I/O 总点数，再按实际所需总点数的 15%～20% 留出备用量（为系统的改造等留有余地）后确定所需 PLC 的点数。

另外要注意，一些高密度输入点的模块对同时接通的输入点数有限制，一般同时接通的输入点不得超过总输入点的 60%；PLC 每个输出点的驱动能力（ A/点）也是有限的，有的 PLC 其每点输出电流的大小还随所加负载电压的不同而异；一般 PLC 的允许输出电流随环境温度的升高而有所降低等。在选型时要考虑这些问题。

PLC 的输出点可分为共点式、分组式和隔离式几种接法。隔离式的各组输出点之间可以采用不同的电压种类和电压等级，但这种 PLC 平均每点的价格较高。如果输出信号之间不需要隔离，则应选择前两种输出方式的 PLC 。

② 对存储容量的选择。对用户存储容量只能做粗略的估算。在仅对开关量进行控制的

系统中，可以用输入总点数乘 10 字/点＋输出总点数乘 5 字/点来估算；计数器/定时器按 3～5 字/个估算；有运算处理时按 5～10 字/量估算；在有模拟量输入/输出的系统中，可以按每输入（或输出）一路模拟量需 80～100 字左右的存储容量来估算；有通信处理时按每个接口 200 字以上的数量粗略估算。最后，一般按估算容量的 50%～100%留有余量。对缺乏经验的设计者，选择容量时留有余量要大些。

③ 对 I/O 响应时间的选择。PLC 的 I/O 响应时间包括输入电路延迟、输出电路延迟和扫描工作方式引起的时间延迟（一般在 2～3 个扫描周期）等。对开关量控制的系统，PLC 和 I/O 响应时间一般都能满足实际工程的要求，可不必考虑 I/O 响应问题。但对模拟量控制的系统，特别是闭环系统就要考虑这个问题。

④ 根据输出负载的特点选型。不同的负载对 PLC 的输出方式有相应的要求。例如，频繁通断的感性负载，应选择晶体管或晶闸管输出型的，而不应选用继电器输出型的。但继电器输出型的 PLC 有许多优点，如导通压降小，有隔离作用，价格相对较便宜，承受瞬时过电压和过电流的能力较强，其负载电压灵活（可交流、可直流）且电压等级范围大等。所以动作不频繁的交、直流负载可以选择继电器输出型的 PLC 。

⑤ 对在线和离线编程的选择。离线编程是指主机和编程器共用一个 CPU ，通过编程器的方式选择开关来选择 PLC 的编程、监控和运行工作状态。编程状态时，CPU 只为编程器服务，而不对现场进行控制。专用编程器编程属于这种情况。在线编程是指主机和编程器各有一个 CPU ，主机的 CPU 完成对现场的控制，在每一个扫描周期末尾与编程器通信，编程器把修改的程序发给主机，在下一个扫描周期主机将按新的程序对现场进行控制。计算机辅助编程既能实现离线编程，也能实现在线编程。在线编程需购置计算机，并配置编程软件。采用哪种编程方法应根据需要决定。

⑥ 根据是否联网通信选型。若 PLC 控制的系统需要联入工厂自动化网络，则 PLC 需要有通信联网功能，即要求 PLC 应具有连接其他 PLC 、上位计算机及 CRT 等的接口。大、中型机都有通信功能，目前大部分小型机也具有通信功能。

⑦ 对 PLC 结构形式的选择。在相同功能和相同 I/O 点数据的情况下，整体式比模块式价格低。但模块式具有功能扩展灵活、维修方便（换模块）、容易判断故障等优点，要按实际需要选择 PLC 的结构形式。

（2）分配输入/输出点

一般输入点和输入信号、输出点和输出控制是一一对应的。

分配好后，按系统配置的通道与接点号，分配给每一个输入信号和输出信号，即进行编号。

在个别情况下，也有两个信号用一个输入点的，那样就应在接入输入点前，按逻辑关系接好线（如两个触点先串联或并联），然后再接到输入点。

① 确定 I/O 通道范围。不同型号的 PLC ，其输入/输出通道的范围是不一样的，应根据所选 PLC 型号，查阅相应的编程手册，绝不可“张冠李戴”。必须参阅有关操作手册。

② 内部辅助继电器。内部辅助继电器不对外输出，不能直接连接外部器件，而是在控制其他继电器、定时器/计数器时作数据存储或数据处理用。

从功能上讲，内部辅助继电器相当于传统电控柜中的中间继电器。

未分配模块的输入/输出继电器区以及未使用 1∶1 连接的继电器区等均可作为内部辅助继电器使用。根据程序设计的需要，应合理安排 PLC 的内部辅助继电器，在设计说明书中应详细列出各内部辅助继电器在程序中的用途，避免重复使用。参阅有关操作手册。

③ 分配定时器/计数器。PLC 的定时器/计数器数量分别见有关操作手册。

6.2.3 PLC 软件系统设计的步骤

在了解了程序结构和编程方法的基础上，就要实际地编写 PLC 程序了。编写 PLC 程序和编写其他计算机程序一样，都需要经历如下过程。

（1）对系统任务分块

分块的目的就是把一个复杂的工程，分解成多个比较简单的小任务。这样就把一个复杂的大问题化为多个简单的小问题，便于编制程序。

（2）编制控制系统的逻辑关系图

逻辑关系图可以反映出某一逻辑关系的结果是什么，这一结果又导致哪些动作。这个逻辑关系可以是以各个控制活动顺序为基准，也可能是以整个活动的时间节拍为基准。逻辑关系图反映了控制过程中控制作用与被控对象的活动，也反映了输入与输出的关系。

（3）绘制各种电路图

绘制各种电路图的目的，是把系统的输入输出所设计的地址和名称联系起来，这是很关键的一步。在绘制 PLC 的输入电路时，不仅要考虑到信号的连接点是否与命名一致，还要考虑到输入端的电压和电流是否合适，也要考虑到在特殊条件下运行的可靠性与稳定条件等问题。特别要考虑到能否把高压引导到 PLC 的输入端，因为把高压引入 PLC 输入端，会对 PLC 造成比较大的伤害。在绘制 PLC 的输出电路时，不仅要考虑到输出信号的连接点是否与命名一致，还要考虑到 PLC 输出模块的带负载能力和耐电压能力。此外，还要考虑到电源的输出功率和极性问题。在整个电路图的绘制中，还要考虑设计的原则，努力提高其稳定性和可靠性。虽然用 PLC 进行控制方便、灵活。但是在电路的设计上仍然需要谨慎、全面。因此，在绘制电路图时要考虑周全，何处该装按钮，何处该装开关，都要一丝不苟。

笔记

（4）编制 PLC 程序并进行模拟调试

在绘制完电路图之后，就可以着手编制 PLC 程序了。在编程时，除了要注意程序正确、可靠之外，还要考虑程序应简捷、省时、便于阅读、便于修改。编好一个程序块后要进行模拟实验，这样便于查找问题并及时修改，最好不要整个程序完成后一起模拟实验。

（5）制作控制台与控制柜

在绘制完电器、编完程序之后，就可以制作控制台和控制柜了。在时间紧张的时候，这项工作也可以和编制程序并列进行。在制作控制台和控制柜的时候要注意选择开关、按钮、继电器等器件的质量，规格必须满足要求。设备的安装必须注意安全、可靠。比如说屏蔽问题、接地问题、高压隔离等问题必须妥善处理。

（6）现场调试

现场调试是完成整个控制系统的重要环节。任何程序的设计很难有不经过现场调试就能使用的。只有通过现场调试才能发现控制回路和控制程序不能满足系统要求之处；只有通过现场调试才能发现控制电路和控制程序发生矛盾之处；只有进行现场调试才能最后实地测试和最后调整控制电路和控制程序，以适应控制系统的要求。

（7）编写技术文件并现场试运行

经过现场调试以后，控制电路和控制程序基本被确定了，整个系统的硬件和软件基本没有问题了。这时就要全面整理技术文件，包括电路图、PLC 程序、使用说明及帮助文件。到此工作基本结束。

任务 6.3 计算机工业控制网络技术

知识与能力目标

（1）熟悉与计算机工业控制网络相关的基本概念与技术术语。

（2）理解 DCS 系统组成与特点。

（3）理解 FCS 系统概念、主要总线协议类型与我国在 FCS 领域的国家标准。

（4）理解工业以太网的组成模式。

早期的自动控制主要是单机控制，伴随着工业技术的发展，特别是计算机、网络、通信技术的发展，自动化系统从最开始的单机控制向着智能化加工生产线、自动化生产车间与智能化工厂的方向发展。以集散式分布控制系统和基于工业现场总线的控制系统为基础的计算机工业控制网络已经在自动化生产中起着越来越重要的作用

6.3.1 集散式分布控制系统

早期的计算机控制系统采用集中控制方式进行控制，所有信号采集、分析运算、反馈实时控制、运行状态显示等任务都由一台控制计算机完成。这种集中控制方式在小型系统控制中是行之有效的，但是随着控制系统复杂程度的迅速提高，一台计算机的运算速度已经无法胜任对多路信号的采集与处理了，于是出现了以集中管理、分散控制为核心思想的集散控制系统。集中分散型控制系统（Distributed Control System，DCS），简称集散控制系统。在集散控制系统中，将集中控制系统中一台控制计算机完成的功能分配给多台计算机完成，根据每台计算机完成的功能分为上位机与下位机。上位机用于集中监视管理，多台下位机分散到现场实现分布式控制功能，上下位机之间通过控制网络互联以实现相互之间的信息传递。上位机通常采用高性能工业 PC，下位机可以是 PC 机，也可以是 PLC 或单片机。下位机主要是对现场信号进行实时处理，上位机则是通过巡回通信的方式对各个下位机的情况进行监控，并完成数据的归档、运行状态数据的存储记录、运行报表打印等工作。

与集中控制系统相比，集散控制系统克服了集中控制系统对控制器处理能力和可靠性要求很高的缺点。其一，集中控制系统中由 1 台高性能计算机完成的工作在集散式控制系统中改为由多台中低档计算机完成，尽管台数多了但系统组成成本不会增加，甚至会有所降低。其二，集中控制系统中控制计算机的任何故障都会引起整个系统的瘫痪，而集散式控制系统某个局部环节控制器的故障只影响一个控制分支的工作不会引起系统的瘫痪。

DCS 系统从 20 世纪 70 年代末开始发展至今已经经历了四代，图 6-11 给出了最新一代的 DCS 系统的组成架构图。

从图 6-11 中可以看出，最新的 DCS 系统分为 4 个层次。最底层是现场仪表层，各类自控元件通过变送器接入上层的控制站，其传输信号就是工程中常用的 4～20mA 信号，由控制站对上述符号进行处理。控制装置单元层主要由 PLC 工作站组成，每个工作站承担若干组现场仪表的控制。控制装置层通过 DCS 系统定义的网络协议与上位机通信，实现了集中

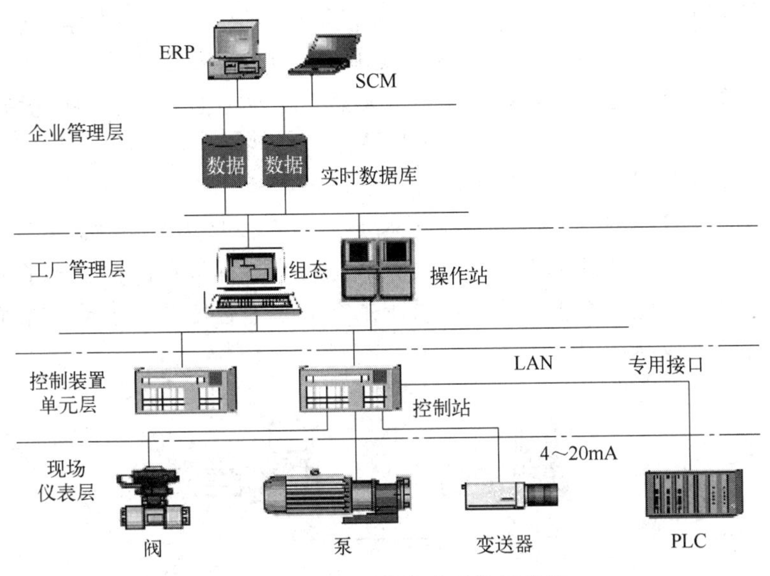

图6-11 DCS系统组成结构示意图

管理、分散控制。必要时还可以通过DCS网络协议将工厂管理层接入到企业管理层，实现更大范围的监控与数据共享。

DCS在早期发展过程中所遇到的最大问题是系统的开放性不够。一些DCS厂家出于垄断经营的目的而对其控制通信网络采用专用的封闭形式，不同厂家的DCS系统之间以及DCS与上层的Intranet之间难以实现网络互联和信息共享，造成了DCS系统的局限性。甚至一些DCS厂商的倒闭，会直接影响到一大批用户控制系统的瘫痪与报废。因此，开放性与兼容性是对现代DCS的最重要的要求。

6.3.2 工业现场总线

笔记

基于现场总线的自动控制系统FCS（Filedbus Control System），以现场总线作为工厂底层网络，通过网络集成构成自动控制系统网络，按照公开、规范的通信协议在智能设备之间、把控制功能彻底下放到现场、在智能设备与远程计算机之间实现数据传输和信息交换，从而实现控制与管理一体化的综合自动控制系统。

与特定厂家的DCS系统相比，FCS顺应了用户要求，采用了现场总线这一开放的、可互连的网络技术将现场的各种控制器和仪表设备相互连接。一种设备，只要支持相应的现场总线协议就可以接入该系统，降低了系统成本和维护费用。因此FCS系统实质上是一种开放的、可以互连的分布式控制系统。对于FCS，最重要的是现场总线标准。

现场总线技术是工业控制领域中一种新兴的控制技术，它是计算机技术、通信技术、集成电路技术及智能传感技术几种技术的结合，是当今自动控制技术发展的热点，代表了工业控制领域今后的一种发展方向。现场总线出现于20世纪80年代中后期，从本质上来说，它是一种数字通信协议，是一种应用于生产现场、在智能化控制设备之间实行双向串行通信、多节点的数字通信的系统，是一种开放的、数字化的、多点通信的低层控制网络。它使得自控系统和设备有了通信能力。现场总线控制系统FCS是DCS后的新一代控制系统。现代工业控制思想的核心是“分散控制，集中监控”使得“危险分散，控制分散”，但即使是现在流行的DCS控制，其与工业过程打交道的过程控制站仍然还是集中的，现场信号的检测、传输和控制还是采用4～20mA的模拟信号，这正是对分散控制、集中监控思想的违背。而FCS控制系统真正做到了这一点，把控制彻底地下放到现场，现场的智能仪表就能完成诸如数据采集、数据处理、控制运算和数据输出大部分现场功能，只有一些现场仪表无法完成的高级控制功能才由上位机来完成。而且现场节点之间可以相互通信实现互操作，现场节点也可以把自己的诊断数据传送给上位机，有益于设备管理。FCS与DCS的区别在于从"分散控制"发展到"现场控制"；数据的传输从"点到点"发展为采用"总线"方式，整个控制系统就像是一台巨大的"计算机"按总线方式运行，这样资源的共享成了FCS的主要发展空间，于是现场总线应运而生，并且以前所未有的激烈程度展开了市场竞争。图6-12给出了现场总线系统组成结构图。

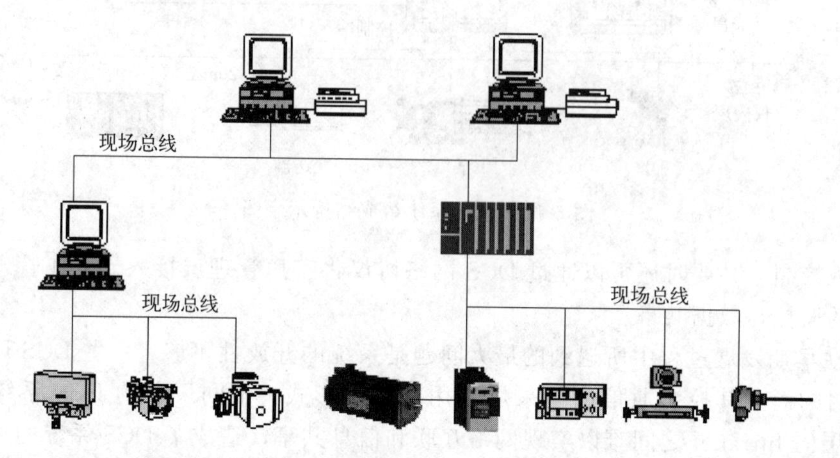

图6-12 现场总线系统组成结构示意图

1984年，美国仪表协会（ISA）下属的标准与实施工作组中的ISA/SP50开始制定现场总线标准；1985年，国际电工委员会决定由Proway Working Group负责现场总线体系结构与标准的研究制定工作；1986年，德国开始制定过程现场总线（Process Fieldbus）标准，简称为PROFIBUS，由此拉开了现场总线标准制定及其产品开发的序幕。

与此同时，在不同行业还陆续派生出一些有影响的总线标准。它们大都在某些公司标准的基础上逐渐形成，并得到其他公司、厂商、用户及国际组织的支持。如德国Bosch公司推出的CAN（Control Area Network），美国Echelon公司推出的LonWorks等。预计在今后的一段时期内，会出现几种现场总线标准共存、同一生产现场有几种异构网络互联通信的局面。但是发展共同遵从的统一的标准规范，真正形成开放的互联系统，将是现场总线技术的发展趋势。

工业现场总线PROFIBUS标准于1996年进入我国，经过10年的推广应用，在我国工业领域有了广泛应用。2006年国家标准化技术委员会发布了"GB/Z 20540—2006 PROFIBUS规范"与"GB/Z 20541—2006 PROFINET规范"，使PROFIBUS成为中国第一个现场总线技术国家标准。

6.3.3 工业以太网

EtherNet/IP是基于以太网传输的协议标准，全称为"以太网工业协议"。现在这个协议受到三大组织的支持：ControlNet International（CI），the Industrial Ethernet Association（IEA），the Open DeviceNet Vender Association（ODVA）。这个协议旨在应用层建立

一个开放的网络协议，以构建开放式的工业控制网络。工业以太网是指技术上与商用以太网（即 IEEE802.3 标准）兼容，但在产品设计时，在器件的选用、产品的可靠性、适应性与实时性、抗干扰性等方面提高品质以满足工业现场的需要。

工业控制网络不同于普通数据网络的最大特点在于它必须满足控制作用对实时性的要求，即信号传输要足够快并满足信号的确定性，实时控制往往要求对变量的数据准确定时刷新。传统以太网采用 CSMA/CD 碰撞检测方式，在网络负荷较大时网络传输的不确定性不能满足工业控制的实时要求。而工业以太网是快速以太网并采用了新的以太网交换技术，解决了普通以太网的非确定性问题。例如 EtherNet 目前的传输速率已经达到 1000M、10G，这就意味着网络传输延时减少，网络阻塞概率下降。采用双工星形网络拓扑结构和 EtherNet 交换技术保证了通信的实时性与确定性。

工业以太网技术的意义在于实现了“信息化工厂”，信息化工厂是指在工厂的生产、管理、经营过程中，通过现代信息基础设施，采用现代信息处理的手段，实现信息的采集（传感器及仪器仪表）、信息的传输（通信）、信息的处理（计算机）以及信息的综合应用（自动化、管理、经营等功能）等。工业以太网就是生产中自动化控制的神经网络，负责工业现场与管理、经营层之间的数据传输。

在“信息化工厂”模式下，可以使企业内部信息畅通，起到减少内耗、增加活力，提高对市场的反应能力，提高工作效率的作用。所以工业以太网已经逐渐成为现代企业管理、经营、生产不可缺少的部分。

图 6-13 是一个典型的工业以太网在企业中的应用，从图中可以看到现场控制器通过设备级网络（如 Profibus）采集现场检测信号并控制执行元件，然后现场控制器通过以太网接入企业信息化管理网络，从而实现所谓的“总工程师直接了解现场”“数据库直接存储运行状态”的全新的控制方式。

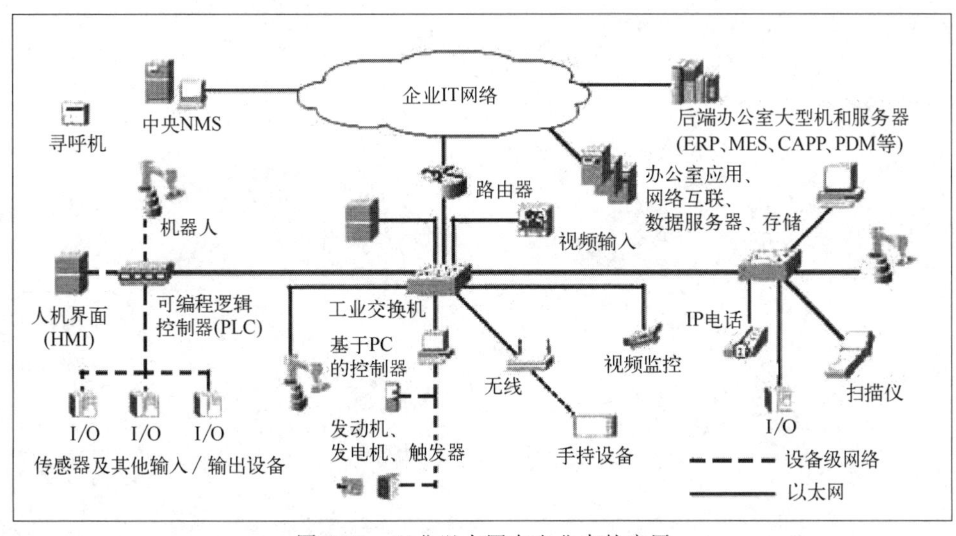

图 6-13 工业以太网在企业中的应用

目前很多现场设备都开始支持 EtherNet/IP 协议，因此 EtherNet/IP 可以直接连接下层设备，变频器、分布式 I/O 都可以挂到 EtherNet/IP 上，中间采用工业以太网交换机相连接，构成与普通数据网可以实现信息交互的系统，因此有人说工业以太网是“总工程师读传感器数据的网”。与现场总线相比，工业以太网具有与普通数据网无缝对接的优势。通过国

笔记

际互联网，工程师可以远在千里之外直接控制挂接在工业以太网上的设备。目前工业以太网在很多领域向现场总线发起了挑战，有人说工业以太网可以“一网通天下”，不再需要发展现场总线。但从过程控制对现场仪表的要求来看，工业以太网在实时性、低功耗、电磁兼容性等方面与现场总线对比还存在一些差距。所以目前工业控制网络采取的网络结构是现场设备仍然采用工业现场总线，上层工作站采用工业以太网互联。

可以说现场总线是专为工业现场层设备通信设计，是为自动化量体裁衣的技术。以太网设计初衷是办公网，用于数据处理。从技术比较出发似乎很容易得出结论。但技术发展受社会政治、经济影响，市场因素很大程度左右技术走向，回顾计算机发展历史，这种先例不胜枚举。因此，以太网在工厂自动化车间监控层及管理层将成为主要应用技术，特别是采用TCP/IP协议可与互联网（Internet）连接，是未来电子化制造（eManufactory）的技术基础。在设备层，在没有严格的时间要求条件下，以太网也可以有部分市场。在以太网能够真正解决实时性和确定性问题之前，大部分现场层仍然会首选现场总线技术。

笔记

项目7

智能化加工生产线组成单元安装与调试

任务 7.1 搬运单元安装与调试

知识与能力目标

（1）熟悉搬运单元功能特性。

（2）掌握 AGV 软件操作方法。

（3）能够正确操作使用 AGV 小车。

（4）掌握 AGV 小车的维护与保养方法。

AGV 小车在无任务时停在待命点或自动充电，在接收到智能化加工生产线有搬运任务时启动 AGV，接收任务的 AGV 进行配送，可选择手动或自动模式，完成配送任务后进行下一个任务或返回待命点。

7.1.1 AGV 小车的操作

AGV 小车是依靠 AGV 控制软件对小车进行控制管理的，通过设置的参数对 AGV 的运行数据、区域、位置等进行控制。在操作控制的过程中主要关注 AGV 的实时状态数据信息，对系统的安全性和稳定性进行保证，提高效率，对于机器人控制的信息进行实时记录。

（1）AGV 调度系统启动

① 首先将 AGV 服务器启动，按图 7-1 所示位置打开开机按键。

② 启动小车电源开关并启动控制器，如图 7-2 所示。

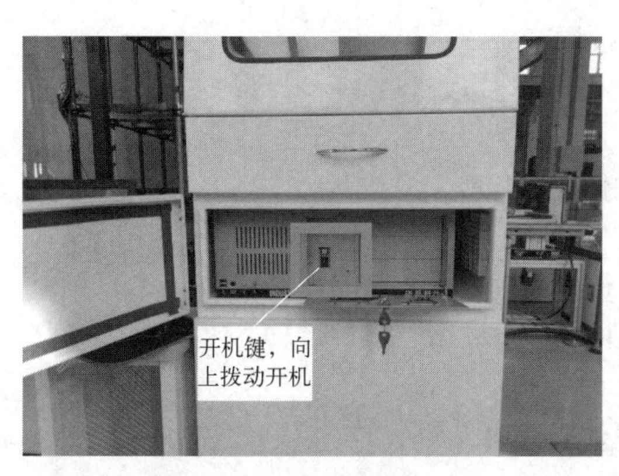

图 7-1　AGV 服务器启动

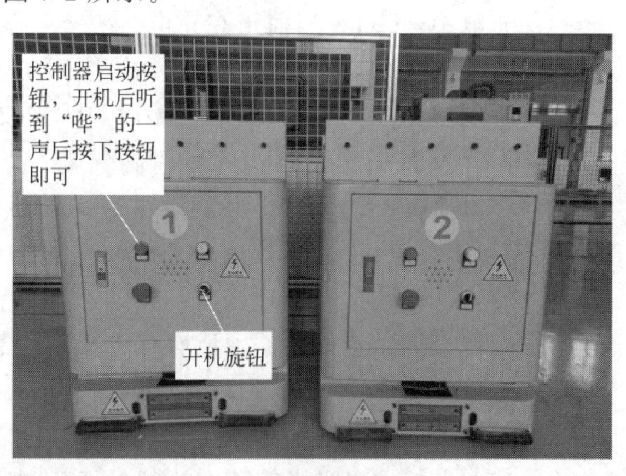

图 7-2　启动 AGV 小车电源

③ 启动服务器上的控制系统软件，如图 7-3 所示。

④ 上线需要使用的 AGV 显示在系统设置界面，如图 7-4 所示。

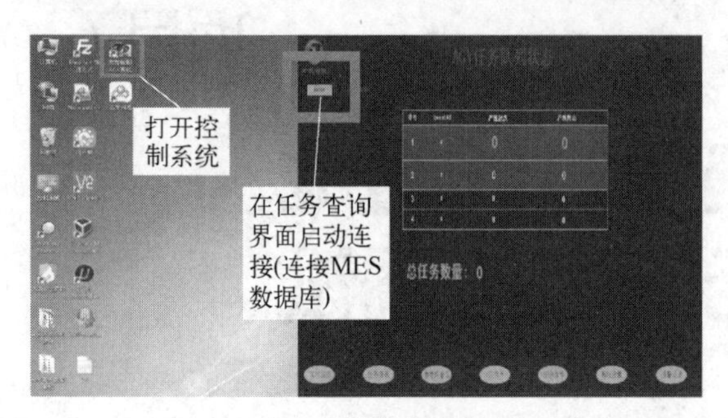

图 7-3 服务器控制系统软件启动

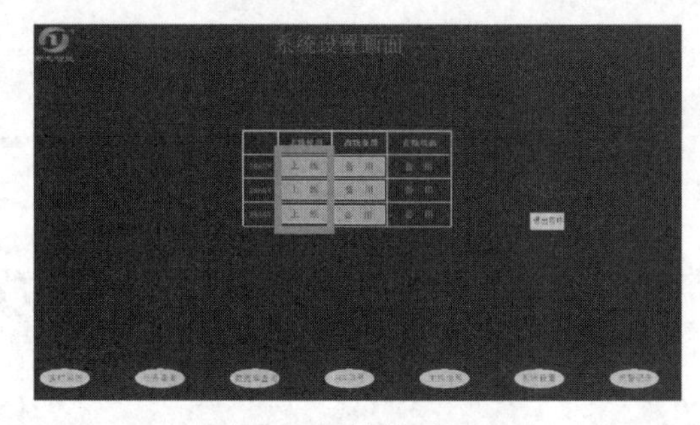

图 7-4 系统设置界面

(2) AGV 控制系统实时监控

AGV 小车的运行状态实时监控界面如图 7-5 所示。

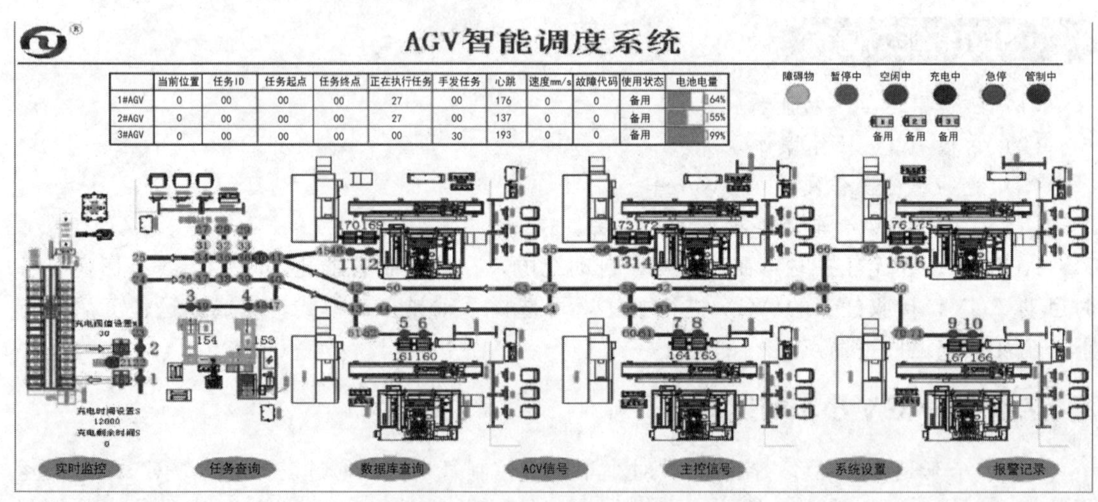

	当前位置	任务ID	任务起点	任务终点	正在执行任务	手发任务	心跳	速度mm/s	故障代码	使用状态	电池电量
1#AGV	0	00	00	00	27	00	176	0	0	备用	64%
2#AGV	0	00	00	00	27	00	137	0	0	备用	55%
3#AGV	0	00	00	00	00	30	193	0	0	备用	99%

图 7-5 AGV 系统实时监控界面

笔记

① 障碍物：实时监控 AGV 正前方是否有障碍物。

② 暂停中：AGV 交通管制生效，当前 AGV 被暂停。

③ 空闲中：AGV 当前状态为空闲，可接任务。

④ 充电中：AGV 当前正在充电。

⑤ 急停：实时监控 AGV 当前急停按钮是否被按下。

⑥ 管制中：AGV 当前获取了路段的优先权，管制这一段路径。

(3) AGV 数据库查询

AGV 小车运行过程中，运行数据查询界面如图 7-6 所示。

① 起点/终点：AGV 执行任务的起点和终点位置。

② 插入任务数据：填好起点终点站点地址后往数据库填写插入。

③ 全部查询：查询数据库所有任务队列信息以及历史数据。

(4) AGV 路线实时监控

AGV 小车在配送货过程中，运行路线实时监控界面如图 7-7 所示。

① 实时监控 AGV 当前正在执行的任务。

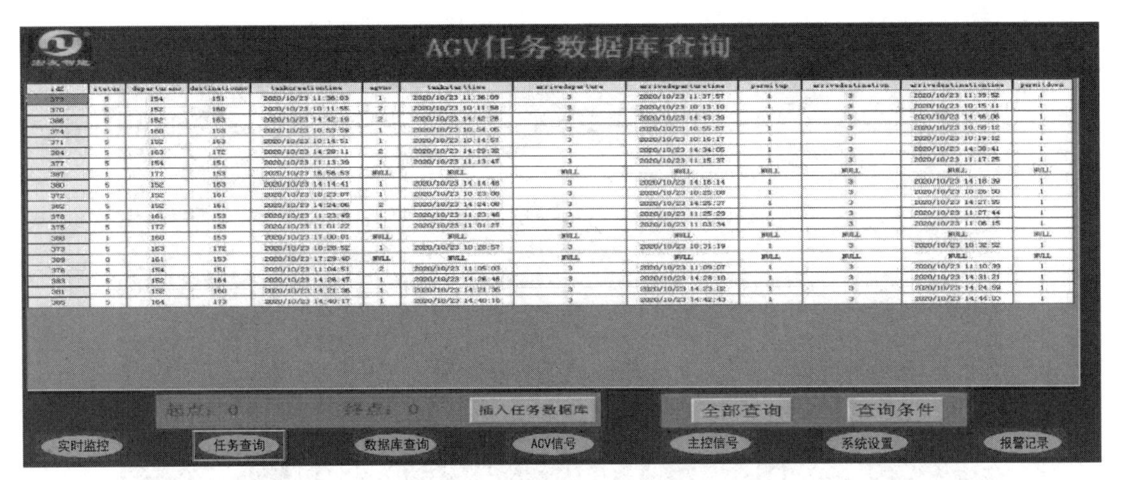

图 7-6　AGV 数据库查询界面

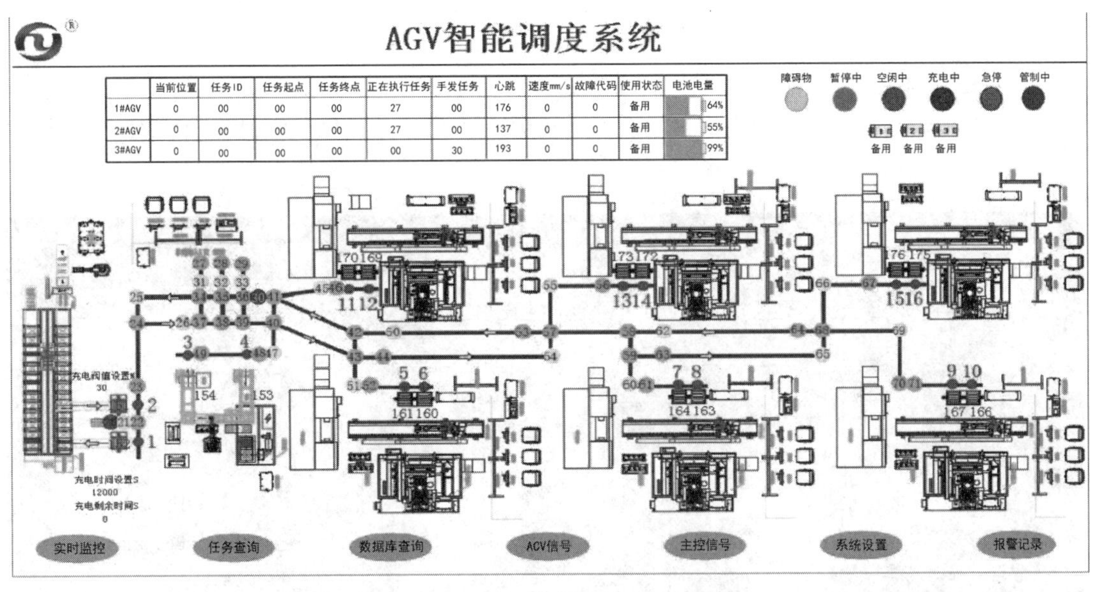

图 7-7　AGV 路线实时监控界面

② 实时监控 AGV 当前任务 ID。

③ 实时监控 AGV 当前地标号。

④ 实时监控 AGV 任务的起点和终点。

⑤ 实时监控 AGV 网络通信是否正常。

⑥ 实时监控 AGV 当前速度、故障代码、使用状态以及电池电量。

⑦ 实时监控 AGV 当前所在位置。

（5）AGV 任务状态

AGV 小车的任务状态如图 7-8 所示。

① 实时监控 AGV 当前执行任务编号以及任务起点和终点。

② 实时监控剩余未执行总任务数量。

③ 任务自动获取执行，AGV 已经接取的任务会从列表中消除，显示的任务都是未下发状态。

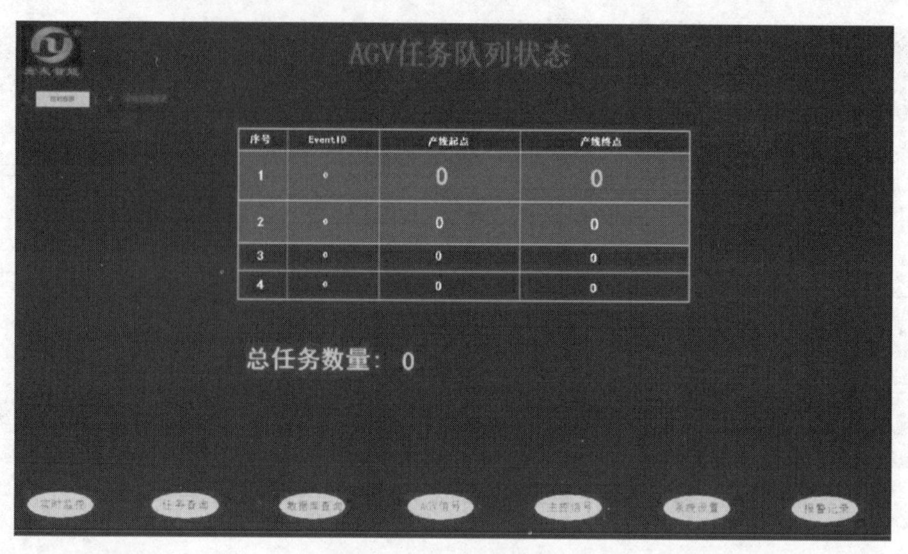

图 7-8　AGV 任务状态界面

（6）I/O 监控

AGV 小车的实时通信状态通过 AGV 控制系统的 I/O 监控界面实时显示状态，如图 7-9 所示。

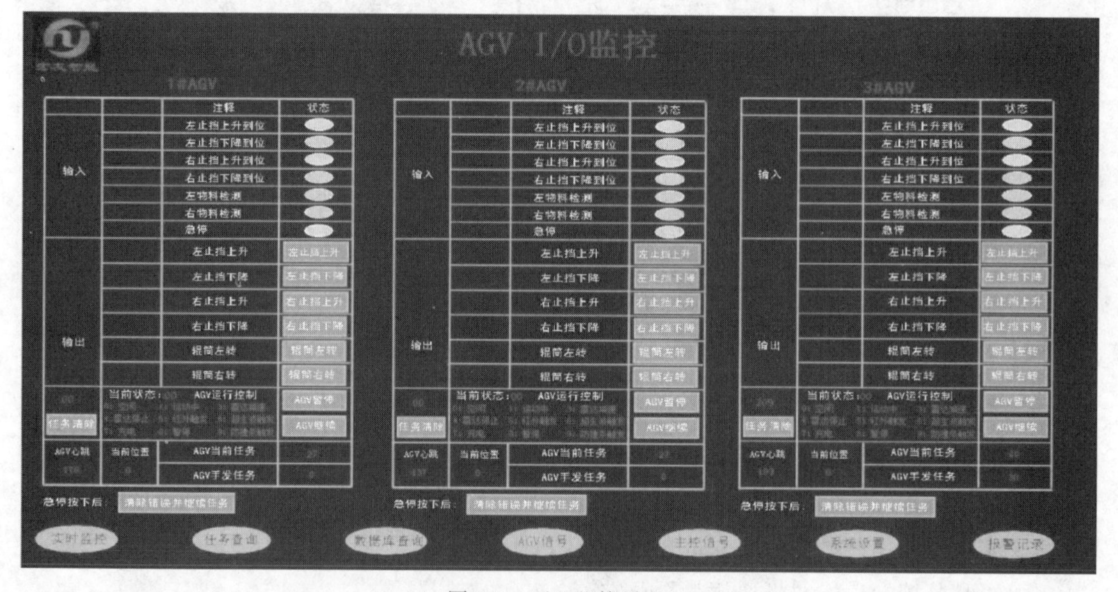

图 7-9　I/O 监控界面

笔记

① 输入：AGV 当前的 IO 信号（包含物料检测等信号）。

② 输出：可手动控制 AGV 滚筒及止挡动作。

③ 任务清除：将 AGV 当前任务清除。

④ AGV 下发任务：可给 AGV 手动下发任务，使 AGV 运动到指定位置。

⑤ 当前状态：AGV 的实时状态反馈。

⑥ AGV 心跳：调度系统与 AGV 小车网络通信、正常通信状态下是变化的数字。

⑦ 暂停/继续指令：手动给 AGV 小车发送暂停/继续指令。

⑧ 清除错误并继续任务指令：调度系统对 AGV 小车清除错误并继续当前任务。

（7）系统设置

AGV 小车调度系统对需要使用的 AGV 可以实行上线使用功能，不需要使用的 AGV 可以实行下线不使用功能。注意事项：不上线的 AGV 交通管制不生效，且开机后需要单击左上角启动链接，链接现场数据库。系统设置界面如图 7-10 所示。

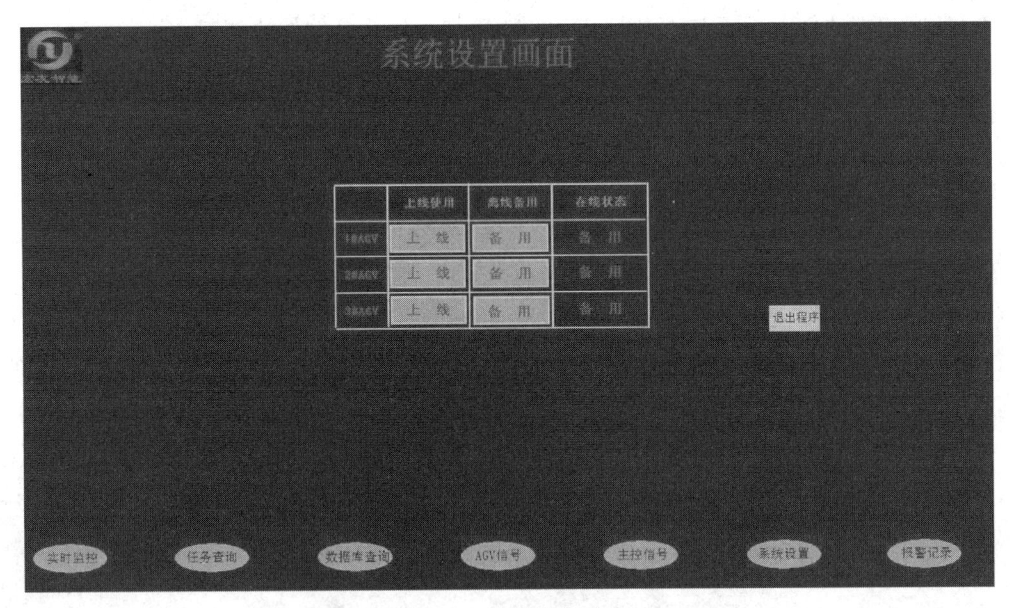

图 7-10　系统设置界面

（8）历史报警记录

AGV 小车在运行过程中如出现操作错误，或者通信失败，会在系统中记录报警时间、报警问题点以及解决故障报警的时间等信息，其报警记录界面如图 7-11 所示。

历史报警记录画面

事件日期	事件时间	报警日期	报警时间	事件类型	报警类型	报警值/旧值	恢复值/新值

图 7-11　历史报警记录界面

笔记

7.1.2 AGV客户端软件操作

AGV 客户端软件系统由车控软件、HMI 客户端软件、调度服务器软件、HMI-WEB 网页端 4 部分组成。

车控软件可以独立运行，控制车体的建图、导航、避障、行驶。

HMI 客户端软件，用于与人进行交互，然后与另外 2 个软件协调工作。

HMI-WEB 网页端，可用于远程访问 AGV 车体，控制和查看车体状态信息。

调度服务器软件，用于协调整个系统的工作，是中枢神经。

（1）启动 HMI 软件

桌面上单击 “virtualbox” 图标，启动虚拟机。

然后单击启动，等待 30s，系统自动启动并运行 HMI 软件，如图 7-12 所示。

（2）HMI 软件系统主界面功能

HMI 软件系统启动后，进入主界面操作，整个界面分为五个部分，上面板、左面板、右面板、中间面板以及下面板，如图 7-13 所示，详细功能说明如下。

笔记

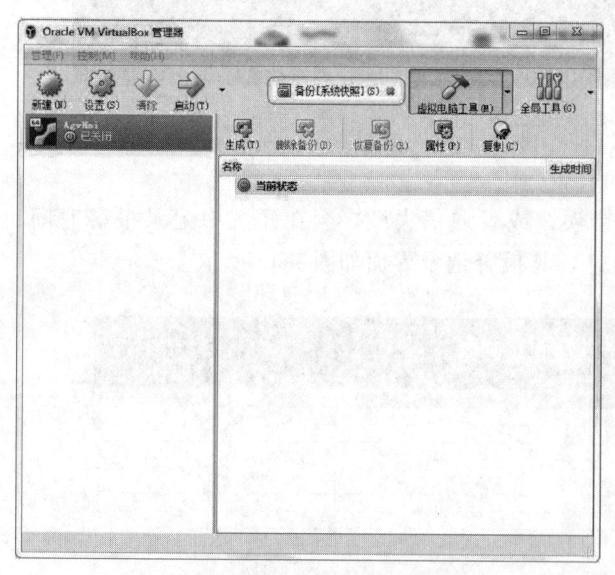

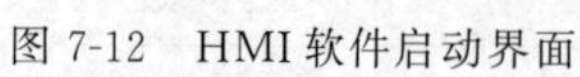
图 7-12 HMI 软件启动界面

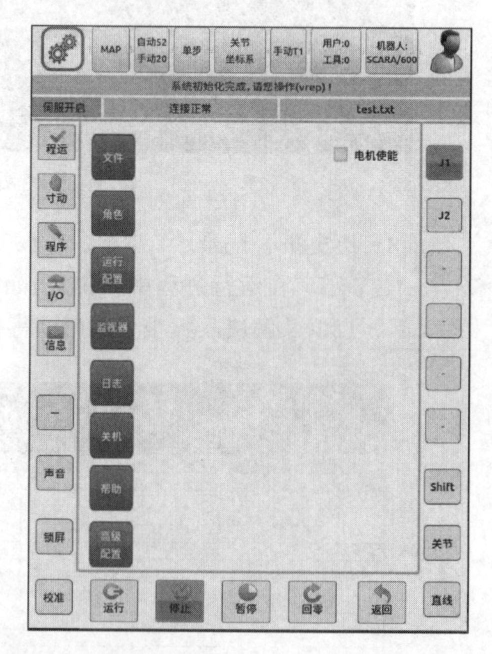

图 7-13 HMI 客户端主界面

① 上面板功能介绍。上面板视图界面如图 7-14 所示。

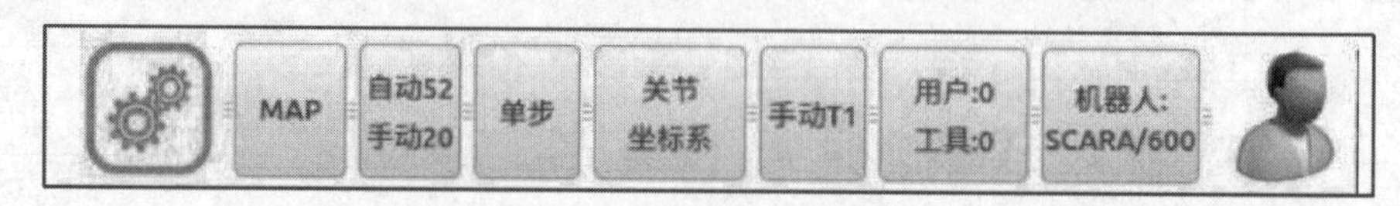

图 7-14 上面板视图界面

上面板各功能键功能见表 7-1。

② 左面板功能介绍。左面板各功能键功能见表 7-2。

表 7-1　上面板功能键功能介绍

功能键图示	功能键功能
	主页界面 可进行文件备份、文件还原、角色切换、密码修改、运行配置、监视器查看、日志查看、关机、帮助文档查看、高级配置
MAP	地图配置 可进行地图管理和轨迹规划
自动52 手动20	程序运行模式设置(自动模式,手动模式) 可调节各运行模式下的程序速度和手动速度
单步	程序执行模式选择 单步模式、连续模式(当前为单步模式)
关节 坐标系	坐标系选择 关节坐标系、工具坐标系、用户坐标系、世界坐标系
手动T1	程序运行模式选择 手动模式 T1、手动模式 T2、自动模式、外部模式
用户:0 工具:0	坐标系配置 用户坐标系、工具坐标系配置
机器人: SCARA/600	机器人:SCARA/600 机器人型号,配置
	当前用户权限(管理员,普通操作员)

笔记

表 7-2　左面板功能键功能介绍

功能键图示	功能键功能
程运	“程运” 进入程序运行界面或运行轨迹查看界面,是系统正常工作的操作界面,可进行运行控制,如单步或连续
寸动	“寸动” 进入手动控制界面,可进行手动控制扩展机器人的运动及回零操作
程序	“程序” 进入程序编辑界面或文件操作界面,可进行指令的增删改操作与文件的相关操作
I/O	“I/O” 进入 I/O 控制界面,可进行 I/O 的查看和控制
信息	“信息” 进入报警信息界面,进行报警信息的查看和删除
–	(供功能扩展时使用)

续表

功能键图示	功能键功能
声音	“声音” 查看和设置相关操作播放的提示声音
锁屏	“锁屏” 锁定屏幕，为了保护该系统的数据安全，防止误触、误按
校准	“校准” 重新设定系统坐标，经过校准可以使触摸的时候更准确，防止出现错位的现象

③ 右面板功能介绍。右面板各功能键功能见表 7-3。

表 7-3　右面板功能键功能

功能键图示	功能键功能
J1	“J1” 跳转进入寸动模式页面，直接控制左面板
J2	“J2” 直接控制左面板，跳转进入程序编辑界面、文件操作界面
Shift	“Shift” 右面板功能切换
关节	“关节” 扩展控制工业机器人的关节运动指令
直线	“直线” 扩展控制工业机器人的直线运动指令

④ 中间面板功能介绍。中间面板各功能键功能见表 7-4。

表 7-4　中间面板功能键功能

笔记

功能键图示	功能键功能
文件	“文件” 文件操作界面，可进行文件备份、还原、存储状态查看和文件维护
角色	“角色” 进入角色界面，可进行当前用户角色切换（管理员或普通操作员）、密码修改
运行配置	“运行配置” 进入运行前的配置界面，可进行坐标系、软件使能、触摸校准、IP 设置、附加负载、安全点、干涉区域、IO、外部启动、软限位等各项功能配置和其他功能选择
监视器	“监视器” 进入电机监视界面，单击数据——可查看电机各轴、位置、速度、力矩、误差、公路等各项实时数据，还可以对电机进行控制；Debug 信息——可查看程序中的任务、程序引擎、算法引擎在工作中出现的调试信息
日志	“日志” 进入消息日志界面，可查看当前 AGV 所有的异常消息日志，如产生时间、机器号、消息级别、消息 ID、消息内容，以方便处理异常情况
关机	“关机” 进入关机配置界面，可进行冷启动关机、热启动关机，对本次运行的寄存器数据处理选择
帮助	“帮助” 进入帮助信息界面，可以查看公司信息、当前软件信息、注册和软件有效期、升级系统固件与恢复

续表

功能键图示	功能键功能
高级配置	"高级配置" 进入高级功能选择界面，可进行零点标定设置、机器人拓扑结构设置、EtherCAT工业以太网设备配置、DIDO映射、机器人参数配置和查看、3D仿真配置、程序编辑语言切换等功能配置

⑤ 下面板功能介绍。下面板视图界面如图7-15所示。

图7-15　下面板视图界面

下面板各功能键功能见表7-5。

表7-5　下面板功能键功能

功能键图示	功能键功能
运行	"运行" 单击按钮，进行程序或指令的运行
停止	"停止" 单击按钮，暂停程序或指令的运行
暂停	"暂停" 单击按钮，停止运行程序
回零	"回零" 单击按钮，扩展机器人进行回零操作，开机启动未回零时，回零按钮为灰色但仍可单击
返回	"返回" 单击按钮，返回上一级页面，仅对"程序"功能子页面有效，若按钮颜色变为灰色时无效，此时不可单击

笔记

（3）程序运行

① 自动运行。如图7-13所示，首先在上面板功能框中单击 调节运行速度，程序速度和手动速度是可调节的；其次在上面板功能框中单击 选择程序运行模式为自动；然后在左面板功能框中单击 选择打开程序指令集文件，最后在下面板功能框中单击 开始运行程序，则界面自动切换到运行界面。

② 地图管理。上面板功能框中单击 进入地图管理界面，可进行地图查看，新地图创建、加载地图、给AGV下任务、禁行区和虚拟墙设置、激光数据获取等一系列功能。

首先创建地图，单击管理进入地图管理界面，选择地图创建；这时激光雷达开始工作扫描周围环境，然后使用控制手柄或地图管理界面最右侧的手动遥控功能，如图7-16所示。手动控制车体运动，扫描工作区域环境，当地图轮廓与实际环境一致时，地图创建完成。

地图创建完成后就是加载地图，单击管理进入地图管理界面，选择加载地图，找到刚才创建的地图文件，加载地图完成；然后是设定初始点和目标点。

初始点为AGV在地图中的位置，单击右侧的 设定初始位 即可设定初始点，目标点是想要

AGV到达的位置点位，在地图上单击鼠标不释放拖动选择方向，然后释放鼠标，设定目标点完成；最后就是配置运行速度，有自动运行和手动两种参数，在地图界面的右下角滑动滑块即可完成设置；配置完成后，单击地图界面右侧功能框的运行至目标地，车体将会自动运行、规划轨迹至目标点位。

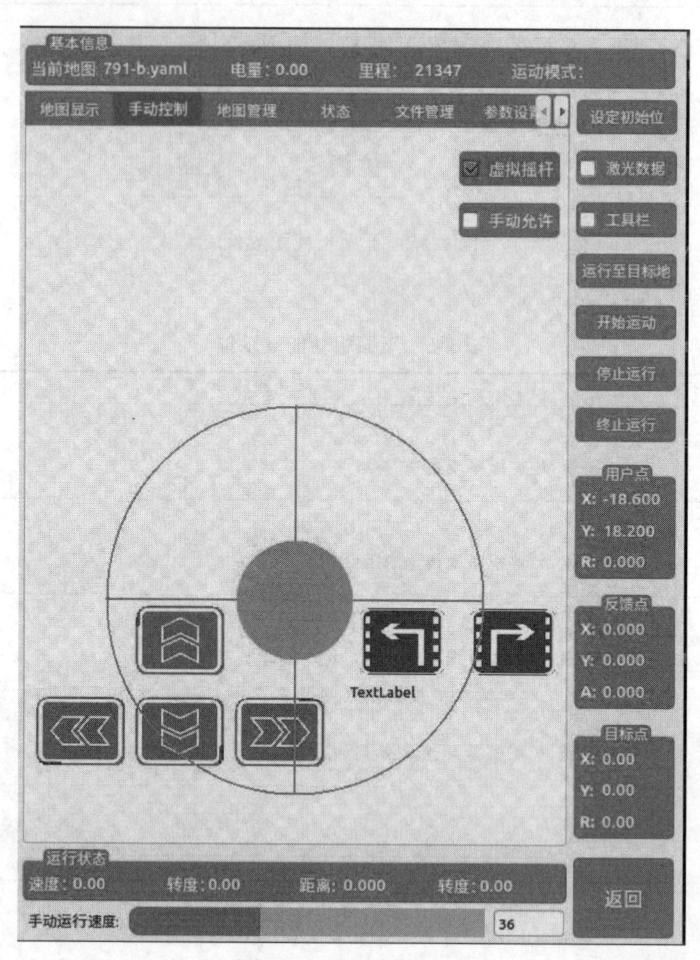

图7-16 手动遥控界面

笔记

具体的指令功能介绍可在AGV操纵手册中查询。

（4）文件

具体文件操作界面如图7-17所示。

① 新建。创建一个新的指令程序文件，单击新建，进入文件属性编辑界面，编辑文件名、所有者、版本、注释信息后单击确定，文件创建完成并自动打开进入文件。

② 打开。在文件列表选中一个文件，单击打开，进入指令编辑界面。

③ 删除。在文件列表选中一个文件，单击删除，将选中的文件删除。

④ 复制。在文件列表选中一个文件，单击复制，进入文件信息编辑界面，如图7-18所示。

输入复制文件名单击确定完成复制。

⑤ 缺省设定。在文件列表选中一个文件，单击缺省设置，弹出确认信息框。单击确定则将选中的文件设置为缺省运行的文件，单击确定返回至上一层界面，如图7-19所示。

图 7-17　文件操作界面

⑥ 设置属性。

“文件名”——修改文件名。

“版本”——修改文件名。

“所有者”——修改创建文件的所有者。

“注释”——对程序文件加入注释，如程序功能描述。

“确定”——单击确定，保存文件属性。

图 7-18　复制文件信息

图 7-19　缺省设置确认框

笔记

（5）登录

登录界面如图 7-20 所示。

“操作员”——操作员只能进行程序运行、IO 查看、登录、输入注册码、查看设备日志等操作。

“管理员”——管理员具有最高权限。

“密码”——输入与用户名一致的密码。

“控制器 IP”——输入参数设置里设置的控制器 IP，默认为控制器铭牌上标注的控制器 IP。

“示教器 IP”——显示示教器的 IP。

“登录”——单击登录，若密码、IP 无误则进入 HMI 客户端操作界面。

“语言 Language”——可进行语言切换，有简体中文和 English 两种语言供选择。

（6）备份还原

备份、还原功能用于程序文件以及配置文件的备份和还原。单击左上角的返回主页按钮，进入主页面后单击文件选择“文件维护”，再输入授权验证密码：123456，进入文件维护界面，如图 7-21 所示。

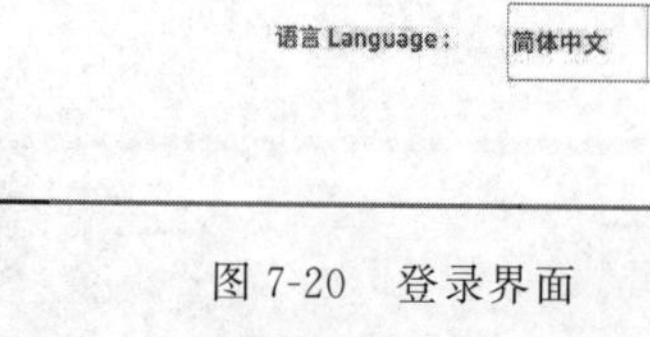

图 7-20　登录界面

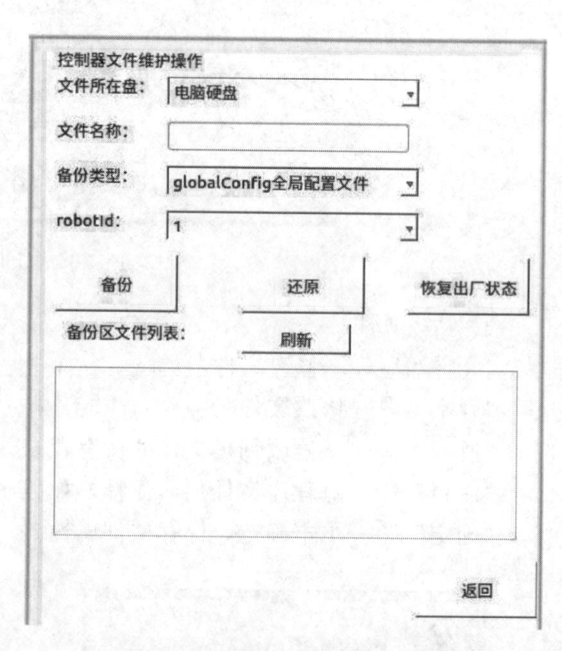

图 7-21　配置文件备份还原界面

笔记

① 程序文件还原。单击主界面的文件按钮，进入文件维护界面，单击还原按钮，弹出还原确认窗口，如图 7-22 所示。

操作步骤：

a. 在备份类型中选中要还原的文件。

b. 单击 还原 还原选中的文件，这时会弹出还原确认窗口；单击“Yes”完成配置文件还原。

② 程序文件备份。单击主界面的文件按钮，进入文件维护界面，输入授权验证密码：123456，进入文件维护界面，选择文件所在盘，选择配置文件，单击备份确认，配置文件备份完成，如图 7-23 所示。

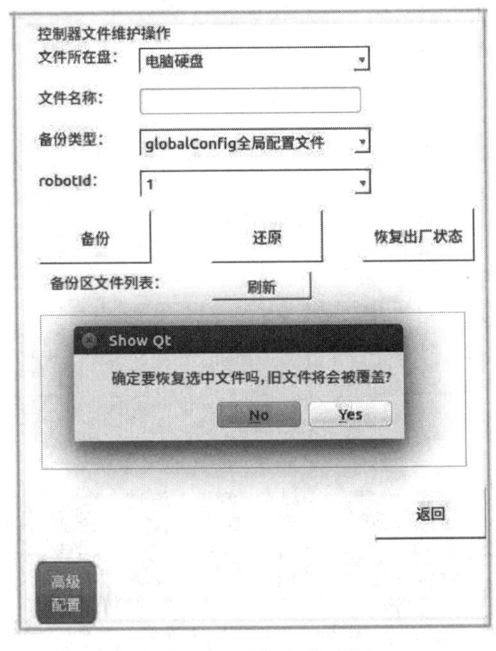

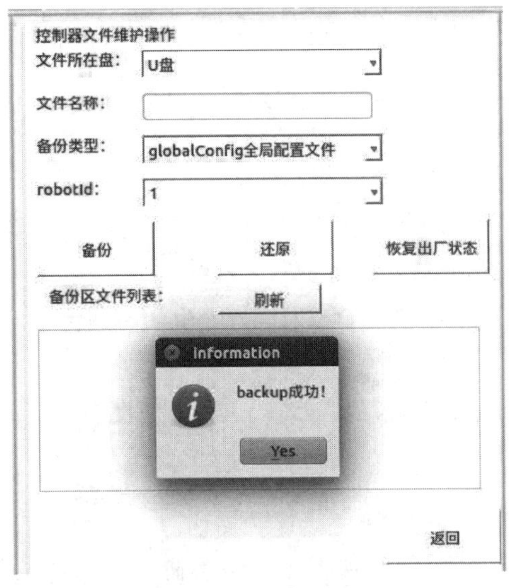

图 7-22　程序文件还原

图 7-23　程序文件备份

（7）注册

进入主页面，单击帮助按钮，选择注册，进入注册界面，如图 7-24 所示。

“提示”——显示当前设备的激活状态，在即将到期时，将会有提示。

“序列号”——设备使用即将到期时，购买注册码需将此序列号提供给生产厂商。

“锁机时间”——设备使用到期时间。

“注册码”——正确输入购买的注册码，单击 确定 ，可重新激活使用。

（8）I/O 控制

单击左面板功能框的 I/O 按钮进入 I/O 控制界面，如图 7-25 所示。

“索引”——表示 DI 或 DO 或 AI 或 AO 的下标，不同的下标有不同的含义。

“值”—— “●” 表示关，“●” 表示开。

“说明”——对应的信号的作用。

“输入” ——单击输入按钮，切换到信号输入状态查看控制界面。

“输出”——单击输出按钮，切换到信号输出查看控制界面。

“ON”——选中 IO 列表中某一行，单击按钮打开对应信号。

“OFF”——选中 IO 列表中某一行，单击按钮关闭对应信号。

（9）设备日志

在主菜单单击日志按钮，进入设备日志界面，查看日志信息，如图 7-26 所示。

在界面上方表格中显示设备日志级别、所属机器人、消息 ID、日志产生时间及消息内容。可以选择日志级别显示、错误、警告、提示、等待。

(10) 警告信息

点击左面板功能框的 信息 按钮，进入警告信息界面，如图 7-27 所示。

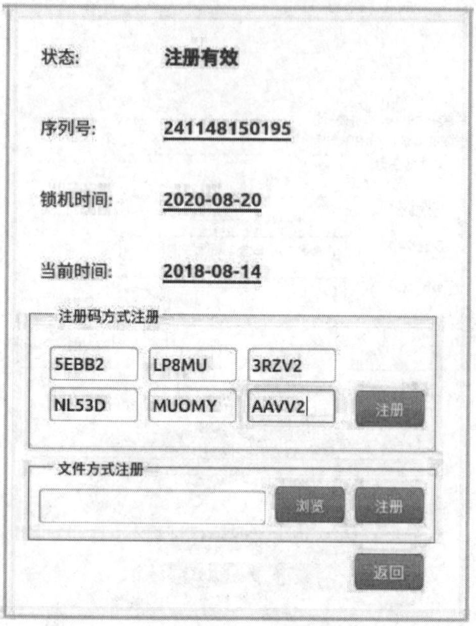

图 7-24 注册界面

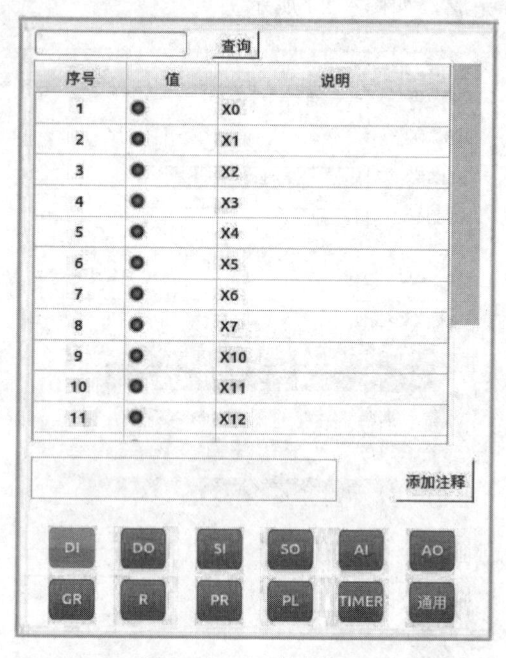

图 7-25 I/O 控制界面

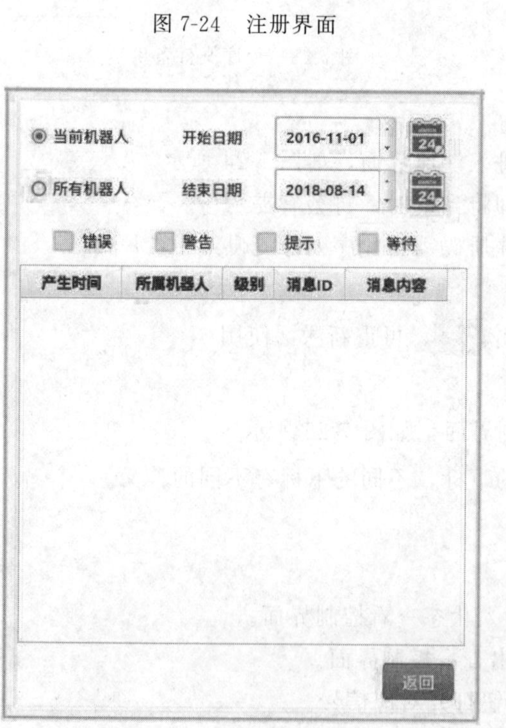

图 7-26 设备日志界面

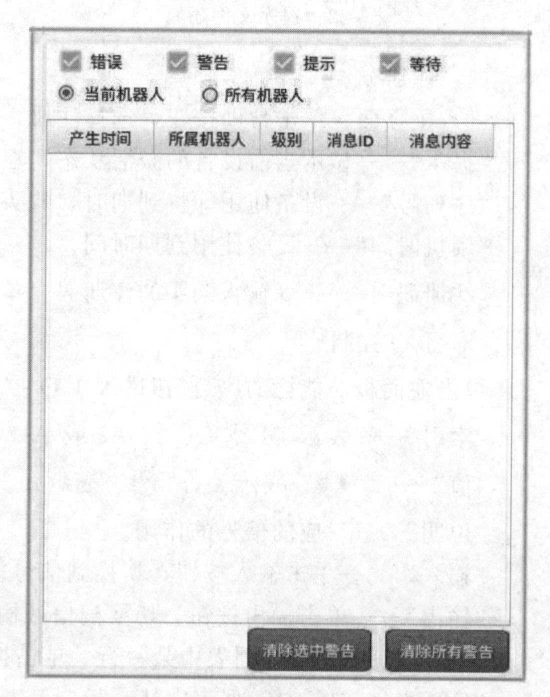

图 7-27 警告信息界面

若使用过程中产生警告信息都会在中间空白区域列出。

“清除选中警告”——选中要清除的信息，单击“清除选中警告按钮”删除，有的警告信息不能删除。

“清除所有警告”——将产生的所有警告信息都删除，有的系统警告不能删除。

(11) 游戏手柄

将游戏手柄插到导航电脑的 USB 插口，系统自动播放提示音“游戏手柄已经插入”。同时导航电脑系统的显示页面会弹出提示页面，游戏手柄的按键的功能如图 7-28 所示，先按“复位并使能”，再按“切换 T2 模式”，然后按左侧的方向键，就可以控制车的移动。

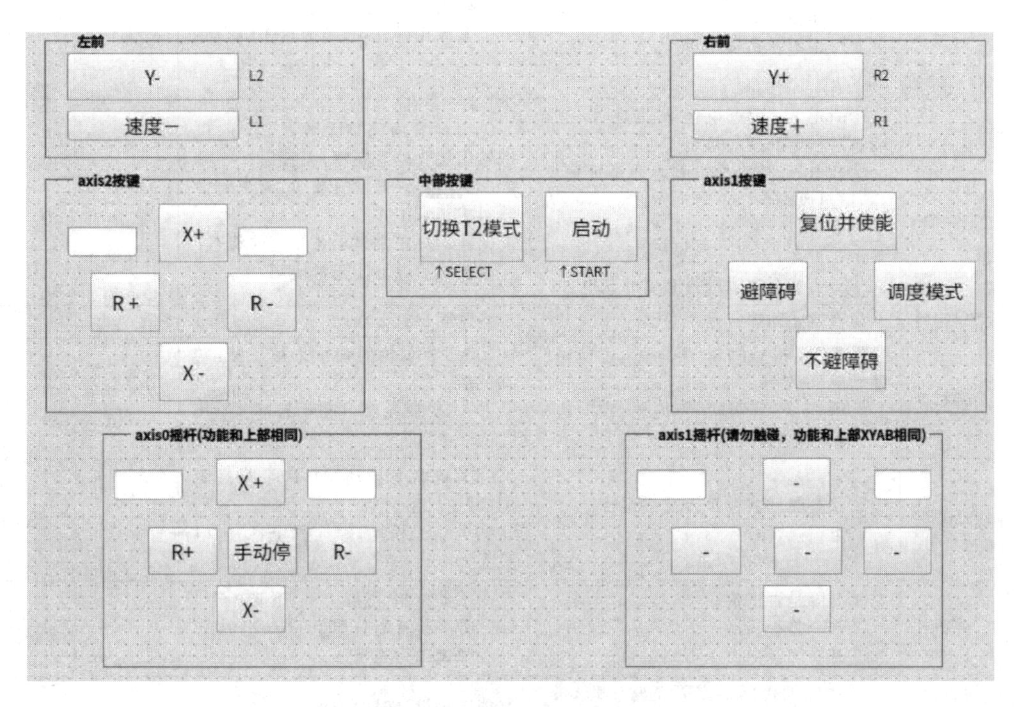

图 7-28 游戏手柄按键功能

7.1.3 AGV 小车维护及保养

AGV 小车的保养项目及保养标准见表 7-6。

表 7-6 AGV 设备保养标准

编号	日保养项目	保养标准	保养方式
1	脚轮	清洁、无螺钉等尖锐物插入脚轮中	目测
2	AGV 车体清洁	清洁、无油污性质的物品粘在车体上	目测
3	电池接线柱	无松动及接触不良，能有效地连接电池	目测及手触
4	激光导航头	激光导航头表面无污渍，无法晃动	目测及手触
5	AGV 按钮功能检查	能正常按动，无按动不复位的现象	目测及手触
6	驱动检查	开机之后手推不动	手测
7	磁条	无断裂及严重毁损，能正常导航 AGV	目测
8	充电桩	AGV 到达对应位置后充电桩可以正常开启充电模式	目测
9	电源开关	接线柱无松动、接触不良，能正常切断和接通电源	目测及手触
10	电量显示	调度界面能正常显示电池电量	目测
11	急停开关	按下时能紧急停止	目测及手触
12	避障传感器检查	能有效地避障，能有效地起到安全作用	目测

保养记录单见表 7-7。

表 7-7 AGV 保养记录单

序号	保养项目	保养内容	标准	保养情况	保养日期
1	电控部分	①清洁 AGV 主控制板表面的灰尘； ②检查 AGV 主控制板接线端子； ③检查 AGV 电机驱动板的接线端子； ④检查驱动升降、挂钩升降等装置的状态切换继电器； ⑤检查电机驱动板散热器是否紧固完好	①AGV 主控制板表面无灰尘； ②接线端子无松动、无漏铜； ③接线端子无松动、无漏铜； ④驱动、挂钩等正常动作； ⑤紧固完好，能起到散热作用		
2	电池及充电器	①断电后，检查电池表面是否有形变、破损，电源接头是否完好； ②断电后，检查充电器表面是否有灰尘，散热风扇是否正常工作； ③通电后，检查指示灯是否正常显示； ④是否能对电池进行有效的充电	①电池表面完整无破损、形变；电源输出接头外观完整，无破损； ②充电器表面没有灰尘，充电时散热风扇正常工作； ③指示灯正常显示各充电的状态； ④充电后电池能正常使用		
3	紧固螺钉	检查各紧固螺钉是否松动	各紧固螺钉无松动		
4	脚轮	①检查 AGV 脚轮（万向轮、定向轮、驱动轮）的轴承； ②检查 AGV 脚轮（万向轮、定向轮、驱动轮）的磨损程度	①AGV 脚轮的轴承未被压断、转动灵活； ②AGV 脚轮磨损尺寸不超过原尺寸的 1.5%		
5	驱动装置	①检查驱动装置是否正常运转； ②电机是否有异响	①关机状态推动 AGV 带略微阻力（减速机阻力）； ②电机无松动，螺栓固定良好，电机无异响		
6	升降机构	①升降是否正常； ②升降是否润滑； ③升降弹簧弹力是否充足	①手动控制，能够上升、下降； ②升降装置能自如上下； ③弹簧弹力充足		
7	周边辅助传感器	周边辅助传感器是否正常工作，满足设计时的需求	能满足设计时的需求		
8	驱动轮轴承	①轴承是否安装到位； ②轴承在安装过程中是否变形； ③安装完后是否对轴承加上润滑油	①轴承务必安装到位； ②轴承在安装过程中不能变形； ③安装完后必须对轴承加上润滑油； ④车子至少一 个月定期保养一次		

任务 7.2 机器人单元安装与调试

知识与能力目标

(1) 熟悉机器人单元机械结构与功能。
(2) 能够正确安装与调整机器人单元。
(3) 掌握机器人的编程调试方法。
(4) 掌握机器人单元检修与维护方法。
(5) 了解机器人单元故障原因，掌握故障处理的方法。

7.2.1 机器人单元机械系统结构组成

机器人机械系统是指机械本体组成，机械本体由底座、大臂、小臂、手腕部件和本体管线包组成，共有 6 个电机可以驱动 6 个关节的运动实现不同的运动形式。图 7-29 标示了机器人各个组成部分及各运动关节的定义。

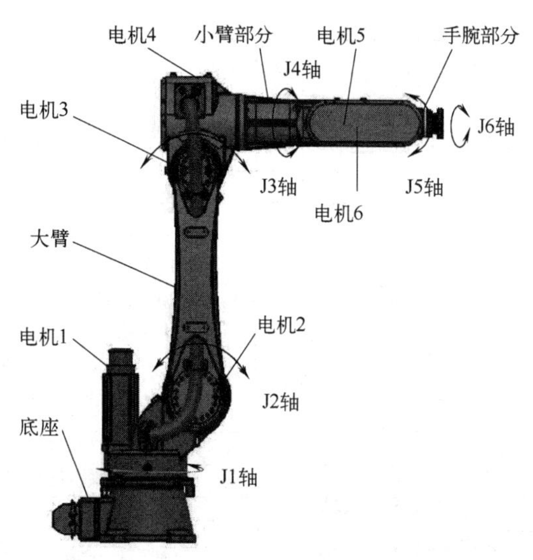

图 7-29　机器人机械系统组成

机器人性能参数主要包括工作空间、机器人负载、机器人运动速度、机器人最大动作范围和重复定位精度。

① 机器人工作空间。参考国标工业机器人特性表示（GB/T 12644—2001），定义最大工作空间为机器人运动时手腕末端所能达到的所有点的集合。

② 机器人负载。参考国标工业机器人词汇（GB/T 12643—2013），定义末端最大负载为机器人在工作范围内的任何位姿上所能承受的最大质量。

③ 机器人运动速度。参考国标工业机器人性能测试方法（GB/T 12645—1990），定义关节最大运动速度为机器人单关节运动时的最大速度。

④ 机器人最大动作范围。参考国标工业机器人验收规则（JB/T 8896—1999），定义最大工作范围为机器人运动时各关节所能达到的最大角度。机器人的每个轴都有软、硬限位，机器人的运动无法超出软限位，如果超出，称为超行程，由硬限位完成对该轴的机械约束。

⑤ 重复定位精度。参考国标工业机器人性能测试方法（GB/T 12642—2013），定义重复定位精度是指机器人对同一指令位姿，从同一方向重复响应 N 次后，实到位置和姿态散布的不一致程度。

机器人参数见表 7-8。

笔记

表 7-8　HSR-JR620 机器人参数

型　　号		HSR-JR620
自由度		6
额定负载		20kg
最大运动半径		1701mm
重复定位精度		±0.05mm
运动范围	J1	±160°
	J2	−175°/+75°
	J3	+40°/+265°
	J4	±180°
	J5	±125°
	J6	±360°
额定速度	J1	1.73rad/s,99(°)/s
	J2	1.52rad/s,87(°)/s
	J3	2.51rad/s,144(°)/s
	J4	3.14rad/s,180(°)/s
	J5	3.14rad/s,180(°)/s
	J6	3.92rad/s,225(°)/s
最高速度	J1	2.59rad/s,148(°)/s
	J2	1.9rad/s,109(°)/s

续表

型　号		HSR-JR620
最高速度	J3	3.01rad/s,172(°)/s
	J4	5.23rad/s,300(°)/s
	J5	5.23rad/s,300(°)/s
	J6	6.54rad/s,375(°)/s
容许惯性矩	J6	0.8kg・m^2
	J5	3.3kg・m^2
	J4	8.7kg・m^2
容许扭矩	J6	30.7N・m
	J5	73.4N・m
	J4	140.4N・m
适用环境	温度	0～45℃
	湿度	20%～80%
	其他	避免与易燃易爆或腐蚀性气体、液体接触,远离电子噪声源(等离子)
示教器线缆长度		8m
本体-柜体连接线长度		6m
I/O 参数		数字量:32 输入 31,输出(控制柜故障指示灯输出占用 1)
电源容量		5.6kV・A
额定功率		4.5kW
额定电压		三相 AC380V
额定电流		8.1A
本体防护等级		IP54
安装方式		地面、倒挂安装
本体质量		305kg
控制柜防护等级		IP53
控制柜尺寸		750mm(宽)×486mm(厚)×1030mm(高)-立式
控制柜质量		186kg

机器人工作空间如图 7-30 所示。

笔记

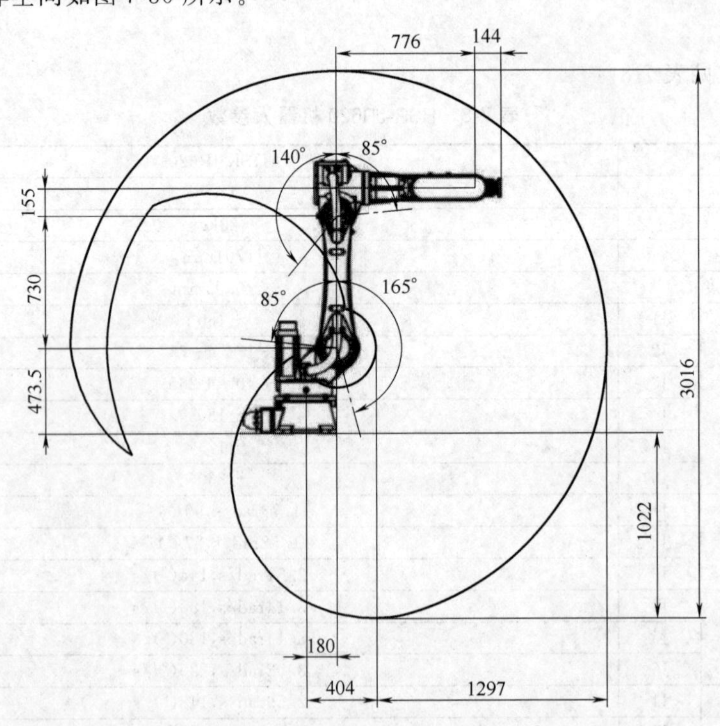

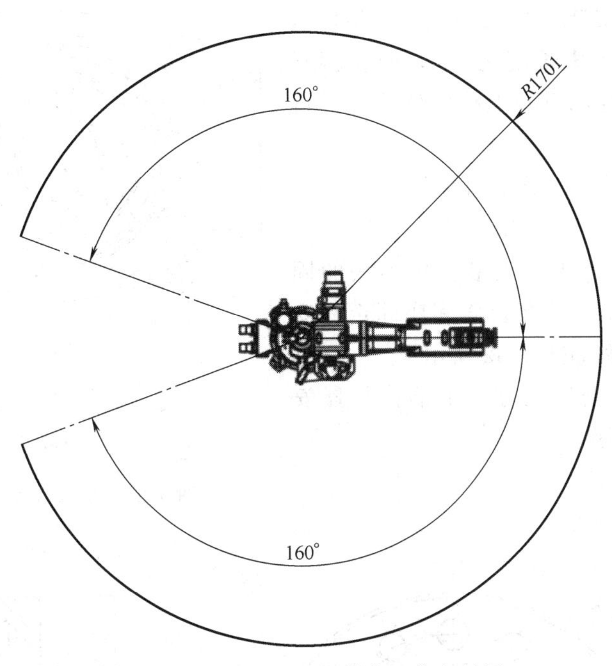

图 7-30　HSR-JR630 机器人工作空间图

7.2.2　机器人的安装与调试

（1）吊装与搬运方法

原则上应使用起重机进行机器人的搬运作业。首先，如图 7-31 所示姿势设置机器人。

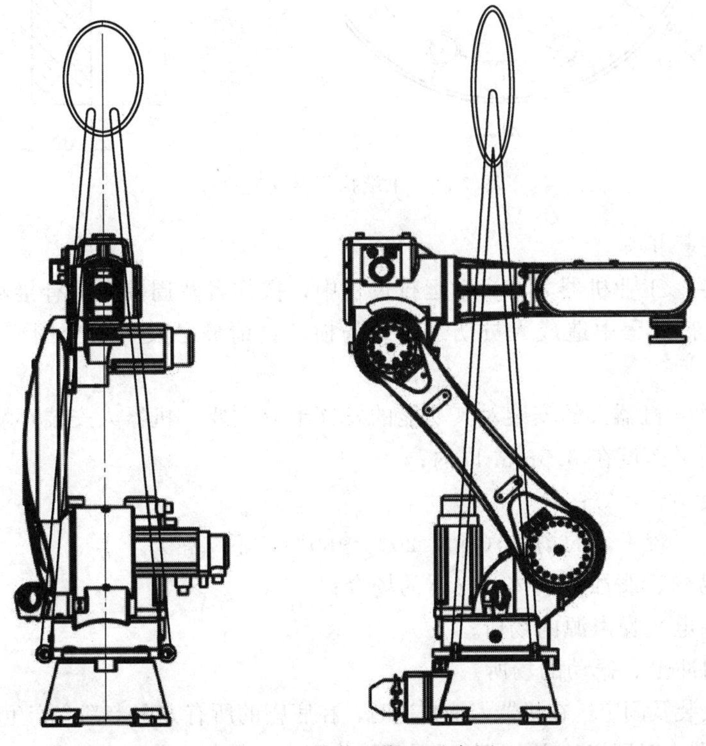

图 7-31　吊装及搬运示意图

笔记

然后，在旋转底座安装 4 只吊环螺栓（M10），用钢索起吊。建议钢索长度为 3m，应在钢索与机器人主体接触的部位套上橡胶软管等进行保护。

注意：吊装孔不可用作悬挂使用。

（2）机器人安装

① 机器人的底座固定安装。机器人的固定安装采用 4 个 M16 的螺钉将底座固定在安装台架上，尺寸关系如图 7-32 所示。

② 末端执行器安装尺寸。末端执行器安装尺寸如图 7-33 所示。

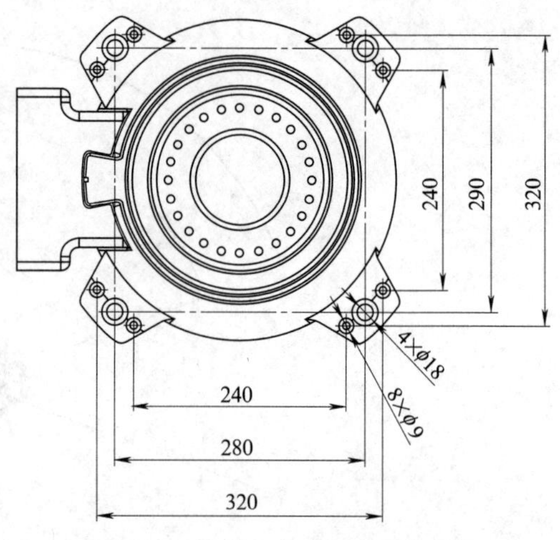

图 7-32 机器人底座固定安装尺寸

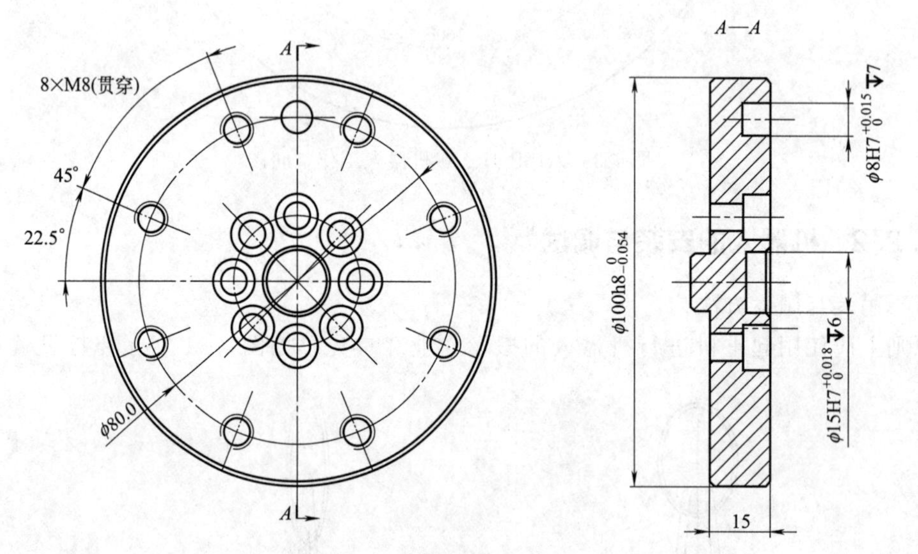

图 7-33 末端执行器安装尺寸

笔记

（3）安装注意事项

① 安全围栏。工业机器人在自动运行过程中，操作者及周围人员有接触机器人的危险，为避免机器人运行过程中造成人员伤害、设备损坏，请务必设置安全围栏或采用相关防护装置。

② 安装环境。机器人的安装对其功能的发挥十分重要，机器人安装环境如下：

a. 安装面的平面度在 0.5mm 以内；

b. 周围温度 0～45℃；

c. 湿度较小、较干燥的场所（湿度 20%～80%，不结露）；

d. 不存在易燃、腐蚀性液体及气体的场合；

e. 远离大的电气噪声源的场所；

f. 不受大的冲击、振动的场所。

③ 机器人安装及固定。在机器人加减速时，在底座的所有方向上都会产生较大的反作用力。因此，在安装机器人时固定基座应能够承受足够作用力，保证机器人底座牢固、不会松动。

安装机器人主体时，不得使底座变形。机器人安装面的平面度应在 0.5mm 以内。采用 4 个 M16（12.9 级）以上的螺钉固定。

7.2.3　机器人编程与调试

机器人编程与调试的讲解选用切削加工智能化生产线中选用的 HSR-JR620L 型机器人为例进行讲解。

7.2.3.1　机器人坐标系基本知识

（1）常用坐标系

在示教器中，共有四种坐标系可以选择，分别是轴坐标系、世界坐标系、基坐标系、工具坐标系，如图 7-34 所示。

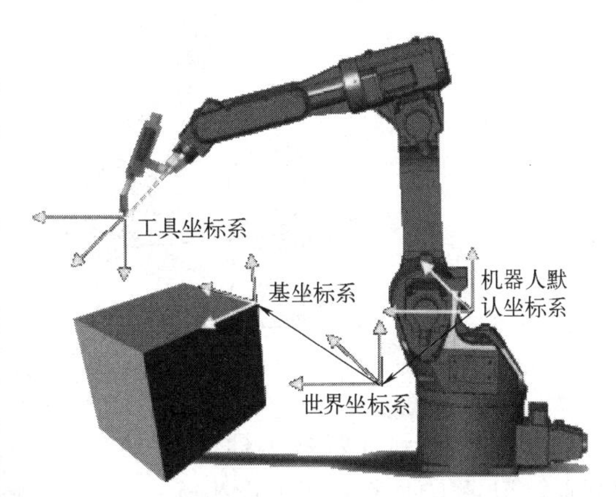

图 7-34　机器人坐标系

① 轴坐标系。轴坐标系为机器人单个轴的运行坐标系，可对单个轴进行操作。

② 世界坐标系。世界坐标系是一个固定在机器人底座上的笛卡儿坐标系。

③ 基坐标系。基坐标系是一个笛卡儿坐标系，用来说明工件的位置。默认的基坐标系与世界坐标系一致。修改基坐标系的值后，即将基坐标系进行了偏移和旋转。

④ 工具坐标系。工具坐标系是一个笛卡儿坐标系，位于工具的工作点中。在默认的配置中，工具坐标系在法兰中心上，调用了一个工具坐标系实际上是将工具中心从法兰末端移动到工具的末端。

（2）TCP 位姿表示

工业机器人使用的途径就是要装上工具（TOOL）来操作对象。为描述工具在空间的位姿，须在工具上定义一个坐标系，即工具坐标系 TCS（Tool Coordinate System），而 TOOL 坐标系的原点就是 TCP（Tool Center Point），即工具中心点。

在机器人轨迹编程时，就是将工具在其他坐标系（譬如世界坐标系）中的若干位置 $X/Y/Z$ 和姿态 $A/B/C$ 记录在程序中。当程序执行时，机器人就会让 TCP 按给出的位姿进行运动。

默认情况下，华数机器人 TCP 即机器人法兰中心点。在笛卡儿坐标系中，TCP 的位置，就是 TCP 在该坐标系中 X、Y、Z 方向的坐标。需要特别说明的是 TCP 的姿态角如图 7-35 所示。

（3）坐标系的标定方法

① 基坐标 3 点法标定。坐标标定是通过记录原点、X 方向、Y 方向的 3 点，重新设定新的基坐标系。基坐标标定时须选择默认基坐标作为标定使用的参考坐标，标定界面如图 7-36 所示，标定方法如下：

a. 在菜单中选择“投入运行”—“测量”—“基坐标”—“3 点法”；

b. 选择待标定的基坐标号，可选设置备注名称；

c. 手动移动机器人到需要标定的基坐标原点，单击记录笛卡儿坐标，记录原点坐标；

d. 手动移动到标定基坐标的 Y 方向的某点，记录工件 Y 轴正方向坐标；

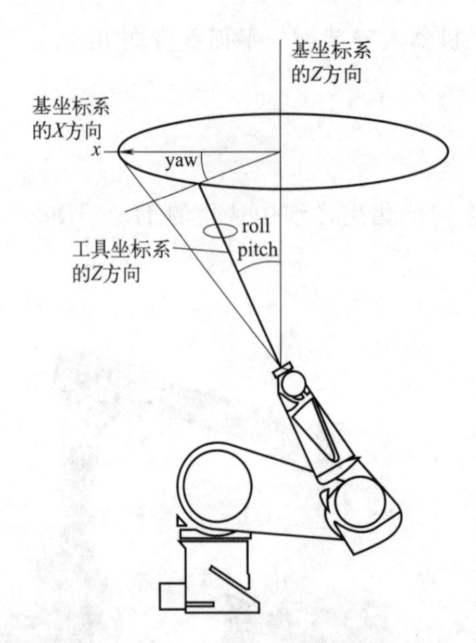

A(Y)	yaw (偏航角)
B(P)	pitch(俯仰角)
C(R)	roll(滚转角)

图 7-35　TCP 姿态角

e. 手动移动到标定基坐标的 X 方向的某点，记录工件 X 轴正方向坐标；

f. 单击“标定”，程序计算出标定坐标；

g. 单击“保存”，存储基坐标的标定值；

h. 标定完成后，单击“运动到标定点”，可移动到标定坐标点。

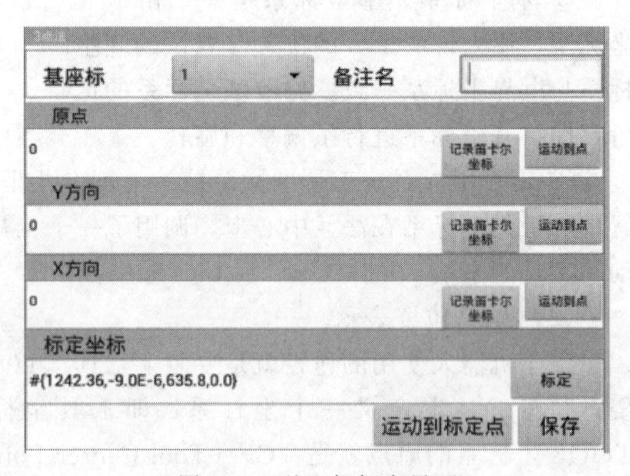

图 7-36　基坐标标定界面

② 工具坐标 4 点法标定。将待测量工具的中心点从 4 个不同方向移向一个参照点，机器人控制系统便可根据这 4 个点计算出 TCP 的值。参照点可以任意选择。运动到参照点所用的 4 个法兰位置须分散开足够的距离，如图 7-37 所示。

笔记

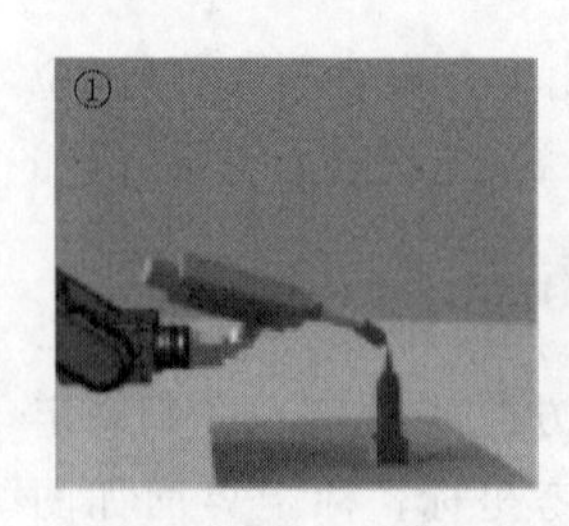

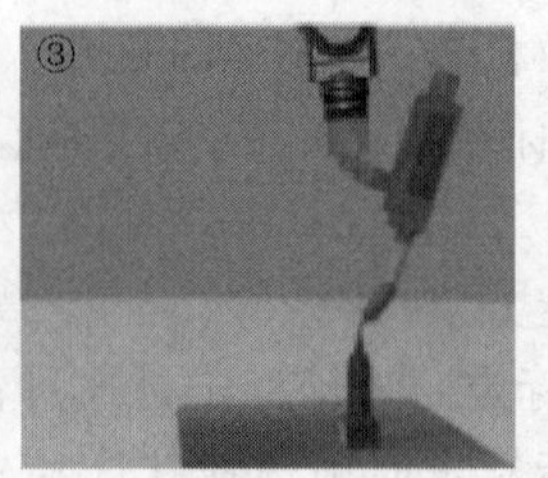

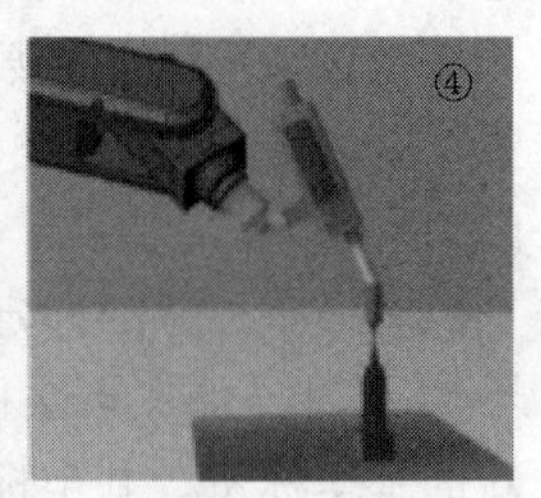

图 7-37　4 点法标定图示

工具坐标系的标定方法如下：

a. 在菜单中选择“投入运行”——“测量”——“工具”——“4 点法”；

b. 为待测量的工具输入工具号和名称。单击“继续”键确认，如图 7-38 所示；

c. 用 TCP 移至任意一个参照点，单击“记录位置”，单击“确定”键确认；

d. 从不同的方向将步骤 b. 再重复 3 次，参照点不变。

③ 工具坐标系 6 点法标定。4 点法标定可以确定工具坐标系的原点，但是如果要确定工具坐标系的 *XY* 方向则须采用 6 点法标定，如图 7-39 所示。工具坐标系的标定方法如下：

a. 在菜单中选择“投入运行”—“测量”—“工具”—“6 点法”；

b. 输入工具号和名称，单击“继续”键确认；

c. 用 TCP 移至任意一个参照点，单击“记录位置”，单击“确定”键确认；

d. 从不同方向将步骤 b. 重复 3 次，参照点不变；

e. 移动到标定工具坐标系的 *Y* 方向的某点，记录坐标；

f. 移动到标定工具坐标系的 *X* 方向的某点，记录坐标；

g. 按下标定，程序计算出标定坐标；

h. 单击保存，数据被保存，窗口关闭。

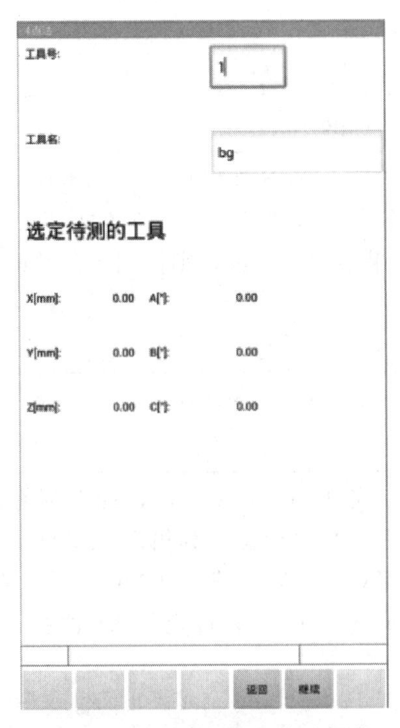

图 7-38　工具坐标系 4 点法标定

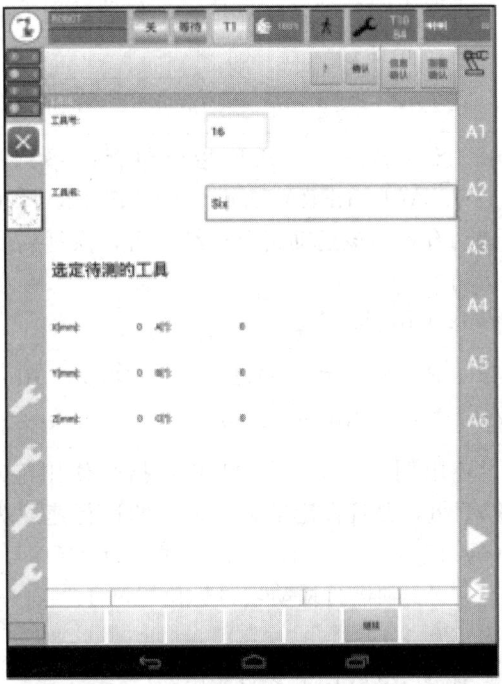

图 7-39　工具坐标系 6 点法标定

7.2.3.2 机器人编程指令

(1) 运动指令

运动指令包括点位运动指令（MOVE、MOVES）以及圆弧运动指令（CIRCLE）。运动指令编辑框如图 7-40 所示，指令说明见表 7-9。

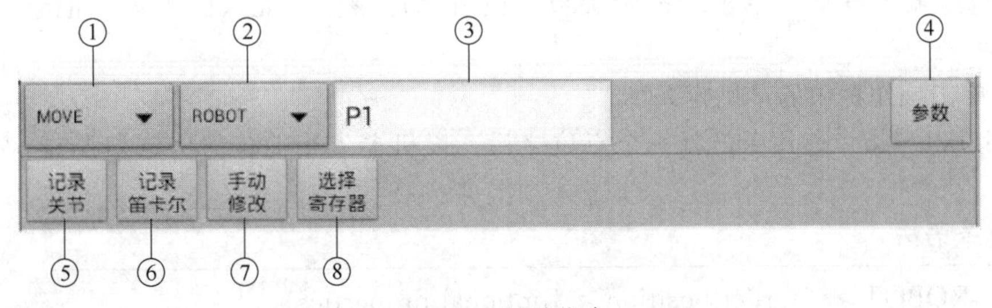

图 7-40　运动指令

笔记

表 7-9 运动指令说明

序号	指令说明
1	选择指令，可选 MOVE、MOVES、CIRCLE 三种指令。当选择 CIRCLE 指令时，会话框会弹出两个点用于记录位置
2	选择组，可选择机器人组或者附加轴组
3	新记录的点的名称，光标位于此时可单击记录关节或记录笛卡儿赋值
4	参数设置，可在参数设置对话框中添加删除点对应的属性，在编辑参数后，单击确认，将该参数对应到该点
5	为该新纪录的点赋值为关节坐标值
6	为该新纪录的点赋值为笛卡儿坐标
7	单击后可打开一个修改各个轴点位值的对话框，打开可进行单个轴的坐标值修改
8	可通过新建一个 JR 寄存器或者 LR 寄存器保存该新增加点的值，可在变量列表中查找到相关值，便于以后通过寄存器使用该点位值

① MOVE 指令。以单个轴或某组轴（机器人组）的当前位置为起点，移动某个轴或某组轴（机器人组）到目标点位置。移动过程不进行轨迹以及姿态控制。

a. 指令语法。

```
Move <axis>|<group><target position>{Optional Properties}
```

b. 指令参数。MOVE 指令包含一系列的可选属性——ABSOLUTE、VELOCITY-CRUISE、ACCELERATION、DECELERATION、JERK 等。属性设置后，属性值仅针对当前运动有效，该运动指令行结束后，恢复到默认值。如果不设置参数，则使用各参数的默认值运动。

c. 指令用例。

```
1. Move ROBOT #{600,100,0,0,180,0} Absolute=1 VelocityCruise=100
2. Move A1-10 Absolute=0 VelocityCruise=120
```

上述用例中，第一行 MOVE 指令使用绝对值编程方式（Absolute=1），控制对象为 ROBOT 组，并且设定了 ROBOT 的运行速度为 100（°）/s，其目标位置为笛卡儿坐标下的 #{600，100，0，0，180，0}。第二行 MOVE 指令使用相对值的方式编程（Absolute=0），单独控制 A1 轴进行运动，目标位置基于当前位置向负方向偏移了 10°，设定了 A1 轴的运行速度为 120（°）/s。

d. 添加 MOVE 指令的操作。

（a）选择“指令”——“运动指令”——“MOVE”；

（b）选择机器人的轴或附加轴；

（c）输入点位名称，即新增点的名称；

（d）配置指令的参数；

（e）手动移动机器人到需要的姿态或位置；

（f）选中输入框后，单击“记录关节”或者“记录笛卡儿（图中为‘记录笛卡尔’）”坐标；

（g）单击操作栏中的“确定”。

② MOVES 指令。用于选择一个点位之后，以机器人当前位置为起点与记录点之间的直线运动。

a. 指令语法。

```
Moves <ROBOT><target position>{optional properties}
```

b. 指令参数。MOVES可选属性包含——VTRAN（直线速度）、ATRAN（直线加速度）、DTRAN（直线减速度）、VROT（旋转速度）、AROT（旋转加速度）、DROT（旋转减速度）等。属性设置后，仅针对当前运动有效，该运动指令行结束后，恢复到默认值。如果不设置参数，则使用各参数的默认值运动。

c. 指令用例。

```
1. Moves ROBOT #{425,70,55,90,180,90} Absolute=1 Vtran=100 Atran=80 Dtran=100
2. Moves ROBOT {-10,0,0,0,0,0} Absolute=0 Vtran=120 Atran=80 Dtran=80
```

上述用例中，第一行指令控制机器人ROBOT从当前位置开始，以直线的方式运动到笛卡儿坐标记录点位置#{425，70，55，90，180，90}，Absolute=1表示指令中使用的坐标为绝对值坐标，Vtran设定了机器人的运行速度为100mm/s，Atran和Dtran分别设置了机器人的加速度与减速度的大小。

d. 添加MOVES指令的操作。

（a）选择“指令”——“运动指令”——“MOVES”；

（b）选择机器人的轴或附加轴；

（c）输入点位名称，即新增点的名称；

（d）配置指令的参数；

（e）手动移动机器人到需要的姿态或位置；

（f）选中输入框后，单击“记录关节”或者“记录笛卡儿”坐标；

（g）单击操作栏中的“确定”。

③ CIRCLE指令。该指令为圆弧指令，以当前位置为起点，CIRCLEPOINT为中间点，TARGETPOINT为终点，控制机器人在笛卡儿坐标空间进行圆弧轨迹运动，同时附带姿态的插补，即三点画圆。

a. 指令语法。

```
Circle <group> CirclePoint=<vector> TargetPoint ={<vector>}{Optional Property}
```

笔记

b. 指令参数。CIRCLE指令可选属性包含——VTRAN、ATRAN、DTRAN、VROT、AROT、DROT等。属性设置后，仅针对当前运动有效，该运动指令行结束后，恢复到默认值。如果不设置参数，则使用各参数的默认值运动。

c. 指令用例。

```
1. ROBOT. Absolute=1
2. Move ROBOT #{400,300,0,0,180,0} Vcruise=100
3. Circle ROBOT CirclePoint= #{500,400,0,0,180,0} TargetPoint= #{600,300,0,
180,0}
Vtran=100
```

上述用例中，程序第一行定义编程点位都为绝对位置，第二行运动机器人到#{400，300，0，0，180，0}的位置，然后以该位置为起点，在*XY*平面上进行圆弧运动。

注意：圆弧指令不能用于画整圆，要实现走整圆需要使用两条CIRCLE指令，这在当前版本下暂时无法解决。

d. 添加CIRCLE指令的操作。

(a) 选择“指令”——“运动指令”——“CIRCLE”；

(b) 选择机器人的轴或附加轴；

(c) 单击 CirclePoint 输入框，移动机器人到需要的姿态点或轴位置，单击“记录关节”或者“记录笛卡儿”坐标，记录 CirclePoint 点完成；

(d) 单击 TargetPoint 输入框，手动移动机器人到需要的目标姿态或位置。单击“记录关节”或者记录笛卡儿坐标，记录 TargetPoint 点完成；

(e) 配置指令的参数；

(f) 单击操作栏中的“确定”。

④ DELAY 指令。严格意义上讲，DELAY 是运动指令，但也可称为延时指令，因为 DELAY 指令的执行运动延时操作，所以称为延时指令。

a. 指令语法。

```
Delay <motionelement><delaytime>
```

b. 指令用例。

```
Delay ROBOT 1000
```

上述用例中，对 ROBOT 机器人组进行 1s 的延时，即执行该指令时，机器人暂停运动 1s 的时间。

⑤ 运动参数。各运动参数的名称和说明见表 7-10。

表 7-10 各运动参数的名称和说明

参数名称	参数含义	参数说明	备注
VCRUISE	关节运动速度	默认值为 180(°)/s，值越大，速度越大	用于 MOVE
ACC	关节运动加速度比	默认 960(°)/s^2，值越大，加速度越大	用于 MOVE
DEC	关节运动减速度比	默认 960(°)/s^2，值越大，减速度越大	用于 MOVE
VTRAN	直线运动速度	默认值为 1200mm/s，值越大，速度越大	用于 MOVES、CORCLE
ATRAN	直线运动加速度	默认值为 4800 mm/s^2，值越大，加速度越大	用于 MOVES、CORCLE
DTRAN	直线运动减速度	默认值为 4800mm/s^2，值越大，减速度越大	用于 MOVES、CORCLE
ABS	运动模式	1 为绝对运动，0 为相对运动	

笔记

(2) 条件指令

条件指令用于机器人程序中的运动逻辑控制，包括了 IF THEN、SELECT、END IF 三种指令。其中 IF THEN 与 END IF 必须联合使用，将条件运行程序块置于两条指令之间。

① IF THEN…… END IF。指令组的含义是“(IF) 如果……成立，则 (THEN) ……”。该指令用来控制程序在某条件成立的情况下，才执行相应的操作。

a. 指令语法。

```
IF <condition> THEN
<first statement to execute if condition is true>
<multiple statements to execute if condition is true>
{ELSE
<first statement to execute if condition is false>
<multiple statements to execute if condition is false>}
END IF
```

其中“{}”括起来的部分为可选。ELSE 表示当 IF 后面跟的条件不成立时，会执行其后面的程序语句。

b. 指令用例。

```
IF D_IN[1]=OFF Then
MoveA1 100 Abs=0
Else
Move A1 200 Abs=0
End If
```

上述用例中，当 D_IN［1］的值等于 OFF 时，相对于当前位置正向移动 A1 轴 100°；否则，相对于当前位置正向移动 A1 轴 200°。

c. 添加 IF 指令操作。

（a）选择“指令”——“条件指令”——“IF”；

（b）单击“选项”，此时可以增加、修改、删除条件，如图 7-41 所示。

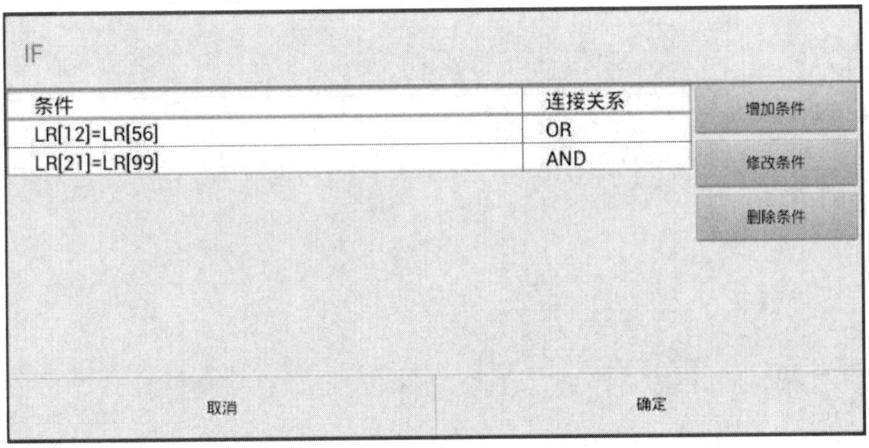

图 7-41　IF 指令条件添加操作

笔记

d. 添加 END IF 指令操作。

（a）选择“指令”——“条件指令”——“END IF”；

（b）单击操作栏中的“确定”。

② SELECT……CASE。在条件变量或条件表达式有某些特定的取值时，进行条件选择并执行相应的程序。

a. 指令语法。

```
SELECT CASE <SelectExpression>
{CASE <expression>
{statement_list}}
{CASE IS <relational-operator><expression>
{statement_list}}
{CASE <expression> TO <expression>
{statement_list}}
```

```
{CASE <expression> comma <expression>
{statement_list}}
{CASE ELSE
{statement_list}}
END SELECT
```

b. 指令参数。其中<SelectExpression>表示可能有某些特定取值的变量或表达式。CASE后面跟的特定情况有五种：<expression>表示具体的取值；IS<relational-operator><expression>表示<SelectExpression>的取值与<expression>的逻辑关系，<relational-operator>为逻辑操作符，有>、<、<>、=、>=、<=六种；<expression>TO <expression>表示<SelectExpression>的值处于两个表达式或变量的值之间，包含两个表达值或变量的值；<expression1>，<expression2>表示<SelectExpression>的取值为<expression1>或<expression2>；ELSE表示如果没有满足<SelectExpression>的情况。

c. 指令用例。

```
Program
Dim I as Long
Select Case I
Case 0
Print "I=0"
Case 1
Print "I=1"
Case is >= 10
Print "I >= 10"
Case is < 0
Case 5 To 10
Print "I is between 5 and 10"
Case 2,3,5
Print "I is 2,3 or 5"
Case Else
Print "Any other I value"
End Select
End Program
```

d. SELECT……CASE指令的操作。

(a) 选择“指令”——“条件指令”——“SELECT”；

(b) 单击操作栏中的“确定”。

(3) 流程指令

流程指令用于在主程序中添加子程序。子程序跳转调用相关指令：CALL、GOTO、LABEL；子程序相关指令：SUB、PUBLIC SUB、END SUB、FUNCTION、PUBLIC FUNCTION、END FUCTION。子程序常用指令见表7-11。

表 7-11 子程序常用指令说明

指令	指令说明
SUB	写子程序，该子程序没有返回值，只能在本程序中调用
PUBLIC SUB	写子程序，该子程序没有返回值，能在程序以外的其他地方被调用
END SUB	写子程序结束
FUNCTION	写子程序，该子程序有返回值，只能在本程序中调用
PUBLIC FUNCTION	写子程序，该子程序有返回值，能在程序以外的其他地方被调用
END FUCTION	写子程序结束
CALL	调用子程序

注：SUB、PUBLIC SUB 和 END SUB 必须联合使用，子程序位于两条指令之间。
FUNCTION、PUBLIC FUNCTION 和 END FUNCTION 必须联合使用，子程序位于两条指令之间。

① CALL 指令。主要调用 SUB……END SUB 的子程序指令。

a. 指令语法。

```
call<subprogram name>
```

b. 指令用例。

```
'TEST. PRG
program
Print "This is Main Program"
call TESTSUB
end program
'TESTSUB. LIB
sub TESTSUB
Print "This is sub"
end sub
'This is Main Program
'This is sub
```

在主程序（PRG 文件）中使用 call 关键字调用子程序，程序会切到子程序内执行子程序内的语句。上述用例的输出为先打印出“This is Main Program”，然后打印出“This is sub”。

② GOTO……LABEL 指令。用来跳转程序到指定标签位置（LABLE）处。要使用 GOTO 关键字，必须先在程序中定义 LABEL 标签，且 GOTO 与 LABEL 必须同处在一个程序块中（PROGRAM……END PROGRAM，SUB……END SUB，FUNCTION……END FUNCTION，ONEVENT……END ONEVENT）。

a. 指令语法。

```
GOTO<program label>
<program label>:
```

b. 指令用例。

```
program
if D_IN[1]=ON then
Goto LABEL1
```

```
end if
Print "D_IN[1]=OFF"
LABEL1:
Print "D_IN[1]=ON"
end program
```

上述用例中，当 D_IN [1] 为 ON 时，执行 GOTO 指令，此时程序会直接跳转到 LABEL1：处，然后执行后面的语句，即打印出“D_IN [1]=ON”，而不会执行 Print“D_IN [1]=OFF”这一行。如果 D_IN [1] 不为 ON，则 if 条件不成立，程序顺序往下执行，即执行 Print“D_IN [1]=OFF” LABEL1：Print“D_ IN [1]=ON”。

输出 D_IN [1]=OFF 和 D_IN [1]=ON。需要注意的是，请尽量避免使用 GOTO 语句。GOTO 语句会打乱整个程序的逻辑顺序，使得程序结构混乱，不容易理解，且容易出错。

（4）延时指令

延时指令即 DELAY 指令，用于延时机器人的运动，最小延时时间为 2，单位为 ms。

① 指令语法。

```
Delay <motionelement><delaytime>
```

② 指令用例。

```
program
with ROBOT
  Attach   ROBOT
    Move ROBOT P2
    Delay ROBOT 2
    Print "ROBOT   IS STOPPED"
    Detach
end  with
end   program
```

程序首先执行 MOVE 指令，控制机器人 ROBOT 从当前点移动到目标点 P2，等到机器人移动到 P2 点后开始执行 DELAY 指令，2ms 后打印输出“ROBOT IS STOPPED”。

③ 添加 DELAY 指令的操作。

a. 选中需要延时行的上一行；

b. 选择“指令”——“延时指令”——“DELAY”；

c. 编辑 DELAY 后的延时时间；

d. 单击操作栏中的“确定”。

（5）循环指令

循环指令用来循环执行包含在其结构中的指令块，直到条件不成立后结束循环。用于多次执行 WHILE 指令与 END WHILE 之间的程序行，WHILE TURE 表示程序循环执行，WHILE 指令和 END WHILE 指令必须联合使用才能构成一个循环体。

① 指令语法。

```
While <condition>
    <code to execute as long as condition is true>
End While
```

② 指令用例。

```
While ROBOT. IsMoving=1'wait for profiler to finish
        sleep 20
End While
While A2 VelocityFeedback<1000
        Print "Axis 2 Velocity Feedback still under 1000"
        Sleep 1'free the cpu
End While
```

第一个例子是比较典型的运动控制循环，循环的条件是 ROBOT 组正处于运动过程中。该循环的功能是如果 ROBOT 正处于运动过程中，我们就将程序阻塞在该循环里面，直到 ROBOT 停止运动才跳出循环继续往下执行。第二个例子使用 A2 的反馈速度作为条件，当 A2 的反馈速度低于 1000 时，执行循环内的打印及休眠语句，当 A2 的反馈速度大于或等于 1000 时，表达式不成立，此时就会跳出循环，继续执行后面的语句。需要注意的是 WHILE 循环执行过程中会完全占有 CPU 资源，需要在循环的最后加上 SLEEP 指令，以释放 CPU 资源给其他任务，防止因为 CPU 占用率过高而产生报警。注意：WHILE 指令和 END WHILE 指令必须联合使用才能完成一个循环体。

③ 添加 DELAY 指令的操作。

a. 选择“指令”——“循环指令”——“WHILE”；

b. 单击“选项”，条件列表中增加、修改、删除条件（在记录该语句时会按照添加顺序一次连接条件列表），如图 7-42 所示；

WHILE

条件	连接关系
LR[12]=LR[56]	OR
LR[21]=LR[99]	AND

增加条件
修改条件
删除条件
取消
确定

图 7-42 添加循环条件

c. 单击操作栏中的“确定”；

d. 选中循环的截止位置；

e. 选择“指令”——“循环指令”——“END WHILE”；

f. 单击操作栏中的“确定”。

（6）IO 指令

IO 指令包括了 D_IN 指令、D_OUT 指令、WAIT 指令、WAITUTIL 指令以及 PULSE 指令，D_IN、D_OUT 指令可用于给当前 IO 赋值为 ON 或者 OFF，也可用于在 D_IN 和 D_OUT 之间传值；WAIT 指令用于阻塞等待一个指定 IO 信号，可选 D_IN 和 D_OUT；WAITUNTIL 指令用等待 IO 信号，超过设定时限后退出等待；PULSE 指令用于产生脉冲。

① WAIT 指令。用来等待某一指定的输入或输出的状态等于设定值。指定的输入或输出的状态不满足，程序会一直阻塞在该指令行，直到满足位置。

a. 指令语法。

```
call wait(<IN/OUT>,<ON|OFF>)
```

b. 指令用例。

```
program D_OUT[1]=OFF
call wait(D_OUT[1],ON)
Print "D_OUT[1]=ON"
end program
```

用例中 WAIT 指令需要使用 CALL 指令来调用。WAIT 指令的第一个参数为 IO，第二个参数为该 IO 的状态的期望值。程序中设定 D_OUT [1] 为关闭状态后，等待 D_OUT [1] 再次打开，此时程序会阻塞在该处，因为 D_OUT [1] 为关闭，其他程序或者用户手动将 D_OUT [1] 的状态置位为 ON 后，该指令返回，程序继续执行打印操作。

② WAITUNTIL 指令。该指令类似于 WAIT 指令，不同之处是增加了延时时间参数以及延时标识。当指令等待 IO 状态超过设定时间时，该指令不管 IO 的状态是否满足，直接返回，并置延时标识为 TRUE。

a. 指令语法。

笔记

```
call waituntil(<IN/OUT>,<ON|OFF>,<time>,<flag>)
```

b. 指令用例。

```
program
dim flag as long =FALSE
D_OUT[1]=OFF
call waituntil(D_OUT[1],ON,3000,flag)
if flag=TRUE then
    Print "D_OUT[1]=OFF"
else
    Print "D_OUT[1]=ON"
end if
end program
```

用例中程序首先复位了 D_OUT [1] 的状态，然后执行 WAITUNTIL 指令。该指令会判断 D_OUT [1] 的状态是否为设定的状态，且等待时间为 3000 [ms]，flag 的值用于判断 3000ms 的时间是否达到，即判断是否超时，超时则为 TRUE，不超时则该值为 FALSE。如果在 3s 之内，D_OUT [1] 的状态切到 ON，则指令立即返回，且超时标志位 flag 标识为 FLASE，程序打印“D_OUT [1]=ON”；如果 D_OUT [1] 一直处于 OFF 状态，那么 3000 [ms] 过后，跳出等待，指令返回，超时标志位 flag 的值为 TRUE，此时程序会打印“D_OUT [1]=OFF”。注意：超时标志位的值与定义时使用的初值有关。本例中定义 flag 变量时，采用的初值是默认的 FALSE。dim flag as long=FALSE 中 “=FALSE” 也可省略，系统默认初始值为 0，即可以改为：dim flag as long。

③ PULSE 指令。用来输出一个固定时间长度的 IO 脉冲，仅用于 D_out。

a. 指令语法。

```
call   PULSE(<index>,<TIME>)
```

b. 指令用例。

```
program
D_OUT[1]=OFF
call pulse(1,500)
end program
```

用例中首先将 D_OUT [1] 复位，接着调用 PULSE 指令。此时 PULSE 会将 D_OUT [1] 的状态置为 ON，并且保持 500 [ms]，然后将 D_OUT [1] 的状态置为 OFF。

(7) 变量指令

变量作为程序中的数据进行运算，在使用变量前，都需要对变量进行定义。变量指令可分为全局变量 COMMON 指令、程序变量 DIM SHARED 指令和局部变量 DIM 指令。变量可分为添加 SHARED 的变量和不添加 SHARED 的变量，添加 SHARED 之后的变量表示的是共享变量。变量类型包括 LONG 类型、DOUBLE 类型、STRING 类型、JOINT 类型、LOCATION 类型。

① 定义全局变量。采用该方式定义的变量，其作用域对整个系统都有效，因此采用该种方式定义变量时需谨慎，如果不需要用到作用域这么大的变量，一般不建议采用该种定义变量的方式。

指令格式：common share … as …（全局变量指令）。

其定义一个 long 型的数组类型的案例如下：

```
common shared I as long      '注意是在 program 前定义

Program
……
End program
```

② 定义程序变量。采用该种方式定义的变量，作用域只在该主程序内（如果该程序后面包含有子程序，即在 end program 后面编写有 sub…end sub 或者 function …end function，则其作用域也包含后面的子程序）。

指令格式：dim shared … as …（程序变量指令）。

其定义一个 long 型的数组类型的案例如下：

```
Dim shared I as long      '注意是在 program 前定义
```

```
Program
……
End program
```

③ 定义局部变量。采用该种方式定义的变量，作用域只在该子程序或者主程序内。

指令格式：dim … as …（局部变量指令）。

其定义一个 long 型的数组类型的案例如下：

```
Program
Dim I as long
……
End program
```

（8）坐标系指令

坐标系指令分为基坐标系指令 BASE 和工具坐标系指令 TOOL。BASE 是工件坐标系变量，用于保存工件坐标系的信息，有 16 个。TOOL 变量是工具坐标系变量，用于保存工具坐标系的信息，有 16 个，即可以保存 16 个工具坐标，如图 7-43 所示。在程序中可选择已定义的坐标系编号，以在程序中实现坐标系切换。

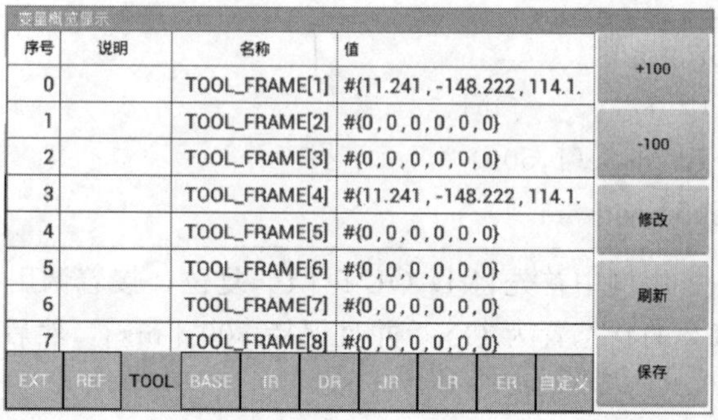

变量概览显示

序号	说明	名称	值
0		TOOL_FRAME[1]	#{11.241, -148.222, 114.1.
1		TOOL_FRAME[2]	#{0, 0, 0, 0, 0, 0}
2		TOOL_FRAME[3]	#{0, 0, 0, 0, 0, 0}
3		TOOL_FRAME[4]	#{11.241, -148.222, 114.1.
4		TOOL_FRAME[5]	#{0, 0, 0, 0, 0, 0}
5		TOOL_FRAME[6]	#{0, 0, 0, 0, 0, 0}
6		TOOL_FRAME[7]	#{0, 0, 0, 0, 0, 0}
7		TOOL_FRAME[8]	#{0, 0, 0, 0, 0, 0}

+100　-100　修改　刷新　保存

EXT　REF　TOOL　BASE　IR　DR　JR　LR　ER　自定义

图 7-43　TOOL 变量

工具工件坐标系标定成功后，在该列表，单击刷新就可看到标定后的信息，工具工件坐标系标定完成后，需要在该列表单击“刷新”和“保存”，否则可能出现标定后的工具工件坐标系丢失的现象。

笔记

（9）寄存器指令

寄存器指令用于添加寄存器，以及使用寄存器进行运算操作。华中Ⅱ型系统中预先定义了几组不同类型的寄存器供用户使用。包括整型的 IR 寄存器、浮点型的 DR 寄存器、笛卡儿坐标类型的 LR 寄存器和关节坐标类型的 JR 寄存器。

① 指令格式。

目的寄存器＝操作数 1＋操作数 2＋…＋操作数 *N*（其中操作数可以为寄存器，也可以为数值）

寄存器里面包含了 LR、JR、DR、IR、SAVE 指令，SAVE 指令用于保存寄存器的值，例如：TOOL_FRAME、IR、DR 等寄存器。

② 指令用例。寄存器可以直接在程序中使用。一般情况下，用户将预先需要设定的值手动设置在对应的寄存器中。例如，在手动示教时，将示教点位手动保存在 LR 或 JR 寄存器中，然后编程时直接使用。

```
program
with ROBOT
    Attach
```

```
            Move ROBOT JR[1]
        Move ROBOT JR[2]
    while TRUE
        Moves ROBOT LR[1]
        Moves ROBOT LR[2]
        if IR[1]=0 then
            goto END_PROG
        end if
        Sleep 10
    end while
END_PROG:
    Detach
end with
end program
```

如上述用例所示，在程序中可以直接使用预先设定好的寄存器值。使用这种方式编程可以很好地解决点位的调整以及保存等问题。另外，通过 IR 或 DR 寄存器来进行某些条件判断也是很好的辅助程序控制手段，比使用 IO 点位更加简单方便。

③ 添加指令操作。

a. 选中需要插入手动指令行的上一行；

b. 选择“指令”——“寄存器指令”——选择目的寄存器；

c. 单击“选项”，设置寄存器操作并保存退出；

d. 单击操作栏中的“确定”。

（10）事件指令

事件指令即为中断处理指令，其指令通常需要几条配合使用，其指令集和每条指令的说明如下：

ONEVENT	事件定义指令
EVENTON	激活事件
EVENTOFF	关闭事件

① ONEVENT…END…ONEVENT 指令。该指令为事件定义指令，指定了当事件触发后所要执行的操作，PRIORITY 和 SCANTIME 为可选属性，前者定义了该事件的优先级，默认为最高的 1，后者定义了扫描周期，默认为 1 倍的总线周期。一般优先级及扫描周期使用默认值即可。

a. 指令语法。

```
OnEvent <event> {<condition>} {Priority=<priority>} {ScanTime=<time>}
<command block that defines the action>
EndOnevent
```

b. 指令用例。

```
OnEvent EV1 D_IN[1]=1 ' Trigger event when input 1 is 1
Print "This is event 1"
```

```
    EVENTOFF EV1
End OnEvent
```

用例程序中定义了一个名为 EV1 的事件，该事件的触发条件为 D_IN [1]=1。当事件被激活后，系统会周期性扫描 D_IN [1] 的值，一旦 D_IN [1] 的值满足触发条件，程序就会跳转到 ONEVENT 指令定义的事件中，执行里面的操作。完成后返回到程序之前执行的位置继续往下执行。需要注意的是，事件的触发条件不能使用局部变量，且 OnEvent 不能在 IF、WHILE 或者其他循环中定义。

② EVENTON 指令。该指令用来激活某个指定事件，系统开始对该事件的触发条件进行扫描。

a. 指令语法。

```
Eventon <event>
```

b. 指令用例。

```
    PROGRAM
    ONEVENT EV1 D_IN[9]=1 '中断处理 触发条件为 D_IN[9]=1,进入中断处理程
序。EVENTOFF EV1  '中断触发后可关闭中断,待下一个循环再打开中断
    STOP  ROBOT  '停止机器人当前轴的旋转运动 PROCEED  ROBOT  PRO-
CEEDTYPE=CLEARMOTION
    MOVES  ROBOT #{0,0,100,0,0,0} ABS=0 VTRAN=100  '原地直线抬高
100mm SLEEP 200
    END  ONEVENT  '中断处理结束
    WITH  ROBOT  ATTACH  ROBOT ATTACH EXT_AXES BLENDINGMETH-
OD=2 WHILE TRUE
    '(WRITE YOUR CODE HERE)
    EVENTON EV1  '开启中断 EV1,一旦条件触发便进入 ONEVENT 处执行
    MOVE  ROBOT  P2  '机器人运动到 P2 点
    MOVE  ROBOT  P3  '机器人运动到 P3 点
    SLEEP  100  END  WHILE  DETACH  ROBOT
    DETACH EXT_AXES END WITH
    END  PROGRAM
```

③ EVENTOFF 指令。该指令用来关闭某个指定事件，停止系统对其触发条件的扫描。

a. 指令语法。

```
Eventoff<event>
```

b. 指令用例（参见 EVENTON 指令用例）。

【技能训练】 机器人上下料的编程与调试

(1) 训练目的

根据机器人在智能生产线中运行节拍流程编写机器人上下料程序，并调试。

（2）训练内容

智能制造生产线运行流程如图 7-44 所示，智能生产线中根据机器人在生产线中的运行节拍流程（如图 7-45 所示），结合机器人与总控上位机即数控机床之间的通信，完成机器人程序的编写与调试。

图 7-44　智能制造生产线的运行流程

加工一个工件时，机器人的工作流程及节拍要求如下。

① 机器人取生料区料盘。合理地使用机器人末端手爪，从数字化立体料仓中将带有生料件的料盘搬运到 RFID 读写位。

a. 根据总控系统发出的搬运条件，搬运对应数字化立体料仓的仓位工件。

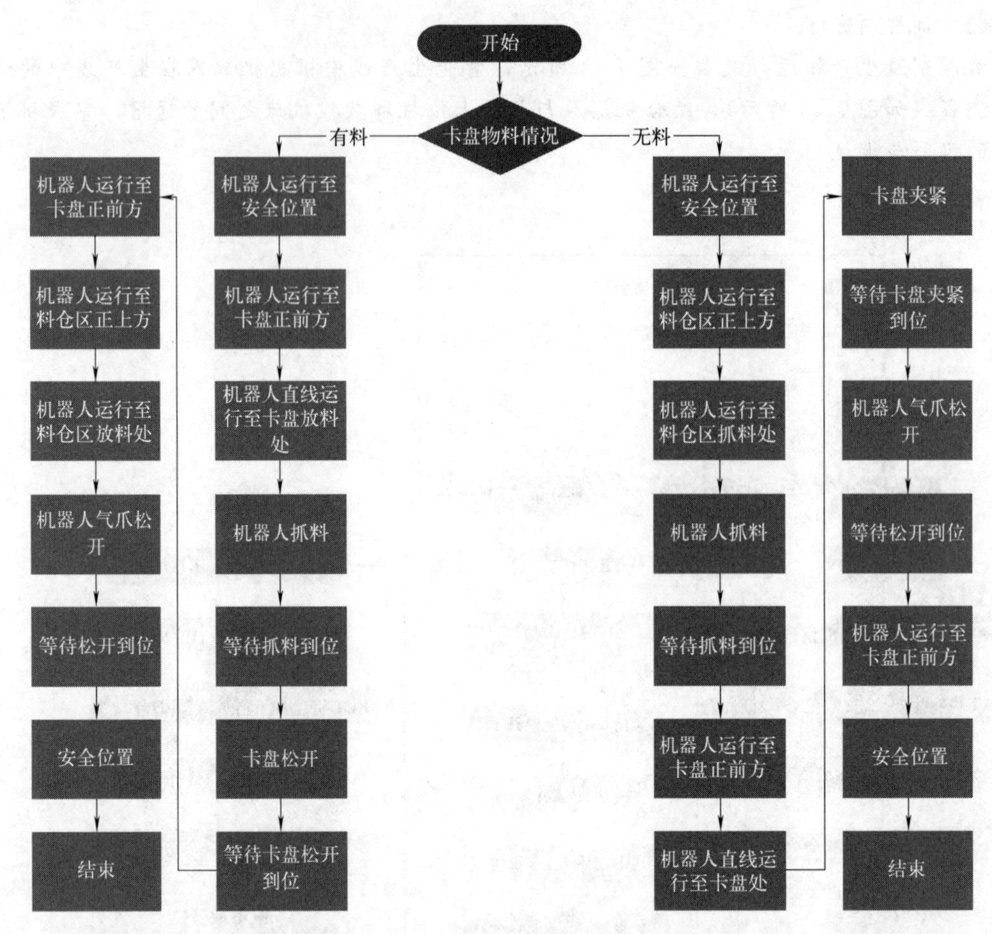

图 7-45　运行节拍流程

b. 机器人完成料仓取料盘、RFID 台放料盘后，需要向总控系统发出完成命令。

c. 机器人取料及放料时，需要从垂直方向进行。

d. 合理地控制机器人的运行速度。

② 机器人放料至加工中心。合理地使用机器人末端手爪，将 RFID 读写位生料盘中的生料搬运至加工中心的自动卡盘处。

a. 机器人夹取生料前，需要等待 RFID 台取生料命令，机器人完成 RFID 取生料后，要向总控系统发出完成命令。

b. 机器人带料进入加工中心前，需要等待加工中心发出允许放料信号方可进入。

c. 机器人应发出加工中心自动卡盘的松紧命令，且需要检测加工中心发送的卡盘松紧到位信号。

d. 机器人发料完成后，需要给加工中心发出完成命令。

e. 合理地控制机器人的运行速度。

③ 机器人取易加工料（熟料）。合理地使用机器人末端手爪，将易加工料从加工中心的自动卡盘处搬运至 RFID 读写位的空置料盘中。

a. 机器人进入加工中心前，需要等待加工中心发出允许取料信号方可进入。

b. 机器人应发出加工中心自动卡盘的松紧命令，且需要检测加工中心发送的卡盘松紧到位信号。

c. 机器人取料完成后，需要向加工中心发出完成命令。

d. 机器人将已加工料放到料盘中后，需要向总控系统发出 RFID 写熟料信息。

e. 机器人取料时，需要从垂直方向进行。

f. 合理地控制机器人的运行速度。

④ 入库。合理地使用机器人末端手爪，将已加工工件的料盘搬运至数字化立体料仓对应的位置。

a. 总控系统根据在线检测判断结果，发出合格品或不合格品命令，机器人对易加工工件及料盘分类入库。

b. 机器人需要等待 RFID 台熟料写完成信号后，才能取料盘。

c. 机器人在 RFID 台取料盘完成、放合格品或不合格品完成后，需要向总控系统发出完成命令。

d. 机器人取料及放料时，需要从垂直方向进行。

e. 合理地控制机器人运行速度。

⑤ 结束本次搬运循环。根据机器人的工作流程及节拍要求，完成机器人的程序编制与调试，实现试加工件、成品加工件和个性化加工件三种工件的完整加工工艺流程。

(3) 相关知识

① 机器人与总控 PLC 之间的 I/O 通信。机器人与总控 PLC 之间使用数字量 I/O 进行通信，机器人的输出对应总控 PLC 的输入，机器人的输入对应总控 PLC 的输出，其通信信号见表 7-12、表 7-13。

表 7-12 智能生产线总控 PLC 输出对应机器人输入 I/O 通信

序号	总控 PLC 输出信号	机器人输入信号	地址定义	对应机器人编程指令
1	Y1.0	X2.0	料仓取 1# LP	D_IN [17]
2	Y1.1	X2.1	料仓取 2# LP	D_IN [18]
3	Y1.2	X2.2	料仓取 3# LP	D_IN [19]
4	Y1.3	X2.3	放合格品 1# LP	D_IN [20]
5	Y1.4	X2.4	放合格品 2# LP	D_IN [21]
6	Y1.5	X2.5	放合格品 3# LP	D_IN [22]
7	Y1.6	X2.6	放不合格品 1# LP	D_IN [23]
8	Y1.7	X2.7	放不合格品 2# LP	D_IN [24]
9	GND	GND	公共端	
10	Y2.0	X3.0	放不合格品 3# LP	D_IN [25]
11	Y2.1	X3.1		D_IN [26]
12	Y2.2	X3.2	RFID 台取生料命令	D_IN [27]
13	Y2.4	X3.4	备用	D_IN [29]

表 7-13 智能生产线总控 PLC 输入对应机器人输出 I/O 通信

序号	总控 PLC 输出信号	机器人输入信号	地址定义	对应机器人编程指令
1	X3.0	Y2.0	料仓取 1# LP 完成	D_OUT [17]
2	X3.1	Y2.1	料仓取 2# LP 完成	D_OUT [18]
3	X3.2	Y2.2	料仓取 3# LP 完成	D_OUT [19]
4	X3.3	Y2.3	放合格品 1# LP 完成	D_OUT [20]
5	X3.4	Y2.4	放合格品 2# LP 完成	D_OUT [21]
6	X3.5	Y2.5	放合格品 3# LP 完成	D_OUT [22]
7	X3.6	Y2.6	放不合格品 1# LP 完成	D_OUT [23]

续表

序号	总控 PLC 输出信号	机器人输入信号	地址定义	对应机器人编程指令
8	X3.7	Y2.7	放不合格品 $2^{\#}$ LP 完成	D_OUT [24]
9	GND	GND	公共端	
10	X4.0	Y3.0	放不合格品 $3^{\#}$ LP 完成	D_OUT [25]
11	X4.1	Y3.1	RFID 盘放 LP 完成	D_OUT [26]
12	X4.2	Y3.2	RFID 台取生料完成	D_OUT [27]
13	X4.3	Y3.3	RFID 写熟料信息	D_OUT [28]
14	X4.5	Y3.5	RFID 台取 LP 完成	D_OUT [30]

② 机器人与数控机床之间的 I/O 通信（见表 7-14、表 7-15）。

表 7-14　加工中心 PLC 输出对应机器人输入 I/O 通信

序号	数控机床 PLC 输出信号	机器人输入信号	地址定义	对应机器人编程指令
1	Y2.0	X1.0	M1 允许取料	D_IN [9]
2	Y2.1	X1.1	M1 允许放料	D_IN [10]
3	Y2.2	X1.2	M1 卡盘松到位	D_IN [11]
4	Y2.3	X1.3	M1 卡盘紧到位	D_IN [12]

表 7-15　智能生产线总控 PLC 输入对应机器人输出 I/O 通信

序号	数控机床 PLC 输出信号	机器人输入信号	地址定义	对应机器人编程指令
1	X5.0	Y1.0	ROB 取料完成	D_OUT [9]
2	X5.1	Y1.1	请求 M1 卡盘松开	D_OUT [10]
3	X5.2	Y1.2	请求 M1 卡盘夹紧	D_OUT [11]
4	X5.3	Y1.3	ROB 放料完成	D_OUT [12]

③ 机器人内部通信 I/O 信号（见表 7-16）。

表 7-16　机器人内部通信 I/O 信号

序号	总控 PLC 输入信号	地址定义	对应机器人编程指令
1	X0.0	R1 手爪 1 夹紧到位	D_IN [1]
2	X0.1	R1 手爪 1 松开到位	D_IN [2]
3	X0.2	R1 手爪 2 夹紧到位	D_IN [3]
4	X0.3	R1 手爪 2 松开到位	D_IN [4]
5	Y0.1	R1 手爪 1 夹紧控制	D_OUT [2]
6	Y0.2	R1 手爪 1 松开控制	D_OUT [3]
7	Y0.3	R1 手爪 2 夹紧控制	D_OUT [4]
8	Y0.4	R1 手爪 2 松开控制	D_OUT [5]

笔记

(4) 机器人程序的编写与调试

按照智能生产线运行流程及机器人运行节拍，机器人参考程序见表 7-17。

表 7-17　机器人上下料程序

程序结构	程　序	程序注释
主程序	IF D_IN[17]=ON THEN	判断取 $1^{\#}$ 料仓
	MOVE ROBOT JR[25]	初始位置
	DELAY ROBOT 100	机器人延时
	MOVE EXT_AXES P10	过渡点
	DELAY EXT_AXES 100	附加轴延时
	MOVES ROBOT P11	过渡点
	D_OUT [3]=ON D_OUT [2]=OFF	手爪 1 松开

续表

程序结构	程　　序	程 序 注 释
主程序	CALL WAIT(D_IN[2],ON)	等待松开到位
	MOVES ROBOT LR[1]+LR[20]	取料点上方 5cm 处
	MOVES ROBOT LR[1]VTRAN=100	1 工位取料点
	DELVY ROBOT 100	
	D_OUT [2]=ON D_OUT [3]=OFF	手爪 1 夹紧
	CALL WAIT(D_IN[1],ON)	等待手爪 1 夹紧到位
	MOVES ROBOT LR[1]+LR[20]	取料点上方 5cm 处
	MOVES ROBOT P11	过渡点
	DELVY ROBOT JR[25]	回初始位置
	CALL PULSE(17,6000)	取 1# LP 完成
	CALL GORFID	调用到 RFID 生料检测
	CALL GOMILL	调用到数控机床
	CALL GORFIDS	调用到 RFID 生料检测
	IF D_IN[20]=ON THEN	合格品条件
	CALL PUTQ	调用放合格品的子程序
	END IF	结束符
	IF D_IN[23]=ON THEN	废品条件
	CALL PUTUQ	调用放废品的子程序
	END IF	结束符
到 RFID 生料检测	SUB GORFID	
	MOVE ROBOT JR[25]	初始位置
	DELAY ROBOT 100	附加轴移动
	MOVE EXT_AXES P4	
	DELAY EXT_AXES 100	
	DELAY ROBOT 1000	
	MOVE ROBOT JR[8]	机器人过渡点
	MOVES ROBOT LR[4]+LR[20]	放料点上方 5cm 处
	MOVES ROBOT LR[4]VTRAN=100	放料点
	DELAY ROBOT 100	
	D_OUT [3]=ON D_OUT [2]=OFF	手爪 1 松开
	CALL WAIT(D_IN[2],ON)	手爪 1 松开到位
	MOVES ROBOT LR[4]+LR[20]	放料点上方 5cm 处
	DELAY ROBOT 100	
	CALL PULSE(26,2000)	RFID 放 LP 完成
	MOVE ROBOT JR[8]	机器人过渡点
	MOVE ROBOT JR[10]	换爪
	DELAY ROBOT 1000	
	D_OUT [5]=ON D_OUT [4]=OFF	
	CALL WAIT(D_IN[4],ON)	等待手爪 2 松开到位
	CALL WAIT(D_IN[26],ON)	等待 RFID 取生料命令
	MOVE ROBOT LR[5]+LR[50]	取料点上方 5cm 处
	MOVE ROBOT LR[5] VCRUISE=100	取料点
	DELAY ROBOT 1000	
	D_OUT [5]=OFF D_OUT [4]=ON	
	CALL WAIT(D_IN[4],ON)	等待手爪 2 夹紧到位
	MOVES ROBOT LR[5]+LR[50]	取料点上方 5cm 处

续表

程序结构	程　　序	程序注释
到 RFID 生料检测	MOVE ROBOT JR[11]	料仓外等待点
	MOVE ROBOT JR[25]	回初始位置
	DELAY ROBOT 100	
	CALL PULSE(27,6000)	发出 RFID 台取生料完成
	END SUB	
机器人带料进机床	SUB GOMILL	
	MOVE EXT_AXES P55	
	CALL WAIT(D_IN [10],ON)	等待允许机器人放料信号
	D_OUT[10]=ON D_OUT[11]=OFF	请求机床卡盘松开
	CALL WAIT(D_IN[11],ON)	等待卡盘松开到位
	MOVE ROBOT P18	机床过渡点
	MOVES ROBOT P17	
	MOVE ROBOT P16	
	MOVES ROBOT P15	
	MOVES ROBOT P14	
	MOVES ROBOT LR[6]+LR[20]	取放料点上方 5cm 处
	MOVES ROBOT LR[6]VTRAN=100	放料点
	DELAY ROBOT 1000	
	D_OUT[4]=OFF D_OUT[5]=ON	手爪 2 松开
	WAIT(D_IN[11],ON)	等待手爪 2 松开到位
	MOVES ROBOT LR[6]+LR[20]	取放料点上方 5cm 处
	MOVES ROBOT P14	过渡点
	MOVES ROBOT P15	
	D_OUT[10]=OFF D_OUT[11]=ON	请求机床卡盘夹紧
	CALL WAIT(D_IN[12],ON)	等待卡盘松开到位
	MOVES ROBOT P16	过渡点
	MOVE ROBOT P17	
	MOVES ROBOT P18	
	DELAY ROBOT 1000	
	CALL PULSE(12,6000)	机床放料完成
	CALL WAIT(D_IN[9],ON)	机床允许取料
	MOVES ROBOT P18	过渡点
	MOVES ROBOT P17	
	MOVE ROBOT P16	
	MOVES ROBOT P15	
	MOVES ROBOT P14	
	MOVES ROBOT LR[6]+LR[20]	取放料点上方 5cm 处
	MOVES ROBOT LR[6]VTRAN=100	机器人取料点
	DELAY ROBOT 1000	
	D_OUT[4]=ON D_OUT[5]=OFF	手爪 2 夹紧
	WAIT(D_IN[11],ON)	等待手爪 2 夹紧到位
	D_OUT[10]=ON D_OUT[11]=OFF	请求机床卡盘松开
	CALL WAIT(D_IN[11],ON)	等待卡盘松开到位
	DELAY ROBOT 1000	
	MOVES ROBOT LR[6]+LR[20]	取料点上方 5cm 处

笔记

续表

程序结构	程　　序	程序注释
机器人带料进机床	MOVES ROBOT P14	过渡点
	MOVES ROBOT P15	
	MOVE ROBOT P16	
	MOVES ROBOT P17	
	MOVES ROBOT P18	
	DELAY ROBOT 2000	
	CALL PULSE(9,2000)	ROB取料完成
	END SUB	
到RFID熟料检测	SUB GORFIDS	
	MOVE EXT_AXES P4	附加轴移动
	DELAY EXT_AXES 1000	
	MOVE ROBOT JR[11]	料仓外等待点
	MOVES ROBOT LR[5]+LR[50]	取放料点上方5cm处
	MOVE ROBOT LR[5]VCRUISE=100	放料点
	DELAY ROBOT 1000	
	D_OUT[5]=ON D_OUT[4]=OFF	手爪2松开
	WAIT(D_IN[11],ON)	等待手爪2松开到位
	DELAY ROBOT 1000	
	MOVES ROBOT LR[5]+LR[50]	取放料点上方5cm处
	MOVE ROBOT JR[11]	料仓外等待点
	CALL PULSE(28,2000)	RFID写熟料信息
	MOVE ROBOT JR[10]	换爪
	CALL WAIT(D_IN[27],ON)	等待RFID写熟料完成命令
	MOVE ROBOT JR[9]	机器人过渡点
	MOVES ROBOT LR[4]+LR[20]	放料点上方5cm处
	MOVES ROBOT LR[4]VTRAN=100	取料上方点
	DELAY ROBOT 1000	
	D_OUT[2]=ON D_OUT[3]=OFF	手爪1夹紧
	CALL WAIT(D_IN[1],ON)	等待手爪1夹紧到位
	MOVES ROBOT LR[4]+LR[20]	放料点上方5cm处
	DELAY ROBOT 100	
	CALL PULSE(30,6000)	FRID台取LP完成
	MOVE ROBOT JR[9]	机器人过渡点
	MOVE ROBOT JR[8]	机器人过渡点
	END SUB	
放加工成品1工位	SUB PUTQ	
	MOVE ROBOT JR[25]	初始位置
	DELAY ROBOT 100	
	MOVE EXT_AXES P10	附加轴移动
	DELAY EXT_AXES 100	
	MOVE ROBOT JR[15]	机器人过渡点
	MOVES ROBOT LR[7]+LR[20]	放料点上方5cm处
	MOVES ROBOT LR[7]VTRAN=100	放料点
	DELAY ROBOT 100	
	D_OUT[2]=OFF D_OUT[3]=ON	手爪1松开
	CALL WAIT(D_IN[2],ON)	等待手爪1松开到位
	DELAY ROBOT 1000	

续表

程序结构	程　　序	程序注释
放加工成品 1 工位	MOVES ROBOT LR[7]+LR[20]	放料点上方 5cm 处
	DELAY ROBOT 100	
	CALL PULSE(20,6000)	发出放成品 1 完成
	MOVE ROBOT JR[15]	机器人过渡点
	MOVE ROBOT JR[25]	回初始位置
	END SUB	
放加工废品 1 工位	SUB PUTUQ	
	MOVE ROBOT JR[25]	初始位置
	DELAY ROBOT 100	
	MOVE EXT_AXES P10	附加轴移动
	DELAY EXT_AXES 100	
	MOVE ROBOT JR[20]	机器人过渡点
	MOVES ROBOT LR[9]+LR[20]	放料点上方 5cm 处
	MOVES ROBOT LR[9]VTRAN=100	放料
	DELAY ROBOT 100	
	D_OUT[2]=OFF D_OUT[3]=ON	手爪 1 松开
	CALL WAIT(D_IN[2],ON)	等待手爪 1 松开到位
	MOVES ROBOT LR[9]+LR[20]	放料点上方 5cm 处
	DALAY ROBOT 100	
	CALL PULSE(23,6000)	放废品 1 号完成
	MOVE ROBOT JR[20]	机器人过渡点
	MOVE ROBOT JR[25]	回初始位置
	END SUB	子程序结束

7.2.4 机器人检修与维护

机器人要能够长期保持较高的性能，必须进行维修检查。

检修分为日常检修和定期检修，检查人员必须编制检修计划并切实进行检修。

笔记

7.2.4.1 预防性维护

(1) 日常检查（见表 7-18）

表 7-18 日常检查表

序号	检查项目	检　查　点
1	异响检查	检查各传动机构是否有异常噪声
2	干涉检查	检查各传动机构是否运转平稳，有无异常抖动
3	风冷检查	检查控制柜后风扇是否通风顺畅
4	管线附件检查	是否完整齐全，是否磨损，有无锈蚀
5	外围电气附件检查	检查机器人外部线路、按钮是否正常
6	泄漏检查	检查润滑油供排油口处有无泄漏润滑油

(2) 季度检查（见表 7-19）

表 7-19 季度检查表

序号	检查项目	检　查　点
1	控制单元电缆	检查示教器电缆是否存在不恰当扭曲
2	控制单元的通风单元	如果通风单元脏了，切断电源，清理通风单元
3	机械单元中的电缆	检查机械单元插座是否损坏，弯曲是否异常，检查马达连接器和航插是否连接可靠
4	各部件的清洁和检修	检查部件是否存在问题，并处理
5	外部主要螺钉的紧固	上紧末端执行器螺钉、外部主要螺钉

（3）年检查（见表7-20）

表7-20 年检查表

序号	检查项目	检查点
1	各部件的清洁和检修	检查部件是否存在问题，并处理
2	外部主要螺钉的紧固	上紧末端执行器螺钉、外部主要螺钉

（4）每3年检查（见表7-21）

表7-21 每3年检查表

检查项目	检查点
减速机润滑油	按照润滑要求进行更换

7.2.4.2 检修与润滑

（1）主要螺栓的检修

螺栓的拧紧和更换，必须用扭矩扳手以正确扭矩紧固后，再行涂漆固定，此外，应注意未松动的螺栓不得以所需以上的扭矩进行紧固。

主要螺栓检查部位：机器人安装处、J1轴马达安装处、J2轴马达安装处、J3轴马达安装处、J4轴马达安装处、J5轴马达安装处、手腕部件安装处、末端负载安装处。

（2）润滑油的检查

每运转5000h或每隔1年（装卸用途时则为每运转2500h或每隔半年），请测量减速机的润滑油铁粉浓度。超出标准值时，有必要更换润滑油或减速机。必需的工具：润滑油铁粉浓度计，润滑油枪（带供油量确认计数功能）。

注：检修时，如果必要数量以上的润滑油流出了机体外时，请使用润滑油枪对流出部分进行补充。此时，所使用的润滑油枪的喷嘴直径应为ϕ17mm以下。补充的润滑油量比流出量更多时，可能会导致润滑油渗漏或机器人动作时的轨迹不良等，应加以注意。

检修或加油完成后，为了防止漏油，在润滑油管接头及带孔插塞处务必缠上密封胶带再进行安装。

有必要使用能明确加油量的润滑油枪。无法准备能明确加油量的油枪时，通过测量加油前后润滑油重量的变化，对润滑油的加油量进行确认。

机器人刚刚停止的短时间内等情况下，内部压力上升时，在拆下检修口螺塞的一瞬间，润滑油可能会喷出。

（3）更换润滑油

① 润滑油供油量。J1/J2/J3轴减速机润滑油，必须按照如下步骤每运转20000h或每隔4年（用于装卸时则为每运转10000h或每隔2年）应更换润滑油。润滑油和供油量参考见表7-22。

表7-22 更换润滑油油量表

提供位置	HSR-JR630/JR620L	润滑油(脂)名称	备注
J1轴减速机	720mL	Shell_Omala_S4_WE_150 （品牌 壳牌）	急速上油会引起油仓内的压力上升，使密封圈开裂，而导致润滑油渗漏，供油速度应控制在40mL/10s以下
J2轴减速机	360mL		
J3轴减速机	128mL		
手腕体部分	240mL	4B NO. 2	

② 润滑的空间方位。对于润滑油更换或补充操作，建议使用下面给出的方位，见表7-23。

笔记

表 7-23 润滑方位

<table>
<tr><th rowspan="2">供给位置</th><th colspan="6">润 滑 方 位</th></tr>
<tr><th>J1</th><th>J2</th><th>J3</th><th>J4</th><th>J5</th><th>J6</th></tr>
<tr><td>J1 轴减速机</td><td rowspan="4">任意</td><td>±30°</td><td rowspan="2">任意</td><td rowspan="3">任意</td><td rowspan="3">任意</td><td rowspan="3">任意</td></tr>
<tr><td>J2 轴减速机</td><td>0°</td></tr>
<tr><td>J3 轴减速机</td><td>0°</td><td>0°</td></tr>
<tr><td>手腕体</td><td>任意</td><td>任意</td><td>0°</td><td>0°</td><td>0°</td></tr>
</table>

③ J1/J2/J3 轴减速机润滑油更换步骤。

a. 将机器人移动到轴减速机的润滑位置。

b. 切换电源。

c. 移去润滑油供排口的 M8 内六角螺塞，如图 7-46～图 7-48 所示。

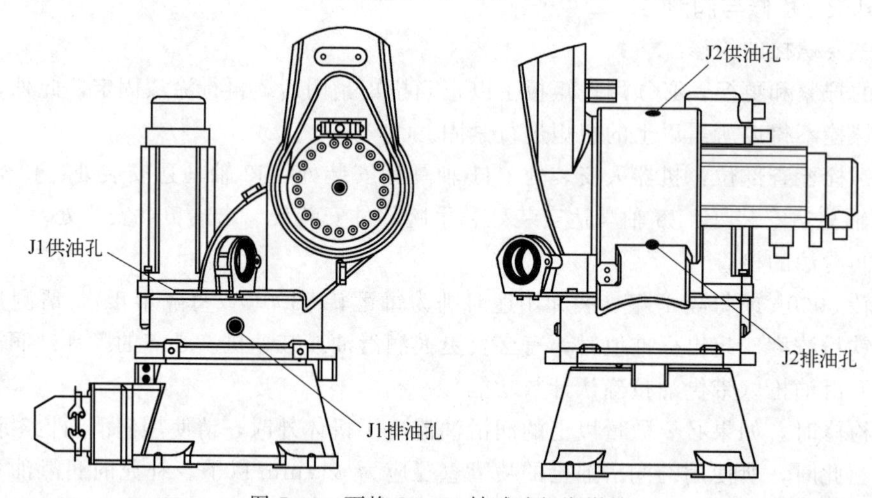

图 7-46 更换 J1、J2 轴减速机润滑油

d. 提供新的润滑油，缓慢注油，供油速度应控制在 40mL/10s 以下，不要过于用力，必须使用可明确加油量的润滑油枪，没有能明确加油量的油枪时，应通过测量加油前后的润滑油重量的变化，对润滑油的加油量进行确认。

e. 如果供油没有达到要求的量，可用供气用精密调节器挤出腔中气体再进行供油，气压应使用调节器控制在最大 0.025MPa 以下。

f. 仅请使用指定类型的润滑油。如果使用了指定类型之外的其他润滑油，可能会损坏减速机或导致其他问题。

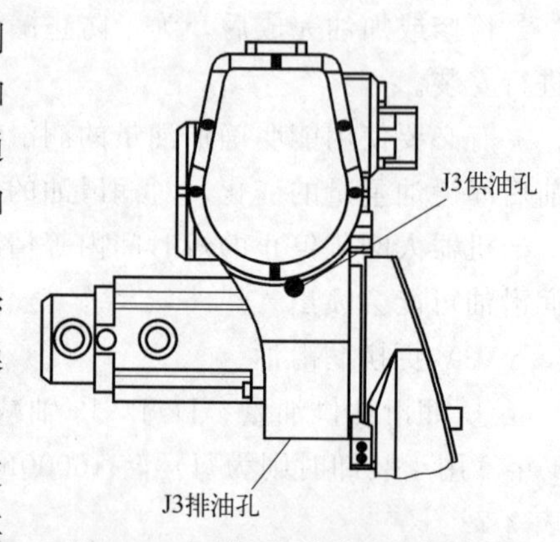

图 7-47 更换 J3 轴减速机润滑油

g. 将内六角螺塞装到润滑油供排口上，注意密封胶带，以免又在进出油口处漏油。

h. 为了避免因滑倒导致的意外，应将地面和机器人上的多余润滑油彻底清除。

i. 供油后，释放润滑油槽内残压后安装内六角螺塞，注意缠绕密封胶带，以免油脂从排油口处泄漏。

④ 释放润滑油槽内残压。供油后，为了释放润滑槽内的残压，应适当操作机器人。此时，在供润滑油进出口下安装回收袋，以避免流出来的润滑油飞散。

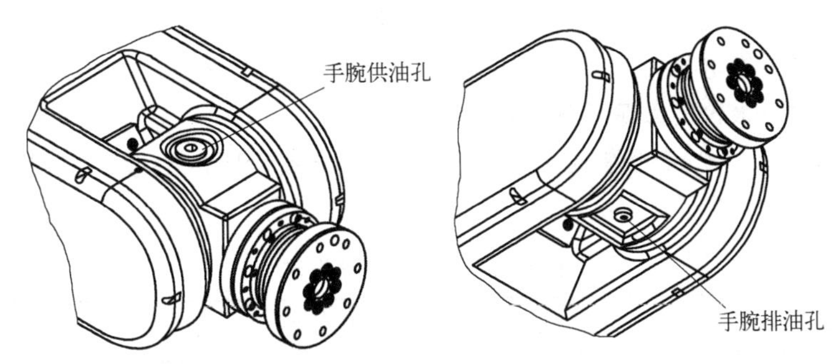

图 7-48　更换手腕部润滑脂

为了释放残压，在开启排油口的状态下，J1 轴在±30°范围内，J2/J3 轴在±10°范围内反复动作 20min 以上，速度控制在低速运动状态。

由于周围的情况而不能执行上述动作时，应使机器人运转同等次数（轴角度只能取一半的情况下，应使机器人运转原来的 2 倍时间）。上述动作结束后，在排油口上安装好密封螺塞（用组合垫或者缠绕密封胶带）。

7.2.5　机器人运行故障检测与排除

（1）机械故障现象检测与排除

① 故障现象和原因。一种故障现象可能是因多个不同部件导致。因此，为了判明是哪一个部件损坏，请参考表 7-24。

表 7-24　故障现象和原因

故障说明	原因部件	
	减速机	电机
过载	○	○
位置偏差	○	○
发生异响	○	○
运动时振动	○	○
停止时晃动		○
轴自然掉落	○	○
异常发热	○	○
误动作、失控		○

② 零部件的检测方法。

a. 减速机。减速机损坏时会产生振动、异常声音。此时，会妨碍正常运转，导致过载、偏差异常，出现异常发热现象。此外，还会出现完全无法动作及位置偏差。

检查方法：检查润滑脂中铁粉量，润滑脂中的铁粉量增加浓度约在 1000mg/L 以上时则有内部破损的可能性。每运转 5000h 或每隔 1 年（装卸用途时则为每运转 2500h 或每隔半年），请测量减速机的润滑脂铁粉浓度。超出标准值时，有必要更换润滑脂或减速机。

检查减速机温度：温度较通常运转上升 10℃时基本可判断减速机已损坏。

处理方法：更换减速机。

b. 电机。电机异常时，停机时会出现晃动、运转时振动等动作异常现象。此外，还会出现异常发热和异常声音等情况。由于出现的现象与减速机损坏时的现象相同，很难判定原因出在哪里，因此，应同时进行减速机和电机的检查。

检查方法：检查有无异常声音、异常发热现象。

处理方法：请更换电机。

(2) 机器人运行报警的故障检测与排除

① 一般性报警。一般性报警通常由其他报警所导致，所以一般性报警基本可以忽略。常见一般性报警见表 7-25。

表 7-25 常见一般性报警

报警号	报警信息
65	Error occurred in the attached motion element(发生在附加运动元件上的错误)
3115	System entered into following mode,all motions aborted(系统进入跟随模式,所有运动终止)
3058	The drive is disabled or in the following mode(驱动器被禁用或处于以下模式)

② 跟踪误差报警。跟踪误差报警是因机器人在运动过程中，控制器发出的指令位置与驱动器反馈的实际位置差别过大导致的报警。常见的跟踪性误差报警见表 7-26。

表 7-26 常见的跟踪性误差报警

报警号	报警信息	现象或原因	对策
3017	Axis following error(轴跟踪误差)	轴报警,每个轴对应一个驱动器	
3116	Group envelope error(组信封错误)	机器人 TCP 在笛卡儿坐标系中的实际位置与指令位置误差导致	调节驱动器参数,减少跟踪误差脉冲的个数

③ 反馈速度超限报警。反馈速度超限报警是机器人某个轴的运动速度超出了系统中设置的该轴运动速度的最大上限。常见的反馈速度超限报警见表 7-27。

表 7-27 常见的反馈速度超限报警

报警号	报警信息	现象或原因	对策
3082	Feedback velocity is out of limit(反馈速度超限)	T1、T2 模式下加载并运行程序,如果此时设置的倍率过大,可能会产生此类报警	将倍率调小,或者在自动模式下运行该程序
3083	Feedback velocity is out of limit when motion is stopped(当运动中止时,反馈速度超限)		

笔记

④ 驱动器报警。检查驱动器信息时，示教器上不会显示驱动的报警信息。驱动器报警提示见表 7-28。

表 7-28 驱动器报警提示

报警号	报警信息
19004	Drive reports error(驱动器报告错误)

在检查驱动器报警信息之前，请不要单击示教器上的“报警确认”键，该按键会清除驱动器报警信息。

⑤ 总线错误报警。总线错误报警一般是总线上连接的设备的总线出现通信异常导致的报警。总线错误报警提示见表 7-29。

表 7-29 总线错误报警提示

报警号	报警信息	现象或原因	对策
19007	Bus fault(总线错误)	硬件故障导致,如设备总线接口松动、接触不良,设备电压不稳、瞬间掉电、短路,或者总线存在干扰源	逐一排查总线上所有连接的硬件设备

⑥ 系统常见故障。除以上错误报警外，还有一些其他常见的故障见表 7-30。

表 7-30　系统其他常见故障

序号	报警信息	现象或原因	对策
1	气爪无动作	气源未打开	打开气源
		电磁阀损坏	更换电磁阀
		气管或接头损坏	更换气管或接头
		气爪损坏	更换气爪
2	气爪卡滞	导向轴不同轴	调整自润滑轴座的位置
		导轴不同轴	调整导轴或更换气爪安装座
3	导轨异常	导轨损坏	更换导轨
		导轨卡滞	调整基板及导轨安装平面
4	机床连接状态离线	网络未连接或网络通信参数设置失败	检查网络连接是否正确 检查网络通信参数是否设置正确
5	总控 PLC 连接状态离线	网络通信参数设置不正确或网络未连接	检查网络通信参数是否设置正确 检查网络连接是否正确
6	RFID 读写器连接失败	读写器通信参数设置不正确或读写器通信网络未连接	检查通信网线连接是否正确 检查通信参数是否设置正确
7	RFID 读数据失败	读写位设置不合理或 RFID 标签损坏	调整 RFID 读写位置 更换 RFID 标签
8	RFID 写数据失败	RFID 标签损坏或读写位设置不合理	更换 RFID 标签 调整 RFID 读写位置
9	大数据采集软件 DCA-gent 无法读取 SN 码	网络通信参数设置错误	检查网络通信参数是否设置正确
10	HNC-iscope 打开文件失败	工艺文件不存在	检查工艺文件是否存在
		加工 NC 代码不存在	检查 NC 代码是否存在
11	I/O 板有信号输出时，该点位信号控制的执行机构不动作	执行结构不动作或外围其他设备不能进行正常信号交互	检查 I/O 点位和执行机构(外围其他设备)之间的连接线缆是否断开
12	机器人面板给出 I/O 指令，I/O 板上该点位信号输出没有指示灯时，该点位信号控制的执行机构不动作	机构不动作，信号交互不正常	检查线路故障，排除后仍不动作，更换该处 I/O 板

笔记

参考文献

［1］ 张训文. 机电一体化系统设计与应用. 北京：北京理工大学出版社，2006.

［2］ 袁中凡. 机电一体化技术. 北京：电子工业出版社，2010.

［3］ 徐元昌. 机电系统设计. 北京：化学工业出版社，2005.

［4］ ［美］Devdas Shetty，Richard A. Kollk. 机电一体化系统设计. 张树生，等译. 北京：机械工业出版社，2006.

［5］ 孙卫青，李建勇. 机电一体化技术. 2 版. 北京：科学出版社，2009.

［6］ 刘怀兰，孙海亮. 智能制造生产线运行与维护. 北京：机械工业出版社，2020.

［7］ 李正军. 现场总线与工业以太网及其应用系统设计. 北京：人民邮电出版社，2006.

［8］ 何用辉. 自动化生产线安装与调试. 北京：机械工业出版社. 2015.